自测5　使用HTML 5实现视频
播放　　　　　　　　　28 页
视频地址：光盘\视频\第1章\
使用HTML 5实现视频播放.swf
源文件地址：光盘\源文件\第1
章\1-5.html

自测6　设置网站头信息　42页
视频地址：光盘\视频\第1章\
设置网站头信息.swf
源文件地址：光盘\源文件\第1
章\1-6.html

自测7　制作网站欢迎页面　43页
视频地址：光盘\视频\第1章\设
置网站头信息.swf
源文件地址：光盘\源文件\第1章
\1-7.html

自测8　　CSS 冲突　　61页
视频地址：光盘\视频\第2章
\CSS 冲突.swf
源文件地址：光盘\源文件\第
2 章\2-1.html

自测9　使用CSS样式美化
工作室网站页面　　62页
视频地址：光盘\视频\第2
章\使用CSS样式美化工作
室网站页面.swf
源文件地址：光盘\源文件\
第2 章\2-2.html

自测10　使用CSS 3.0实现鼠标经过图像动态
效果　　　　　　　　　　75 页
视频地址：光盘\视频\第2章\使用CSS 3.0
实现鼠标经过图像动态效果.swf
源文件地址：光盘\源文件\第2章\2-3.html

自测11　制作休闲度假网站页面　78页
视频地址：光盘\视频\第2章\制作休闲
度假网站页面.swf
源文件地址：光盘\源文件\第2章\2-4.html

自测12　制作美容时尚网站
页面　　　　　　　　92页
视频地址：光盘\视频\第2章
\制作美容时尚网站页面.swf
源文件地址：光盘\源文件\第
2 章\2-5.html

自测13　制作游艇门户网站
页面　　　　　　　105页
视频地址：光盘\视频\第2章
\制作游艇门户网站页面.swf
源文件地址：光盘\源文件\
第2 章\2-6.html

自测14　制作滚动的网站公告　123页
视频地址：光盘\视频\第3章\制作滚动的网站公告.swf
源文件地址：光盘\源文件\第3章\3-1.html

自测15　制作企业网站页面　125页
视频地址：光盘\视频\第3章\制作企业网站页面.swf
源文件地址：光盘\源文件\第3章\3-2.html

自测16　鼠标经过图像　135页
视频地址：光盘\视频\第3章\鼠标经过图像.swf
源文件地址：光盘\源文件\第3章\3-3.html

自测17　制作图像网站页面　136页
视频地址：光盘\视频\第3章\制作图像网站页面.swf
源文件地址：光盘\源文件\第3章\3-4.html

自测18　对表格数据进行排序　146页
视频地址：光盘\视频\第3章\对表格数据进行排序.swf
源文件地址：光盘\源文件\第3章\3-5.html

自测20　制作卡通儿童网站页面　149页
视频地址：光盘\视频\第3章\制作卡通儿童网站页面.swf
源文件地址：光盘\源文件\第3章\3-7.html

自测19　导入数据表格　147页
视频地址：光盘\视频\第3章\导入表格数据.swf
源文件地址：光盘\源文件\第3章\3-6.html

自测21　制作网站登录页面　162页
视频地址：光盘\视频\第4章\制作网站登录页面.swf
源文件地址：光盘\源文件\第4章\4-1.html

自测22　制作网站搜索栏　162页
视频地址：光盘\视频\第4章\制作网站搜索栏.swf
源文件地址：光盘\源文件\第4章\4-2.html

自测23　制作网站投票　169页
视频地址：光盘\视频\第4章\制作网站投票.swf
源文件地址：光盘\源文件\第4章\4-3.html

自测24　制作友情链接　176页
视频地址：光盘\视频\第4章\制作友情链接.swf
源文件地址：光盘\源文件\第4章\4-4.html

自测25　验证登录框　176页
视频地址：光盘\视频\第4章\验证登录框.swf
源文件地址：光盘\源文件\第4章\4-5.html

自测26　制作用户注册页面　179页
视频地址：光盘\视频\第4章\制作用户注册页面.swf
源文件地址：光盘\源文件\第4章\4-6.html

自测28　创建脚本链接　194页
视频地址：光盘\视频\第4章\创建脚本链接.swf
源文件地址：光盘\源文件\第4章\4-8.html

自测29　创建锚记链接　195页
视频地址：光盘\视频\第4章\创建锚记链接.swf
源文件地址：光盘\源文件\第4章\4-9.html

自测27　创建 E-mail 链接　192页
视频地址：光盘\视频\第4章\创建 E-mail 链接.swf
源文件地址：光盘\源文件\第4章\4-7.html

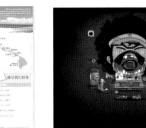

自测30　创建图像热点链接　202页
视频地址：光盘\视频\第4章\创建图像热点链接.swf
源文件地址：光盘\源文件\第4章\4-10.html

自测31　制作旅游网站页面　203页
视频地址：光盘\视频\第4章\制作旅游网站页面.swf
源文件地址：光盘\源文件\第4章\4-11.html

自测32　制作Flash欢迎页面　219页
视频地址：光盘\视频\第5章\制作 Flash 欢迎页面.swf
源文件地址：光盘\源文件\第5章\5-1.html

自测33　在网页中插入 Shockwave 动画　　221 页
视频地址：光盘\视频\第 5 章\在网页中插入 Shockwave 动画.swf
源文件地址：光盘\源文件\第 5 章\5-2.html

自测 34　使用 Applet 实现图像特效　　223 页
视频地址：光盘\视频\第 5 章\使用 Applet 实现图像特效.swf
源文件地址：光盘\源文件\第 5 章\5-3.html

自测 35　制作有背景音乐的网页　　229 页
视频地址：光盘\视频\第 5 章\制作有背景音乐的网页.swf
源文件地址：光盘\源文件\第 5 章\5-4.html

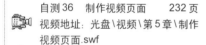

自测 36　制作视频页面　　232 页
视频地址：光盘\视频\第 5 章\制作视频页面.swf
源文件地址：光盘\源文件\第 5 章\5-5.html

自测 37　制作食品类网站页面　　234 页
视频地址：光盘\视频\第 5 章\制作食品类网站页面.swf
源文件地址：光盘\源文件\第 5 章\5-6.html

自测 38　弹出信息　　245 页
视频地址：光盘\视频\第 5 章\弹出信息.swf
源文件地址：光盘\源文件\第 5 章\5-7.html

自测39　打开浏览器窗口　　246页
视频地址：光盘\视频\第 5 章\打开浏览器窗口.swf
源文件地址：光盘\源文件\第 5 章\5-8.html

自测 40　检查表单　　248 页
视频地址：光盘\视频\第 5 章\检查表单.swf
源文件地址：光盘\源文件\第 5 章\5-8.html

自测 41　制作餐饮类网站页面　　250 页
视频地址：光盘\视频\第 5 章\制作餐饮类网站页面.swf
源文件地址：光盘\源文件\第 5 章\5-10.html

自测42　创建框架页面并保存　　　266页

视频地址：光盘\视频\第6章\创建框架页面并保存.swf

源文件地址：光盘\源文件\第6章\6-1.html

自测43　制作框架页面　　　267页

视频地址：光盘\视频\第6章\制作框架页面.swf

源文件地址：光盘\源文件\第6章\6-1.html

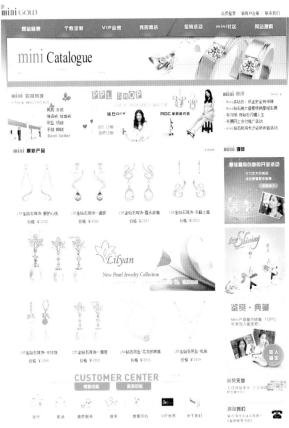

自测48　创建基于模板页面　　　294页

视频地址：光盘\视频\第6章\创建基于模板页面.swf

源文件地址：光盘\源文件\第6章\6-7.html

自测51　在网页中插入库项目　　　302页

视频地址：光盘\视频\第6章\在页面中插入库项目.swf

源文件地址：光盘\源文件\第6章\6-10.html

自测49　完成模板页面的制作　　　295页

视频地址：光盘\视频\第6章\完成模板页面的制作.swf

源文件地址：光盘\源文件\第6章\6-7.html

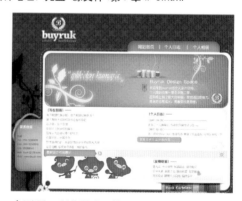

光盘说明

操作方式

将 DVD 光盘放入光驱中，几秒钟后，在桌面上双击"我的电脑"图标，在打开的窗口中右击光盘所在的盘符，在弹出的快捷菜单中选择"打开"命令，即可进入光盘内容界面。

光盘中的文件夹和文件

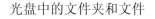

视频　　　源文件　　　赠送素材　　　最终文件

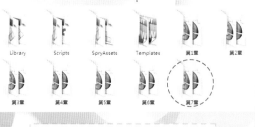

Library　Scripts　SpryAssets　Templates　第1章　第2章

第3章　第4章　第5章　第6章　第7章

各章节的实例源文件和素材

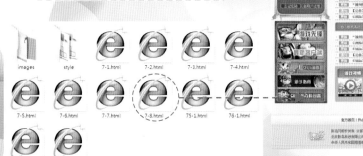

images　style　7-1.html　7-2.html　7-3.html　7-4.html

7-5.html　7-6.html　7-7.html　7-8.html　75-1.html　76-1.html

77-1.html　78-1.html

每章中的案例源文件和素材

精美案例效果

"视频"文件夹中包含书中各章节的实例视频讲解教程，全书共 62 个视频讲解教程，视频讲解时间长达 263 分钟，SWF 格式视频教程方便播放和控制。

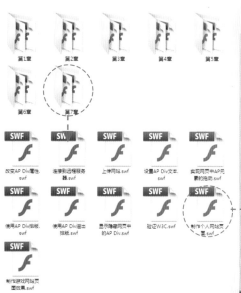

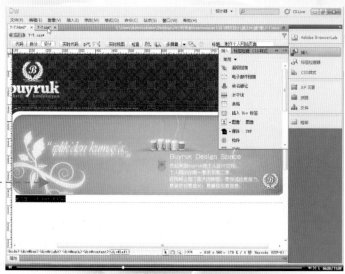

实例操作 SWF 视频文件   SWF 视频教程播放界面

内容超值

随盘附赠 50 张 Flash 小图片、90 个网页模板、800 张网页背景素材、1000 张网页小图片。

光盘赠送内容

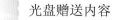

50张Flash小图片   90个网页模板   800张网页背景素材   1000张网页小图片

1000 张网页小图片   800 张网页背景素材

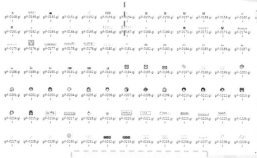

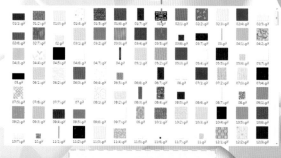

50 张 Flash 小图片   90 个网页模板

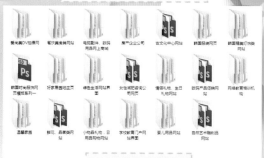

Dreamweaver

网页设计

入门到精通

24小时学会

孙 刚 等编著

机械工业出版社
CHINA MACHINE PRESS

现在网络已成为人们生活中不可缺少的一部分，越来越多的企业、个人也都拥有了自己的网站。Dreamweaver CS5.5 是 Adobe 公司推出的网页制作软件，该软件容易上手并且可以快速生成跨平台和跨浏览器网页，深受广大网页设计者的欢迎。

本书共分为 7 章，从初学者的角度入手，全面讲解了使用 Dreamweaver CS5.5 设计制作网页的实用技法。包括了解网页制作；Div+CSS 布局；网页中的文字、图像和表格的应用；插入表单元素和设置网页链接；在网页中插入多媒体并应用行为；使用框架、模板和库；AP Div 和网站的上传。

附赠的 DVD 光盘中提供了丰富的练习素材、源文件，并且为书中所有案例都录制了多媒体视频教学，这不仅为读者使用本书提供了方便，而且可以制作出与书中案例同样精美的效果。

图书在版编目（CIP）数据

Dreamweaver 网页设计入门到精通 / 孙刚等编著. —北京：机械工业出版社，2012.4

（24 小时学会）

ISBN 978-7-111-37838-9

Ⅰ．①D… Ⅱ．①孙… Ⅲ．①网页制作工具，Dreamweaver
Ⅳ．①TP393.092

中国版本图书馆 CIP 数据核字（2012）第 052399 号

机械工业出版社（北京市百万庄大街 22 号　邮政编码 100037）
策划编辑：杨　源
责任编辑：杨　源
责任印制：杨　曦
北京四季青印刷厂印刷
2012 年 7 月第 1 版·第 1 次印刷
184mm×260mm·23 印张·4 插页·840 千字
0 001—4 000 册
标准书号：ISBN 978-7-111-37838-9
　　　　　 ISBN 978-7-89433-424-4（光盘）
定价：65.80 元（含 1DVD）

凡购本书，如有缺页、倒页、脱页，由本社发行部调换
电话服务　　　　　　　　　　　　网络服务
社 服 务 中 心：（010）88361066
销 售 一 部：（010）68326294　　 门户网：http://www.cmpbook.com
销 售 二 部：（010）88379649　　 教材网：http://www.cmpedu.com
读者购书热线：（010）88379203　　**封面无防伪标均为盗版**

前　言

Dreamweaver 是一款用于 Web 站点、Web 网页和 Web 应用程序设计、编码和开发的专业编辑软件。无论是在国内还是国外，它都是备受专业 Web 开发人员喜爱的软件。其中，最新版的 Dreamweaver CS5.5 还新增了许多全新的功能，改善了软件的易用性，使用户无论是在设计视图下，还是在代码视图下，都可以方便地制作页面。利用 Dreamweaver CS5.5 的可视化编辑功能，还可以快速创建页面而无须编写任何代码。

本书正是基于最新版的 Dreamweaver CS5.5 编写的，与前几个版本相比，该版本的界面更加出色、操作更加人性化、性能更加强大，并且支持目前各种主流的动态网站开发语言。

本书章节安排

我们通过 24 小时的时间安排，在每个小时里都是以知识点与案例相结合的方式为读者尽可能全面地诠释每一个知识点。因此这本书不是市场上原有图书的重复产品，而是一本具有新思路，实用性很高的创新思想图书。

全书共分为 7 章 24 个小时，采用从零开始、由浅入深、重点提示、理论与实践相结合的方法，全面介绍了 Dreamweaver CS5.5 在网页设计制作方面的方法和技巧。

第 1 章是了解网页制作，本章的学习时间为 3 个小时，主要向读者介绍了有关网页设计制作的相关知识、Dreamweaver CS5.5 的相关基本操作和有关 HTML 代码的相关知识，并结合实例的操作练习，可以快速掌握 Dreamweaver CS5.5 的基本操作，为后面的学习打下坚实的基础。

第 2 章是 Div+CSS 布局，本章的学习时间为 4 个小时，在网页设计制作中，CSS 样式和 Div+CSS 布局是非常重要的内容，本章详细向读者介绍了 CSS 样式以及 Div+CSS 布局的相关知识，并接合实例的制作练习，可以将理论与实践相结合，更加轻松地掌握 CSS 样式的使用方法。

第 3 章是网页中的文字、图像和表格的应用，本章的学习时间为 3 个小时，在这 3 个小时中，分别向读者详细介绍了网页中文字、图像和表格的处理方法，结合实例的操作练习，使读者更容易理解和应用。

第 4 章是插入表单元素和设置网页链接，本章的学习时间为 4 个小时，分别向读者介绍了网页中表单的创建及设置方法和各种不同类型链接的创建方法，通过实例的制作练习，可以掌握网页中常见表单的制作以及各种页面链接的设置。

第 5 章是在网页中插入多媒体并应用行为，本章的学习时间为 3 个小时，向读者介绍了在网页中插入 Flash 和其他多媒体内容的方法，还介绍了在网页中应用行为效果的方法，通过实例练习，可以掌握各种多媒体页面和行为效果的制作方法。

第 6 章是使用框架、模板和库，本章的学习时间为 4 个小时，详细介绍了框架页面、模板页面和库项目的创建和使用方法，结合实例练习，可以使读者更加轻松地掌握这几种特殊网站页面的制作方法。

第 7 章是 AP Div 和网站的上传，本章的学习时间为 3 个小时，全面介绍了网页中 AP Div 的使用方法，通过实例的制作，可以掌握各种 AP Div 效果的制作，并且还介绍了有关 Spry 构件的相关知识。

本书特点

全书内容丰富、结构清晰，通过 7 章 24 个小时的安排，为广大读者全面、系统地介绍了使用 Dreamweaver CS5.5 设计制作网页的实用技法，典型案例。

本书主要有以下特点：

● 形式新颖，安排合理，通过 24 个小时的时间安排，力求做到让读者每个小时都有收获，每个小时都能学到不同的操作技巧，学完 24 个小时，就能实现对此软件的快速上手，全方位帮助读者掌握该软件的核心技术。

- 每一个小时的学习，都不仅仅是单纯的理论知识，而是采用知识点与案例相结合的方法，大量的典型实例和应用技巧与思路清晰的理论知识，二者相辅相成，形成了立体化教学的全新思路。
- 本书主要从初学者的角度入手，由浅入深，循序渐进地全面讲解了使用 Dreamweaver CS5.5 设计制作网页的实用技法。
- 本书由具有丰富教学经验的设计师编写，在每一个案例后面都有相关的操作小贴士，这些小贴士都是作者从日常工作中精心提炼出来的实战应用技巧，让读者在学习中少走弯路。
- 全书语言浅显易懂，除了图书配合多媒体教学光盘讲解外，我们对书中的配图也做了详细、清晰的标注，基本上是每步一图，让读者学习起来更加轻松，阅读更加容易。

本书读者对象

本书可以作为网页设计制作初学者、对网页设计制作感兴趣的读者以及网页设计人员的参考书，同时也可以作为各类计算机培训中心、各类各级院校及相关专业的辅导教材。

本书配套的多媒体教学光盘中提供了书中所有实例的相关视频教程，以及所有实例的源文件及素材，方便读者制作出和本书实例一样精美的效果。

本书由孙刚执笔，张晓景、刘强、王明、王大远、刘钊、王权、刘刚、孟权国、杨阳、张国勇、于海波、范明、孔祥华、唐彬彬、李晓斌、王延楠、张航、肖阂、魏华、贾勇、梁革、邹志连、贺春香、郑竣天也参与了部分编写工作。由于书中错误在所难免，希望广大读者朋友批评指正。

编 者

2012 年 01 月

目　　录

第 1 章

开门见山

——了解网页制作

从本章开始，我们将学习全新的 Dreamweaver CS5.5，要想学好 Dreamweaver，努力是必须的，但是我们会教给大家一些学习的方法、技巧。在本章中我们将要学习网页设计制作的相关基础知识，并带领读者走进全新的 Dreamweaver CS5.5。

学习目的:	了解网页设计的相关知识，掌握 Dreamweaver 的基本操作、站点的创建、HTML 相关知识等。
知识点:	新增功能、创建站点、HTML 知识等
学习时间:	3 小时

 ## 什么是网页设计？

　　网页设计是一个随着因特网的普及而兴起的设计领域，是继报纸、广播、电视之后的又一个全新的设计媒介。网页设计代表着一种新的设计思路，一种为客户服务的理念，一种对网络特点的把握和对网络限制条件的理解。网页设计的挑战在于怎样在设计和技术之间创建出有效的界面，而不仅仅是制作一张漂亮的图片。网站并非固定不变的实体，它根据浏览者的不同操作而不断变化。从审美角度来讲，网页设计往往会被认为过于普通或者不够突出，而网页的"美"更多的是在动态和交互过程中得到体现。

精美的网页设计作品

网页设计的目的	什么是优秀的网页设计？	网页设计与网页制作的区别
作为上网的主要依托，网页由于人们的频繁使用而变得越来越重要。网页讲究的是排版布局，其目的就是提供一种布局更合理、功能更强大、使用更方便的界面给每一个浏览者，使他们能够愉快、轻松、快捷地了解网页所提供的信息。	优秀的网页设计是艺术与技术的高度统一，它应该包含视听元素与版式设计两项内容，以主题鲜明、形式与内容相统一、强调整体为设计原则，具有交互性与持续性、多维性、综合性、版式的不可控性、艺术与技术结合的紧密性这5个特点。	网页设计所需要的技能更加全面，优秀的网页设计应该是网页技术高手和设计高手的结合，这样制作出来的网站才既具备众多交互性、动态效果，又具有形式上的美感。设计是一个思考的过程，而制作只是将思考的结果表现出来。

第1个小时：网页设计制作相关知识

现在我们就开始学习全新的 Dreamweaver CS5.5 了，在开始学习软件之前，首先需要了解有关网页设计制作的相关知识，有助于我们更好地理解网页设计，并为后面的学习制作网页打下良好的基础。

▲1.1 了解网页设计必备知识

下面向大家介绍一些与网页设计相关的术语，只有了解了网页设计的相关术语，才能够制作出具有艺术性和技术性的网页。

1. 因特网

因特网，英文为 Internet，整个因特网的世界是由许许多多遍布全世界的计算机组织而成的，当一台计算机在连接上网的一瞬间，它就已经是因特网的一部分了。网络是没有国界的，通过因特网，你随时可传递文件信息到世界上任何因特网所能包含的角落，当然也可以接收来自世界各地的实时信息。

在因特网上查找信息，"搜索"是最好的办法。比如可以使用搜索引擎 Google。它提供了强大的搜索能力，读者只需要在文本框中输入几个查找内容的关键字，就可以找到成千上万与之相关的信息，如图1-1所示。

图1-1 Google 搜索到的相关信息

2. 浏览器

浏览器是安装在计算机中用来查看因特网中网页的一种工具，每一个因特网的用户都要在计算机上安装浏览器来"阅读"网页中的信息，这是使用因特网最基本的条件，就好像我们要用电视来收看电视节目一样。目前大多数用户所用的 Windows 操作系统中已经内置了浏览器。

目前大多数用户使用的都是 Windows 操作系统自带的 Microsoft Internet Explorer 浏览器，简称 IE，目前的最高版本为 IE 9.0。当然也还有很多其他类型的浏览器，例如 Firefox、Chrome 等，如图 1-2 所示为常用的浏览器图标。

图 1-2　常用的浏览器图标

3. 网页

网页，英文名为 Web Page。随着科学技术的飞速发展，因特网在人们工作生活中所发挥的作用也越来越大。当人们接入因特网后，要做的第一件事就是打开浏览器窗口，输入网址，等待一张网页出现在你面前。在现实世界里，人们可以看到的是多彩的世界，而在网络世界里，这多彩的网页就是一张张漂亮的网页，它可以带你周游世界。因特网最重要的作用之一就是"资源共享"，由此可见，网页作为展现因特网丰富资源的基础，重要性显而易见。

网页一般是由以下这些元素构成的。最基本的元素就是文字，文字是人类最基础的表达方式，因此不可缺少。但是网页不可能只有文字，这样就太枯燥了，在此基础上还包括图像、动画、影片等其他一些元素，来丰富网页内容，给人们生动、直接的感觉，如图 1-3 所示。

图 1-3　设计精美的网页

4. 网站

网站，英文名为 Web Site。简单来说，网站就是多个网页的集合，其中包括一个首页和若干个分页。那么什么是首页呢？非常好理解，首页即是你访问这个网站时第一个打开的网页。除了首页，其他的网页即是分页了，如图 1-4 所示就是腾讯网"音乐"的一个分页。网站是多个网页的集合，但它又不是简单的集合，这要根据网站的内容来决定，比如由多少个网页构成、如何分类等。当然一个网站也可以只有一个网页（即首页），但是这种情况比较少，因为这样它很可能不会应用网页技术中最重要的一点——链接，在后面的讲解中将会进行讲解。

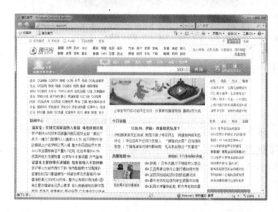

图 1-4 腾讯网首页和音乐分页

5. HTML

HTML 是 Hyper Text Makeup Language 的缩写，中文为"超文本标记语言"。它是制作网页的一种标准语言，以代码的方式来进行网页的设计，如图 1-5 所示，和 Dreamweaver 这种可视化的网页设计软件对比，它们设计过程上可以说是截然不同，但本质和结果却是基本相同的。所以学习好 HTML 语言，对于读者从根本上了解网页设计和使用 Dreamweaver 是十分有益的。

图 1-5 使用记事本打开的 HTML 源代码

6. URL

URL 是 Universal Resource Locater 的缩写，中文为"全球资源定位器"。它就是网页在因特网中的地址，要访问该网站是需要 URL 才能够找到该网页的地址的。例如"新浪"的 URL 是 www.sina.com.cn，也就是它的网址，如图 1-6 所示。

图 1-6 浏览器地址栏中输入的站点 URL

7. HTTP

HTTP 是 Hypertext Transfer Protocol 的缩写，中文为"超文本传输协议"，它是一种最常用的网络通信协议。若想链接到某一特定的网页时，就必须通过 HTTP，不论你是用哪一种网页编辑软件，在网页中加入什么资料，或是使用哪一种浏览器，利用 HTTP 都可以看到正确的网页效果。

8. TCP/IP

TCP/IP 是 Transmission Control Protocol/Internet Protocol 的缩写，中文为"传输控制协议/网络协议"。它是因特网所采用的标准协议，因此只要遵循 TCP/IP，不管计算机是什么系统或平台，均可以在因特网的世界中畅行无阻。在"连接"属性中勾选"Internet 协议（TCP/IP）"选项，如图 1-7 所示。

图 1-7 设置"链接"属性

9. FTP

FTP 是 File Transfer Protocol 的缩写，中文为"文件传输协议"。与 HTTP 相同，它也是 URL 地址使用的一种协议名称，以指定传输某一种因特网资源，HTTP 用于链接到某一网页，而 FTP 则是用于上传或下载文件的情况。

10. IP 地址

IP 地址是分配给网络上计算机的一组由 32 位二进制数值组成的编号，来对网络中的计算机进行标示，为了方便记忆地址，采用了十进制标记法，每个数值小于等于 225，数值中间用"."隔开，一个 IP 地址相对一台计算机并且是唯一的，这里提醒大家注意，所谓的唯一是指在某一时间内唯一，如果使用动态 IP，那么每一次分配的 IP 地址是不同的，这就是动态 IP，在使用网络的这一时段内，这个 IP 是唯一指向正在使用的计算机的；另一种是静态 IP，它是固定将这个 IP 地址分配给某台计算机使用的。网络中的服务器就是使用的静态 IP。

11. 域名

IP 地址是一组数字，人们记忆起来不够方便，因此人们给每个计算机赋予了一个具有代表性的名字，这就是主机名，主机名由英文字母或数字组成，将主机名和 IP 对应起来，这就是域名，方便了大家记忆。

域名和 IP 地址是可以交替使用的，但一般域名还是要通过转换成 IP 地址才能找到相应的主机，这

就是上网的时候经常用到的 DNS 域名解析服务。

12. 静态网页

静态网页是相对于动态网页而言的，并不是说网页中的元素都是静止不动的。静态网页是指浏览器与服务器端不发生交互的网页，而与网页中的 GIF 动画、Flash 动画等都会发生变化的效果无关。

13. 动态网页

动态网页除了静态网页中的元素外，还包括一些应用程序，这些程序需要浏览器与服务器之间发生交互行为，而且应用程序的执行需要服务器中的应用程序服务器才能完成。

14. 虚拟主机

虚拟主机（Virtual Host/Virtual Server）是使用特殊的软、硬件技术，把一台计算机主机分成一台台"虚拟"的主机，每一台虚拟主机都具有独立的域名和 IP 地址（或共享的 IP 地址），有完整的 Internet 服务器（WWW、FTP、Email 等）功能。在同一台硬件、同一个操作系统上，运行着为多个用户打开的不同的服务器程序，它们互不干扰；而各个用户拥有自己的一部分系统资源（IP 地址、文件存储空间、内存、CPU 时间等）。虚拟主机之间完全独立，并可由用户自行管理，在外界看来，每一台虚拟主机和一台独立的主机的表现完全一样。

虚拟主机属于企业在网络营销中比较简单的应用，适合初级建站的小型企、事业单位。这种建站方式，适用于企业宣传、发布比较简单的产品和经营信息。

15. 租赁服务器

租赁服务器是通过租赁 ICP 的网络服务器来建立自己的网站。

使用这种建站方式，用户无须购置服务器，只需租用线路、端口、机器设备和所提供的信息发布平台就能够发布企业信息，开展电子商务。它能替用户减轻初期投资的压力，减少对硬件长期维护所带来的人员及机房设备投入，使用户既不必承担硬件升级负担，又同样可以建立一个功能齐全的网站。

16. 主机托管

主机托管是企业将自己的服务器放在 ICP 的专用托管服务器机房，利用线路、端口、机房设备为信息平台建立自己的宣传基地和窗口。

使用独立主机是企业开展电子商务的基础。虚拟主机会被共享环境下的操作系统资源所限，因此，当用户的站点需要满足日益发展的要求时，虚拟主机将不再满足用户的需要，这时候用户需要选择使用独立的主机。

▲ *1.2* 网页的基本构成元素

网页实际上就是一个文件，这个文件存放在世界上某个地方的某一台计算机中，而且这台计算机必须要与因特网相连接。那么如何才能准确无误地找到这个文件呢？这就需要一个地址（URL：统一资源定位符）来帮助识别与读取。当我们在浏览器的地址栏中输入网页的地址后，经过一段复杂而又快速的程序解析后（域名解析系统），网页文件就会被传送到计算机中，然后再通过浏览器解释网页的内容，最后展现在我们的眼前。

文字和图片是构成网页的两个最基本的元素，可以这样简单地理解，文字是网页的内容部分，图片是为了更好地充实内容部分或者装饰网页的外观。除了文字和图片以外，现在的网页元素还包括动画、声音、视频、表单、程序等，如图 1-8 所示。

图 1-8　网页中的元素

1. 文本和图像

文本和图像是网页的两个基本构成元素，目前所有的网页中都有它们的身影。

2. 超链接

网页中的超链接分为文本超链接和图像超链接两种，只要访问者用鼠标单击带有链接的文字或者图像，就可以自动链接到对应的其他文件，从而使网页链接成为一个整体，因此，超链接也是整个网络的基础。

3. 动画

网页中的动画有 GIF 动画和 Flash 动画两种，由于动态的内容总是比静止的内容更引人注意，因此，精彩的动画能够使网页更加丰富，更加吸引浏览者。

4. 表单

表单是一种可以在访问者与服务器之间进行信息交互的技术，使用表单可以完成信息搜索、用户登录、发送邮件等交互功能。

5. 音频和视频

随着网络技术的不断发展，网站上已经不再是单调的图像和文字，越来越多的设计人员会在网页中加入视频、背景音乐等，使网页更加富有个性。

▲ *1.3*　网页设计的基本流程

网页设计是一项系统而复杂的工作，因此必须遵循一定的流程，进行规范化的操作，只有这样才能使网页设计工作有条不紊地进行下去。遵循流程工作不但可以减少工作量，还可以提高工作效率。

1.3.1　前期策划

一件事情的成功与否，其前期策划举足轻重，网站建设也是如此。网站策划是网站设计的前奏，主要包括确定网站的用户群和定位网站的主题，还有形象策划、制作规划和后期宣传推广等方面的内容。网站策划在网站建设的过程中尤为重要，它是制作网站迈出的重要一步。作为建设网站的第一步，网站策划应该切实地遵循"以人为本"的创作思路。

在规划一个网站时，可以用树状结构先把每个页面的大纲列出来，尤其在制作一个很大的网站时，特别需要规划好，还要考虑到以后的扩展性，以免制作好后再更改整个网站的结构。如图 1-9 所示为网站整体制作流程图。

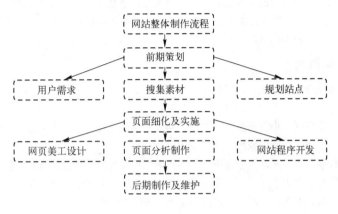

图 1-9　网站规划结构

1. 明确建立网站的目标和用户需求

制作网站必须要有明确的目标，要明确网页使用的语言与页面所要体现出来的站点主题，运用一切手段充分表现网站的特点和个性，这样才能给访问者留下深刻的印象。

2. 收集素材

接下来就是按照确定的主题进行资料和素材的收集、整理。这一步也是特别重要的，有了好的想法，如果说没有内容来充实，是肯定不能实现的。但是资料、素材的选择是没有什么规律的，可以寻找一些自己认为好的东西，同时也要考虑浏览者的情况，因为每个人的喜好都不同，如何权衡取舍，就要看设计者如何把握了。收集回来的资料一定要整理好，归类清楚，以便以后使用。

3. 规划站点

一个网站的设计成功与否，很大程度上取决于设计者的规划水平。网站规划包括的内容很多，例如网站的结构、颜色的搭配、版面的布局、文字及图像的运用等。只有在制作网页之前把这些方面都考虑到了，制作出来的网页才能够具有特点和吸引力。

4. 主题鲜明

在目标明确的基础上，完成网站的构思创意，即总体设计方案，并对网站的整体风格和特色做出定位，规划网站的组织结构。

5. 快速下载时间

如果进入网站时等待的时间过长，会使浏览者对网站失去兴趣。因此，在网页设计中应该尽量避免使用过多的图片及体积过大的图片，要将主要页面的容量控制得尽可能小，从而确保普通浏览者的页面等待时间不会太长。

6. 网站测试和改进

网站测试实际上是模拟用户访问网站的过程，发现问题并改进网站设计。

7. 内容更新

在网站建立完成后，需要不断地更新网页内容。网站信息的不断更新，可以让浏览者有新鲜感，因此，应该尽量保持网站的更新速度。

1.3.2　网页布局

现在，网页的布局设计变得越来越重要，因为访问者不愿意看到只注重内容的站点。虽然内容很重要，但只有当网页布局和网页内容成功地结合时，这种网页或者说站点才是受人欢迎的。取任何一面都有可能无法留住"挑剔"的访问者。

1. 网页布局的基本概念

网页布局的基本概念主要体现在以下几个方面：

➢ 页面尺寸

由于页面尺寸和显示器大小及分辨率有关系，网页的局限性就在于无法突破显示器的范围，而且因为浏览器也将占去不少空间，所以留给页面的空间会更小。

在网页设计过程中，向下拖动页面是唯一给网页增加更多内容的方法。但有必要提醒大家的是除非你能肯定站点的内容能吸引大家拖动，否则不要让访问者拖动页面超过三屏。如果需要在同一页面显示超过三屏的内容，那么最好是在页面上创建内部链接，方便访问者浏览。

➢ 整体造型

这里是指页面的整体形象，这种形象应该是一个整体，图形与文本的结合应该是层叠有序的。虽然显示器和浏览器都是矩形，但对于页面的造型，可以充分运用自然界中的其他形状以及它们的组合：矩形、圆形、三角形、菱形等。虽然不同形状代表着不同意义，但目前的网页制作多数是结合多个图形加以设计，在这其中某种图形的构图比例可能占得多一些。

➢ 页头

页头又可称为页眉，页眉的作用是定义页面的主题。比如一个站点的名字多数都显示在页眉里。这样访问者能很快知道这个站点是什么内容。页头是整个页面设计的关键，它将牵涉到下面的更多设计和整个页面的协调性。页头常放置站点名称的图片和公司标志。

➢ 文本

文本在页面中多数以行或者段落出现，它们的摆放位置决定着整个页面布局的可视性。在过去，因为页面制作技术的局限，文本放置的灵活性非常小，而随着网络技术的发展，文本已经可以按照制作者的要求放置到页面的任何位置。

➢ 页脚

页脚和页头相呼应，页头是放置站点主题的地方，而页脚是放置制作者或者公司信息的地方。可以看到，许多制作信息都是放置在页脚的。

➢ 图像

图像和文本是网页的两大构成元素，缺一不可。如何处理好图像和文本的位置是整个页面布局的关键，而制作者的布局思维也将体现在这里。

➢ 多媒体

除了文本和图片，还有声音、动画、视频等其他媒体。虽然它们不是经常被利用到，但随着动态网页的兴起，它们在网页布局上的作用也将变得更重要。

2. 布局的方法

网页布局的方法有两种，第一种为纸上布局，第二种为软件布局。下面将分别对这两种布局方式进行介绍。

> 纸上布局法

许多网页制作者不喜欢先画出页面布局的草图，而是直接在网页设计软件中边设计布局边添加内容。这种不打草稿的方法很难设计出优秀的网页来，所以在开始制作网页时，要先在纸上画出页面的布局草图。

> 软件布局法

如果制作者不喜欢用纸来画出布局图，那么还可以利用软件来完成这些工作。可以使用 Photoshop。Photoshop 所具有的对图像的编辑功能正适合设计网页布局。利用 Photoshop 可以方便地使用颜色、图形，并且可以利用层的功能设计出用纸张无法实现的布局概念。

3. 网页布局技术

网页布局技术目前主要有两种方式，一种是传统的表格布局方式，另一种是 Div+CSS 布局方式。

> 表格布局方式

传统表格布局方式实际上利用了 HTML 中表格元素（table）具有的无边框特性，由于表格元素可以在显示时使单元格的边框和间距设置为 0，可以将网页中的各个元素按版式划分放入表格的各个单元格中，从而实现复杂的排版组合。

表格布局的核心在于设计一个能满足版式要求的表格结构，将内容装入每个单元格中，间距及定格则通过插入图像进行占位来实现，最终的结构是一个复杂的表格，不利于设计与修改。

表格布局最常见的代码是在 HTML 标签之间加一些设计代码，如 width="100%"、border="0" 等，表格布局的混合代码就是这样编写的。大量样式设计代码混杂在表格、单元格中，使得可读性大大降低，维护的成本也相当高。尽管现在有像 Dreamweaver 这样优秀的网页编辑制作软件，能帮助设计师可视化地进行代码的编写，但是 Dreamweaver 永远不会智能缩减代码或简写重复代码。

> Div+CSS 布局方式

Div 在使用时不需要像表格一样通过其内部的单元格来组织版式，通过 CSS 样式的强大功能可以更简单、更自由地控制页面版式及样式。

基于 Web 标准的网站设计核心，在于如何使用众多 Web 标准中的各项技术来达到表现与内容的分离，即网站的结构、表现和行为三者的分离。只有真正实现了结构分离的网页设计，才是真正意义上符合 Web 标准的网页设计。推荐使用 HTML 以更严谨的语言编写结构，并使用 CSS 来完成网页的布局表现，因此掌握 CSS 的网页布局方式，是实现 Web 标准的基本环节。

复杂的表格设计使得布局极为困难，修改更加烦琐，最后生成的网页代码除了表格本身的代码，还有许多没有意义的图像占位符及其他元素，文件量庞大，最终导致浏览器下载解析速度变慢。

而使用 Div+CSS 布局则可以从根本上改变这种情况。CSS 布局的重点不再放在表格元素的设计上，取而代之的是 HTML 中的另一个元素 "Div"，Div 可以理解为 "层" 或者 "块"。Div 是一种比表格简单的元素，在语法上以 <Div> 开始，以 </Div> 结束，Div 的功能仅仅是将一段信息标记出来，用于后期的 CSS 样式定义。

所以我们推荐大家使用 Div+CSS 的方式布局制作网页，本书中的所有案例也都将采用 Div+CSS 的布局方式。

1.3.3 确定网页的主色调

色彩是艺术表现的要素之一。在网页设计中，根据和谐、均衡和重点突出的原则，将不同的色彩进行组合、搭配，以构成美丽的页面。同时应该根据色彩对人们心理的影响，合理地加以运用。按照色彩的记忆性原则，一般暖色较冷色的记忆性强；色彩还具有联想与象征的特质，如红色象征血、太阳；蓝色象征大海、天空和水面等。网页的颜色应用并没有数量的限制，但不能毫无节制地运用多种颜色。一般情况下，先根据总体风格的要求定出一到两种主色调，有 CIS（企业形象标示系统）的，更应该按照其中的 VI 进行色彩运用。如图 1-10 所示为成功的网站配色。

图 1-10　成功的网站配色

在色彩的运用过程中，还应该注意的一个问题是由于国家和种族、宗教和信仰的不同，以及生活的地理位置、文化修养的差异等，不同的人群对色彩的喜好程度有着很大的差异。如儿童喜欢对比强烈、个性鲜明的纯颜色；生活在草原上的人喜欢红色；生活在闹市中的人喜欢淡雅的颜色；生活在沙漠中的人喜欢绿色。设计者在设计中要考虑主要读者群的背景和构成，以便于选择恰当的色彩组合。

1.3.4　设计整体页面

在版式布局完成的基础上，将确定需要的功能模块（功能模块主要包含网站标志、主菜单、新闻、搜索、友情链接、广告条、邮件列表、版权信息等）、图片、文字等放置到页面上。需要注意的是，这里必须遵循突出重点、平衡协调的原则，将网站标志、主菜单等最重要的模块放在最显眼、最突出的位置，然后再考虑次要模块的摆放。

1.3.5　切割和优化页面

整体的页面效果制作好以后，就要考虑如何把整个页面分割开来，使用什么样的方法可以使最后生成的页面的文件量最小。对页面进行切割与优化是具有一定规律和技巧的。

1.3.6　制作 HTML 页面

这一步就是具体的制作阶段，也就是大家常说的网页制作。目前主流的网页可视化编辑软件是Dreamweaver，它具有强大的网页编辑功能，适合专业的网页设计制作人员，本书将主要介绍使用Dreamweaver 对网页进行设计制作。完成了这一步，整个网页也就制作完了。

1.3.7　测试并上传网站

网页制作完成以后，暂时还不能发布，需要在本机上进行内部测试，并进行模拟浏览。测试的内容包括版式、图片等显示是否正确，是否有死链接或者空链接等，发现有显示错误或功能欠缺后，需要进一步修改，如果没有发现任何问题，就可以发布上传了。发布上传是网页制作最后的步骤，完成这一步骤后，整个过程就结束了。

1.3.8　网站的更新与维护

严格地说，后期更新与维护不能算是网页设计过程中的环节，而是制作完成后应该考虑的。但是这一项工作却是必不可少的，尤其是信息类网站，更新和维护更是必不可少。这是网站保持新鲜活力、吸引力以及正常运行的保障。

安装 Dreamweaver CS5.5.swf

无

 创建本地静态站点.swf

无

 创建站点并设置远程服务器.swf

无

自我检测

在了解了有关网页设计的相关知识之后，是不是对网页设计有了一个全新的认识呢？接下来开始我们的网页设计之旅吧！

接下来通过 3 个小实例的操作，开始学习 Dreamweaver CS5.5，3 个小实例都非常简单，你一定没有问题的。

自测 1　安装 Dreamweaver CS5.5

　　Dreamweaver CS5.5 是业界领先的网页开发工具，通过该工具能够使用户有效地设计、开发和维护基于标准的网站和应用程序。接下来我们将在 Windows 7 系统中安装 Dreamweaver CS5.5。

使用到的技术	安装 Dreamweaver CS5.5
学习时间	10 分钟
视频地址	光盘\视频\第 1 章\安装 Dreamweaver CS5.5.swf
源文件地址	无

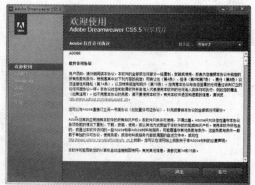

01 将安装光盘放入光驱中，系统会自动运行 Dreamweaver CS5.5 的安装程序，会弹出一个初始化安装窗口。

02 安装初始化完成后，进入"欢迎使用"界面，显示许可协议内容。

03 单击"接受"按钮，进入"请输入序列号"界面，选择安装语言，输入序列号。

04 单击"下一步"按钮，进入"输入 Adobe ID"界面，如果不需要输入 ID，则单击"下一步"按钮。

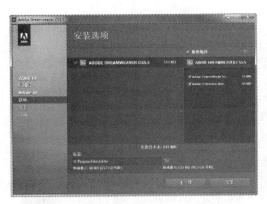

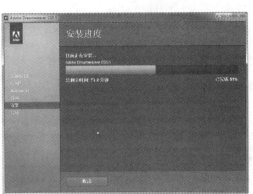

05 进入到"安装选项"界面，在该界面中勾选要安装的 Adobe Dreamweaver CS5.5 的各项组件，并指定安装路径。

06 单击"安装"按钮，进入"安装进度"界面，显示安装进度。

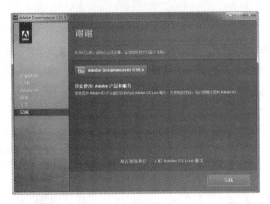

07 安装完成后，进入完成界面，单击"完成"按钮，关闭该界面，即可完成安装。

08 Dreamweaver CS5.5 会自动在"开始"菜单中添加一个 Dreamweaver CS5 启动选项。

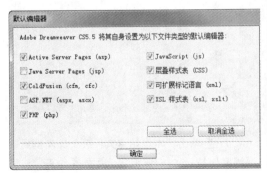

09 单击"开始"菜单中的 Dreamweaver CS5.5 选项来启动软件。第一次启动时，会出现"默认编辑器"对话框。

10 完成文件类型的默认编辑选择，单击"确定"按钮，进入 Dreamweaver CS5.5 工作区。

操作小贴士：

在 Dreamweaver CS5.5 的安装过程中，如果读者并没有 Dreamweaver CS5.5 的序列号，还可以在"序列号"界面中选择"安装此产品的试用版"，但只能试用30 天。

默认情况下，Dreamweaver CS5 的工作区布局是以设计视图布局的。在 Dreamweaver CS5 中可以对工作区布局进行修改。单击菜单栏右侧的"设计器"按钮，在弹出的菜单中选择一种布局方式即可，这样不需要重新启动 Dreamweaver CS5，就可以及时更换工作区布局。

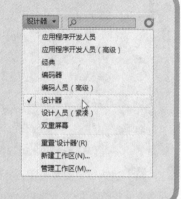

自测2 创建本地静态站点

无论是一个网页制作的新手，还是一个专业的网页设计师，都要从构建站点开始，理清网站结构的脉络。在 Dreamweaver CS5.5 中改进了 Dreamweaver 以前版本中创建本地站点的方法，使得创建本地站点更加简便快捷。

使用到的技术	创建站点
学习时间	5 分钟
视频地址	光盘\视频\第 1 章\创建本地静态站点.swf
源文件地址	无

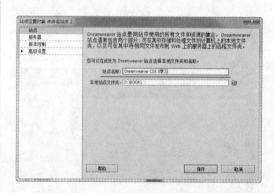

01 执行"站点>新建站点"命令，弹出"站点设置对象"对话框，在"站点名称"文本框中输入站点的名称。

02 单击"本地站点文件夹"文本框后的"浏览"按钮，弹出"选择根文件夹"对话框，浏览到本地站点的位置。

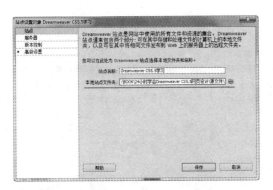 

03 单击"选择"按钮，确定本地站点根目录的位置。

04 单击"保存"按钮，即可完成本地站点的创建，打开"文件"面板，在"文件"面板中显示刚刚创建的本地站点。

操作小贴士：

还可以执行"站点>管理站点"命令，在弹出的"管理站点"对话框中单击"新建"按钮，同样可以弹出"站点设置对象"对话框。

在大多数情况下，都是在本地站点中编辑网页，再通过 FTP 上传到远程服务器。在 Dreamweaver CS5.5 中创建本地静态站点的方法更加方便、快捷，只需要一步就可以完成站点的创建。

自测3 创建站点并设置远程服务器

在上一个案例中，我们已经学习了最基础的本地静态站点的创建，本案例向读者介绍如何在 Dreamweaver CS5.5 中创建企业网站站点，并定义企业站点的远程服务器信息，以便完成企业网站的制作后，可以通过 Dreamweaver CS5.5 将网站上传至远程服务器上。

使用到的技术	创建站点
学习时间	10 分钟
视频地址	光盘\视频\第 1 章\创建站点并设置远程服务器.swf
源文件地址	无

 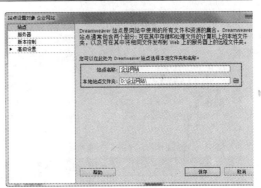

01 执行"站点>新建站点"命令，弹出

02 单击"选择"按钮，选定站点根文件

"站点设置对象"对话框，在"站点名称"对话框中输入站点的名称，并浏览到站点的根文件夹。

夹，完成站点相关信息的设置。

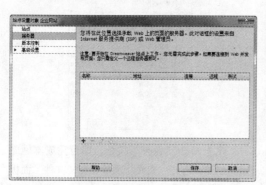 

03 单击"站点设置对象"对话框左侧的"服务器"选项，切换到"服务器"选项设置界面。

04 单击"添加新服务器"按钮，弹出"添加新服务器"对话框，对远程服务器的相关信息进行设置。

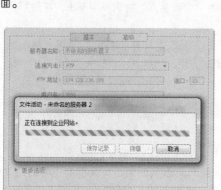 

05 单击"测试"按钮，弹出"文件活动"对话框，显示正在与设置的远程服务器连接。

06 连接成功后，弹出提示对话框，提示"Dreamweaver 已成功连接您的 Web 服务器"。

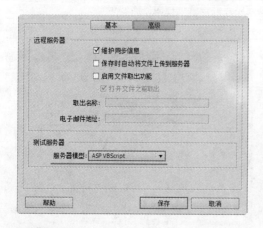 

07 单击 "高级"选项卡，切换到"高

08 单击"保存"按钮，完成"添加新服

级"选项卡的设置中，在"服务器模型"下拉列　务器"对话框的设置。
表中选择 ASP VBScript 选项。

09 单击"保存"按钮，完成企业站点的创建，"文件"面板将自动切换为刚建立的站点。

10 执行"站点>管理站点"命令，弹出"管理站点"对话框，可以看到刚刚创建的站点并且可以对该站点进行编辑操作。

操作小贴士：

在创建站点的过程中，定义远程服务器是为了方便本地站点随时能够与远程服务器相关联，上传或下载相关的文件。如果用户希望在本地站点中将网站制作完成，再将站点上传到远程服务器，则可以选择不定义远程服务器，待需要上传时再定义。

在"站点设置对象"对话框中还包括其他一些设置选项，一般情况下很少使用，在这里就不做过多的介绍了，有兴趣的读者可以自己了解一下。

第2个小时：了解Dreamweaver CS5.5

了解了有关网页设计的相关知识，我们已经迫不及待地想要接触全新的 Dreamweaver CS5.5 了，本小时就向大家介绍 Dreamweaver CS5.5 软件，使读者对它的界面和应用有一个基本的认识和了解，以便后面的学习。

▲ *1.4* 初识 Dreamweaver CS5.5

Dreamweaver CS5.5 是一款由 Adobe 公司大力开发的专业 HTML 编辑器，用于 Web 站点、Web 页面和 Web 应用程序的设计、编码和开发。利用 Dreamweaver 中的可视化编辑功能，用户可以快速创建页面而无须编写任何代码。如果需要直接编写代码时，Dreamweaver 还提供了许多与编码相关的工具和功能，并且借助 Dreamweaver 还可以使用服务器语言（如 ASP、ASP.NET、PHP 和 JSP 等）。无论是刚接触网页设计的初学者，还是专业的 Web 开发人员，Dreamweaver 都在前卫的设计理念和强大的软件功能方面给予了充分而且可靠的支持。

Dreamweaver CS5.5 是 Adobe 公司用于网站设计与开发的业界领先工具的最新版本，它提供了强大的可视化布局工具、应用开发功能和代码编辑支持，使设计和开发人员能够有效创建基于 Web 标准的网站和应用。

Dreamweaver CS5.5 的启动画面如图 1-11 所示。

图 1-11　Dreamweaver CS5.5 启动界面

▲ 1.5　Dreamweaver CS5.5 的新增功能

Dreamweaver CS5.5 是一个完整、集成的解决方案，提供了可视化的布局工具、快速的网络应用程序开发和广泛的代码编辑支持，它同以前的 Dreamweaver CS5 版本相比，增加了一些新的功能，并且还增强了很多原有的功能，下面就对 Dreamweaver CS5.5 的新增功能进行简单介绍。

1.　支持 CSS 3.0 和 HTML 5

Dreamweaver CS5.5 支持最新的 CSS 3.0 和 HTML 5，在 Dreamweaver CS5.5 中，"CSS 样式"面板已经过改善，支持 CSS 3.0 属性，并且支持对 CSS 3.0 和 HTML 5 进行代码提示，如图 1-12 所示。在 Dreamweaver CS5.5 的"新建文档"对话框中，还提供起始布局可供从头生成 HTML 5 页面，如图 1-13 所示。

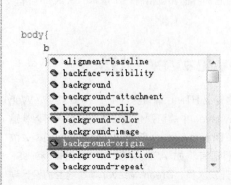

图 1-12　CSS 3.0 代码提示

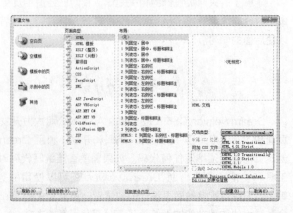

图 1-13　新建 HTML 5 页面

2. 集成 jQuery

jQuery 是行业标准 JavaScript 库,借助 jQuery 代码提示可以为页面加入高级交互性,轻松为网页加入各种交互效果。

3. 媒体查询

在 Dreamweaver CS 5.5 中新加入了"媒体查询"功能,使用"媒体查询"功能,可以自定义网站页面在不同屏幕分辨率下的显示效果。"媒体查询"对话框如图 1-14 所示。

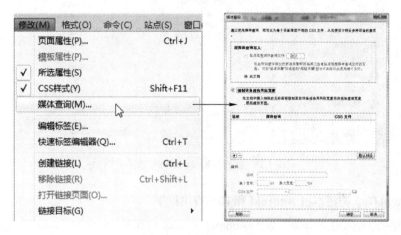

图 1-14 "媒体查询"功能

4. 多屏幕预览

在 Dreamweaver CS5.5 中新增了"多屏幕预览"面板,通过"多屏幕预览"面板,可以同时为手机、Tablet 和 PC 进行设置,如图 1-15 所示。借助媒体查询支持,开发人员可以通过一个面板为各种设备设计样式并实现渲染可视化。

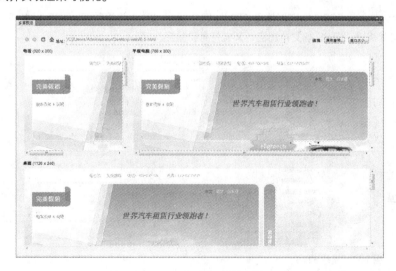

图 1-15 "多屏幕预览"面板

5. 创建可在多种移动设备上运行的 Web 应用程序

在 Dreamweaver CS5.5 中，在"插入"面板和"插入"菜单中新增了 jQuery Mobile 选项卡，如图 1-16 所示。通过使用 jQuery Mobile 选项卡中的选项，可以快速设计出在大多数移动设备上运行的 Web 应用程序。

图 1-16　新增的 jQuery Mobile 选项卡

6. 借助 PhoneGap 构建本机 Android 和 iOS 应用程序

通过新增的 PhoneGap 功能可以为 Android 和 iOS 构建并打包本机应用程序。借助开源代码 PhoneGap 框架，在 Dreamweaver 中将现有的 HTML 转换为手机应用程序。

7. 支持 W3C 验证

在 Dreamweaver CS5.5 中新加入了 W3C 验证的支持，如图 1-17 所示。可以通过使用 W3C 验证程序创建出符合标准的 HTML 和 XHTM 页面。

8. 支持 FTPS

在 Dreamweaver CS5.5 中可以使用 FTPS（FTP over SSL）传输数据，如图 1-18 所示。SFTP 仅支持加密，与其相比，FTPS 既支持加密，又支持身份验证。

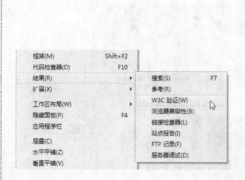 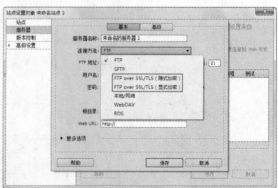

图 1-17　支持 FTPS　　　　　　　　　　　图 1-18　支持 W3C 验证

▲ 1.6 Dreamweaver CS5.5 的操作界面

Dreamweaver CS5.5 提供了一个将全部元素置于一个窗口中的集成布局。在集成的工作区中，全部窗口和面板都被集成到一个更大的应用程序窗口中，如图 1-19 所示。使用户可以查看文档和对象属性，还将许多常用操作放置于工具栏中，使用户可以快速更改文档。

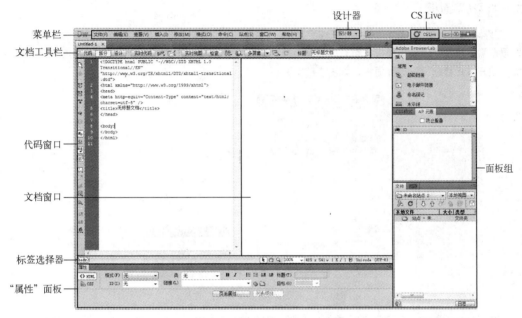

图 1-19　Dreamweaver CS5.5 工作界面

1. 菜单栏

菜单栏中包含了所有 Dreamweaver CS5 操作所需要的命令。这些命令按照操作类别分为文件、编辑、查看、插入、修改、格式、命令、站点、窗口和帮助 10 个菜单，如图 1-20 所示。

Dw　文件(F)　编辑(E)　查看(V)　插入(I)　修改(M)　格式(O)　命令(C)　站点(S)　窗口(W)　帮助(H)

图 1-20　菜单栏

2. "插入" 面板

网页的内容虽然多种多样，但是都可以称为对象，简单的对象有文字、图像、表格等，复杂的对象包括导航条、程序等。大部分的对象都可以通过 "插入" 面板插入到页面中，"插入" 面板如图 1-21 所示。

在 "插入" 面板中包含了用于将各种类型的页面元素（如图像、表格和 AP DIV）插入到文档中的按钮。每一个对象都是一段 HTML 代码，允许用户在插入它时设置不同的属性。例如用户可以在 "插入" 面板中单击 "表格" 按钮，插入一个表格。当然也可以不使用 "插入" 面板，而使用 "插入" 菜单来插入页面元素。

如果用户还是习惯了老版本的工作方式，可以单击 "菜单" 栏上的 "设计器" 按钮，在其下拉列表中选择 "经典" 选项，则 Dreamweaver

图 1-21　"插入" 面板

CS5.5 的工作区将和以前版本的工作区相同，将"插入"面板放置在菜单栏的下方，如图 1-22 所示。

图 1-22　经典视图

3.　"浮动"面板

"浮动"面板是 Dreamweaver 操作界面的一大特色，其中一个好处是可以节省屏幕空间。用户可以根据需要显示"浮动"面板，也可以拖曳面板脱离面板组。用户可以通过单击面板右上角的小三解图标，展开或折叠起"浮动"面板，如图 1-23 所示。

图 1-23　展开或折叠起"浮动"面板

在 Dreamweaver CS5.5 工作界面的右侧，整齐地竖直排放着一些浮动面板，这一部分可以称为"浮动"面板组，可以在"窗口"菜单中选择需要显示或隐藏的"浮动"面板。

4.　"文档"工具栏

"文档"工具栏包含了各种按钮，它们提供各种"文档"窗口视图，例如"设计"视图、"代码"视图的选项，各种查看选项和一些常用操作，例如在浏览器中预览页面等，如图 1-24 所示。

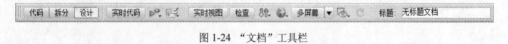

图 1-24　"文档"工具栏

"文档"工具栏中还包含一些与查看文档、在本地和远程站点间传输文档有关的常用命令和选项。

5.　"状态"栏

"状态"栏位于"文档"窗口底部，提供与正在创建的文档有关的其他信息，如图 1-25 所示。

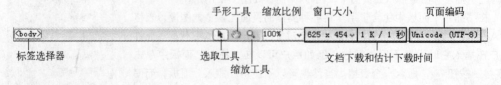

图 1-25　"状态"栏

▲1.7 站点的管理

在 Dreamweaver 中可以创建多个站点，这就需要有专门的工具来完成站点的切换、添加、删除等站点管理操作。执行"站点>管理站点"命令，弹出"管理站点"对话框，如图 1-26 所示。在该对话框中可以实现站点的切换、新建、编辑、复制、删除、导出和导入操作。

➢ 新建：单击"新建"按钮，弹出"站点设置对象"对话框，可以创建新的站点，单击该按钮与执行"站点>新建站点"命令功能相同。

➢ 编辑：如果需要对站点进行编辑，可以选择要编辑的站点，单击"编辑"按钮，弹出"站点设置对象"对话框，在该对话框中可以对选中的站点设置信息进行修改。

图 1-26 "管理站点"对话框

➢ 复制：选中需要复制的站点，单击"复制"按钮，即可复制选中的站点得到该站点的副本。

➢ 删除：选中需要删除的站点，单击"删除"按钮，弹出提示对话框，单击"是"按钮，即可删除站点。

➢ 导出：选中需要导出的站点，单击"导出"按钮，弹出"导出站点"对话框，选择导出站点的位置，在"文件名"文本框中为导出的站点文件设置名称，如图 1-27 所示，单击"保存"按钮，即可将选中的站点导出。

➢ 导入：单击"导入"按钮，弹出"导入站点"对话框，在该对话框中选择需要导入的站点文件，如图 1-28 所示，单击"打开"按钮，即可将该站点导入到 Dreamweaver 中。

图 1-27 "导出站点"对话框

图 1-28 "导入站点"对话框

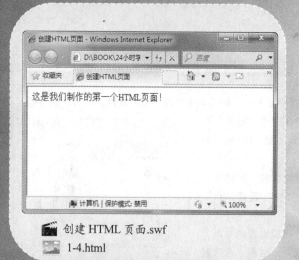

创建 HTML 页面.swf

1-4.html

使用 HTML 5 实现视频播放.swf

1-5.html

了解了 **Dreamweaver CS5.5** 的新增功能，并且共同学习了 **Dreamweaver CS5.5** 的工作界面和站点管理功能后，是不是对 **Dreamweaver CS5.5** 有了一个全新的认识呢！

接下来我们通过两个 **HTML** 代码的小实例，预先接触一下网页的根源——**HTML**，**HTML** 是非常重要的，一定要好好学习！

自测4　创建 HTML 页面

本实例我们将创建第一个 HTML 页面，通过 Dreamweaver CS5.5 中的设计视图与代码视图相结合，制作一个最基础、最简单的 HTML 页面，并通过该案例，使读者对 HTML 代码能够有所了解。

使用到的技术	设置页面标题、代码视图、设计视图、HTML 代码基本结构
学习时间	10 分钟
视频地址	光盘\视频\第 1 章\创建 HTML 页面.swf
源文件地址	光盘\源文件\第 1 章\1-4.html

01 执行"文件>新建"命令，弹出"新建文档"对话框，选项 HTML 选项。

02 单击"创建"按钮，即可创建一个空白的 HTML 页面。

03 在"文档"工具栏上的"标题"文本框中输入页面标题，并按键盘上的 Enter 键确认。

04 转换到代码视图中，可以在页面 HTML 代码中的<title>与</title>标签之间看到刚设置的页面标题。

05 返回设计视图，在空白的文档页面中输入页面的正文内容。

06 转换到代码视图中，可以在页面 HTML 代码中的<body>与</body>标签之间看到页面的正文内容。

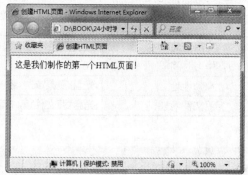

07 执行"文件>保存"命令，弹出"另存为"对话框，将该页面进行保存。

08 单击"保存"按钮，保存文件。完成第一个 HTML 页面的制作，在浏览器中预览该页面。

操作小贴士：

在 Dreamweaver CS5.5 的主编辑环境中，共有"代码"、"拆分"和"设计"3 种视图模式。

代码视图：在可视化网页的背后，可以控制网页的源代码，如果想查看或编辑源代码，可以进入该视图。

拆分视图：在这种视图下，编辑窗口被分割成左右两部分，左侧显示的是代码视图，右侧是设计视图，这样可以在选择和编辑源代码的时候，及时设计视图中观察效果。

设计视图：由于 Dreamweaver 是可视化的网页编辑软件，所以设计视图是经常使用的。设计视图中看到的网页外观和浏览器中看到的基本上一致。

自测5 使用 HTML 5实现视频播放

目前视频网站的标准不一，许多视频网站都需要安排不同的插件才能够正常观看，但是使用 HTML 5，这一切将成为历史，使用 HTML 5 中的<audio>、<video>等标签，可以让用户像现在使用<img>标签一样，轻松地在网页中嵌入音频或视频，不需要任何插入的支持，但浏览器必须支持 HTML 5。本实例我们就使用 HTML 5 中的<video>标签，轻松地在网页中实现视频播放。

使用到的技术	HTML 5、<video>标签
学习时间	10 分钟
视频地址	光盘\视频\第 1 章\使用 HTML 5 实现视频播放.swf
源文件地址	光盘\源文件\第 1 章\1-5.html

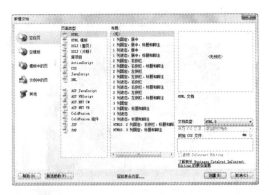

```
1  <!DOCTYPE HTML>
2  <html>
3  <head>
4  <meta charset="utf-8">
5  <title>无标题文档</title>
6  </head>
7
8  <body>
9  </body>
10 </html>
```

01 执行"文件>新建"命令,弹出"新建文档"对话框,在"文档类型"下拉列表中选择HTML 5 选项。

```
<body>
<video controls width="480" height="360">

</video>
</body>
```

02 单击"创建"按钮,创建一个 HTML 5 页面,转换到代码视图中,可以看到 HTML 5 页面的代码。

```
<body>
<video controls width="480" height="360">
<source type="video/mp4" src="images/movie.mp4">
</video>
</body>
```

03 将该页面保存为"光盘\源文件\第 1 章\1-5.html"。在 <body> 标签中加入 <video> 标签,并设置相关属性。

```
<!DOCTYPE HTML>
<html>
<head>
<meta charset="utf-8">
<title>使用HTML5实现视频播放</title>
</head>

<body>
<video controls width="480" height="360" autoplay="true">
<source type="video/mp4" src="images/movie.mp4">
</video>
</body>
</html>
```

04 在 <video> 标签之间加入 <source> 标签,并设置相关属性。

```
<!DOCTYPE HTML>
<html>
<head>
<meta charset="utf-8">
<title>使用HTML5实现视频播放</title>
</head>

<body>
<center>
<video controls width="480" height="360" autoplay="true">
<source type="video/mp4" src="images/movie.mp4">
</video>
</center>
</body>
</html>
```

05 为了使网页打开时视频能够自动播放,还可以在 <video> 标签中加入 autoplay 属性,该属性取值为布尔值。

```
<!DOCTYPE HTML>
<html>
<head>
<meta charset="utf-8">
<title>使用HTML5实现视频播放</title>
</head>

<body>
<center>
<video controls width="480" height="360" autoplay="true">
<source type="video/mp4" src="images/movie.mp4">
<br>您的浏览器不支持HTML5,将无法看到效果!
</video>
</center>
</body>
</html>
```

06 为了使页面中的视频能够水平居中显示,可以为页面添加 <center> 标签。

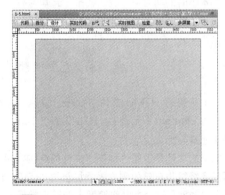

07 在 <source> 标签之后插入一个换行符 <br>,并输入相应的文字。

08 返回页面的设计视图中,可以看到页面效果。

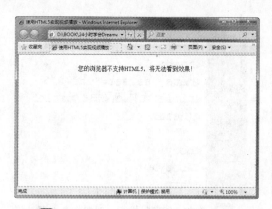 

09 保存页面，在 IE 8 浏览器中预览页面，发现 IE 8 浏览器并不支持 HTML 5。

10 保存页面，在 Chrome 浏览器中预览页面，可以看到页面效果。

操作小贴士：

　　在<video>标签中的 controls 属性是一个布尔值，显示 play/stop 按钮；width 属性用于设置视频所需要的宽度，默认情况下，浏览器会自动检测所提供的视频尺寸；height 属性用于设置视频所需要的高度。

　　因为 HTML 5 的<video>标签，每个浏览器的支持情况不同，Firefox 浏览器只支持.ogg 格式的视频文件，Safari 和 Chrome 浏览器只支持.mp4 格式的视频文件，而 IE 8 及以下版本目前还并不支持<video>标签，所以在使用该标签时，一定需要注意。

第3个小时：了解HTML代码

　　对于网页设计人员来说，制作网页的时候不涉及 HTML 几乎是不可能的。无论是一个初学者，还是一个高级的网页制作人员，都会接触到 HTML。虽然 Dreamweaver CS5.5 提供了可视化的方法来创建和编辑 HTML 文件，但是对于一个希望深入掌握网页制作、对代码严格控制的用户来说，直接书写 HTML 源代码仍然是必须掌握的操作。

　　在本小时的学习中，我们就来一起学习有关 HTML 的相关知识，让我们对 HTML 有一个更加深入的认识和了解，以便为后面的学习打下基础。

▲ *1.8* HTML 的语法结构

　　一个完整的 HTML 文件由标题、段落、列表、表格，即嵌入的各种对象组成。这些逻辑上统一的对象称为 Element（元素），HTML 使用 Tag（标记）来分割并描述这些元素。实际上整个 HTML 文件就是由元素与标记组成的。

　　标记的功能是逻辑性地描述文件的结构，早期的 HTML 已经定义了许多基本的标记，现在也有浏览器厂商经常为自己的浏览器添加新的 HTML 标记。但是并非所有的浏览器都支持所有的标记，如果希望自己的网页在大多数浏览器上能够正常显示，建议最好采用不新不旧的标记编写，太新或者太旧的标记可能不能被所有浏览器支持。

HTML 的文件规格沿用 SGML 的格式，采用"<"与">"作为分割字符，起始标记的一般形式如下：

```
<tag_name [ [attr_name[=attr_value] ]...]>
```
标记名　　属性名称　对应选择性值

其中，tag_name 是标记名称，attr_name 是可选的属性名称，attr_value 是该属性名称对应的属性值，可以存在多个属性。

一般情况下，一个属性名称可以存在多个属性，每个起始标记都对应一个结束标记，如下所示：

```
</tag_name>
```

包含在两个标记之间的就是"对象"，标记及属性没有大小写区别，并且对于浏览器不能分辨的标记可以忽略，不显示其中的对象。

从结构上分，HTML 文件内容也分为 head（表头）和 body（主体）两大部分，这两部分各有其特定的标记及功能。下面列出了一个 HTML 文件最基本的结构，<title>与</title>标记用来定义文件的标题，它一般都放在 HTML 文件的表头部分，即<head>与</head>标记之间。而大部分的文件内容都是在<body>与</body>标记间写入的，例如文本、图像、超链接等。

```
<html>
<head>
<meta http-equiv="Content-Type" content="text/html; charset=utf-8" />          ⎫
<title>HTML 文件的结构</title>                                                    ⎬ 表头
</head>                                                                          ⎭
<body>
    <h2>24 小时学会 Dreamweaver CS5.5 网页设计</h2>                              ⎫
    <b>Adobe</b>公司的网址是：<br />                                            ⎬ 主体
    <a href="http://www.adobe.com.cn">http://www.adobe.com.cn</a>              ⎭
</body>
</html>
```

该段 HTML 代码在浏览器中显示的效果如图 1-29 所示。

图 1-29　在浏览器中预览效果

在查看 HTML 源代码或者编写网页时，可能会经常遇到 3 种格式的 HTML 标记，第 1 种标记形式如下：

```
<tag_name>对象</tag_name>
```

这种标记形式是最常见的标记形式，例如文字的粗体、文字标题格式、文字段落等都是这种形式，例如如下的 HTML 代码：

```
<h2>24 小时学会 Dreamweaver CS5.5 网页设计 </h2>
```

第 2 种标记形式如下：

```
<tag_name [ [attr_name[=attr_value] ]...]>对象</tag_name>
```

这种形式的标记也是在 HTML 代码中非常常见的标记形式，它与第 1 种标记形式相比，只是在标记中加入了一些属性设置，使得标记的功能更加强大，常见的标记有表格、图像、超链接等，例如如下的 HTML 代码：

```
<a href="http://www.adobe.com.cn">http://www.adobe.com.cn</a>
```

其中，href 是超链接标记<a>的属性之一，用于设置超链接所指向的 URL，在 "=" 后面的就是 href 属性的参数值。需要注意的是，引号中的网址 http://www.adobe.com.cn 才是 href 属性的参数值，而第 2 个网址 http://www.adobe.com.cn 是在浏览器中显示的文本。

第 3 种标记的形式如下：

```
<tag_name>
```

这种标记只有起始标记并没有结束标记，这种标记形式在 HTML 代码中并不多见，常见的是换行标记</br>，使用该标记的目的是对文本进行换行，使换行后的文本还是位于同一个段落中。

▲ *1.9* HTML 中的重要标记

HTML 语言中的标记较多，在本节中我们主要对一些常用的标记进行介绍，读者需要对这些常用标记有一个基本的了解，这样在后面的学习过程中才能够事半功倍。

1. 文件结构标记

此类标记的目的是用来标示出文件的结构，主要的有：
- <html>...</html>：标示 html 文件的起始和终止
- <head>...</head>：标示出文件表头区
- <body>...</body>：标示出文件主体区

文件结构标记的应用实例，如图 1-30 所示。

2. 字符格式标记

用来改变 HTML 页面文字的外观，增加文件的美观程度，现在我们更提倡使用 CSS 样式对文字格式和外观进行控制，主要有：
- ...：粗体字
- <i>...</i>：斜体字
- <font>...</font>：改变字体设置
- <cite>...</cite>：参照
- ...：定义重要文本

- ➢ <center>...</center>：居中对齐
- ➢ <big>...</big>：加大字号
- ➢ <small>...</small>：缩小字号

字符格式标记的应用实例，如图 1–31 所示。

```
<html xmlns="http://www.w3.org/1999/xhtml">
<head>
<meta http-equiv="Content-Type" content="text/html; charset=utf-8" />
<title>HTML的重要标记</title>
</head>
<body>
这里是网页显示的主体内容!
</body>
</html>
```

```
<html xmlns="http://www.w3.org/1999/xhtml">
<head>
<meta http-equiv="Content-Type" content="text/html; charset=utf-8" />
<title>HTML中的重要标记</title>
</head>
<body>
<center><b>Dreamweaver CS5.5</b></center>
<br />
<font color="#003366"><i>Dreamweaver CS5.5</i></font>
<br />
<small>Dreamweaver CS5.5</small>
<br />
</body>
</html>
```

图 1-30　文件结构标记　　　　　　图 1-31　字符格式标记

3. 区段格式标记

此类标记的主要用途是将 HTML 文件中的某个区段文字，以特定格式显示，增加文件的可看度，主要有：

- ➢ <title>...</title>：网页标题
- ➢ <hx>...</hx>：x=1,2,...,6，网页中文本标题
- ➢
：强迫换行
- ➢ <hr />：产生水平线
- ➢ <p>...</p>：文件段落
- ➢ <pre>...</pre>：以原始格式显示
- ➢ <address>...</address>：标注联络人姓名、电话、地址等信息
- ➢ <blockquote>...</blockquote>：区段引用标记

区段格式标记的应用实例，如图 1–32 所示。

4. 表格标记

此类标记用来制作表格，主要有：

- ➢ <table>...</table>：定义表格区段
- ➢ <caption>...</caption>：表格标题
- ➢ <th>...</th>：表头
- ➢ <tr>...</tr>：表格行
- ➢ <td>...</td>：表格单元格

表格标记的应用实例，如图 1–33 所示。

```
<html xmlns="http://www.w3.org/1999/xhtml">
<head>
<meta http-equiv="Content-Type" content="text/html; charset=utf-8" />
<title>HTML中的重要标记</title>
</head>
<body>
欢迎学习<br />
<hr color="#FF0000" />
<p>全新的Dreamweaver CS5.5</p>
</body>
</html>
```

```
<html xmlns="http://www.w3.org/1999/xhtml">
<head>
<meta http-equiv="Content-Type" content="text/html; charset=utf-8" />
<title>HTML中的重要标记</title>
</head>
<table width="600">
<caption>
这里是表格标题
</caption>
<tr>
<td> </td>
<td> </td>
</tr>
</table>
</body>
</html>
```

图 1-32　区段格式标记　　　　　　图 1-33　表格标记

5. 列表标记

此类标记用来对相关的元素进行分组，并由此给它们添加意义和结构，主要有：

➢ <ul>...</ul>：无编号列表

➢ <ol>...</ol>：有编号列表

➢ <li>...</li>：列表项目

➢ <dl>...</dl>：定义式列表

➢ <dd>...</dd>：定义项目

➢ <dt>...</dt>：定义项目

➢ <dir>...</dir>：目录式列表

➢ <menu>...</menu>：排列表单控件

列表格式标记的应用实例如图 1-34 所示。

6. 链接标记

链接可以说是 HTML 超文本文件的命脉，HTML 通过链接标记来整合分散在世界各地的图像、文字、影像、音乐等信息，此类标记的主要用途为标示超文本文件链接，主要有：

➢ <a>...</a>：建立超级链接

链接标记的应用实例如图 1-35 所示。

```
<html xmlns="http://www.w3.org/1999/xhtml">
<head>
<meta http-equiv="Content-Type" content="text/html; charset=utf-8" />
<title>HTML中的重要标记</title>
</head>
<body>
<div id="news">
  <ul>
    <li>系统全面升级，惊喜不断！</li>
    <li>公布维护后使用外挂的玩家</li>
    <li>活动大奖天天拿，惊喜不断！</li>
    <li>写给新后看的基础篇</li>
  </ul>
</div>
</body>
</html>
```

图 1-34　列表标记

```
<html xmlns="http://www.w3.org/1999/xhtml">
<head>
<meta http-equiv="Content-Type" content="text/html; charset=utf-8" />
<title>HTML中的重要标记</title>
</head>
<body>
<div id="news">
  <ul>
    <li><a href="#">系统全面升级，惊喜不断！</a></li>
    <li><a href="#">公布维护后使用外挂的玩家</a></li>
    <li><a href="#">活动大奖天天拿，惊喜不断！</a></li>
    <li><a href="#">写给新后看的基础篇</a></li>
  </ul>
</div>
</body>
</html>
```

图 1-35　链接标记

7. 表单标记

此类标记用来制作交互式表单，主要有：

➢ <form>...</form>：表明表单区段的开始与结束

➢ <input>：产生单行文本框、单选按钮、复选框等

➢ <textarea>...</textarea>：产生多行输入文本框

➢ <select>...</select>：标明下拉列表的开始与结束

➢ <option>...</option>：在下拉列表中产生一个选择项目

表单标记的应用实例如图 1-36 所示。

8. 多媒体标记

此类标记用来显示图像、动画、声音等数据，主要有：

➢ <img>：嵌入图像

➢ <embed>：嵌入多媒体对象

➢ <bgsound>：背景音乐

多媒体标记的应用实例如图 1-37 所示。

```
<html xmlns="http://www.w3.org/1999/xhtml">
<head>
<meta http-equiv="Content-Type" content="text/html; charset=utf-8" />
<title>HTML中的重要标记</title>
</head>
<body>
<div id="login">
   <form id="form1" name="form1" method="post" action="">
      <input type="image" name="button" id="button" src="images/9209.gif" />
      <input type="text" name="uname" id="uname" />
      <input type="password" name="upass" id="upass" />
   </form>
</div>
</body>
</html>
```

```
<html xmlns="http://www.w3.org/1999/xhtml">
<head>
<meta http-equiv="Content-Type" content="text/html; charset=utf-8" />
<title>HTML中的重要标记</title>
</head>
<body>
<div id="pic1"><img src="images/8102.gif" width="84" height="27" /></div>
<div id="pic2"><img src="images/8104.gif" width="199" height="66" /></div>
<div id="pic3"><img src="images/8105.jpg" width="52" height="52" /></div>
</body>
</html>
```

图 1-36   表单标记   图 1-37   多媒体标记

▲ 1.10 关于 HTML 5

　　W3C 在 2010 年 1 月 22 日发布了最新的 HTML 5 工作草案，通过制定如何处理所有 HTML 元素以及如何从错误中恢复的精确规则，HTML 5 改进了互操作性，并减少了开发成本，目前 HTML 5 还处于草案阶段，并没有正式发布，我们可以先了解一下 HTML 5 中新增的标签和属性，如表 1-1 和表 1-2 所示。

表 1-1   HTML 5 新增标签

标　　签	说　　　明
<article>	用于定义一篇文章
<aside>	用于定义页面内容部分的侧边栏
<audio>	用于定义声音内容
<canvas>	用于定义图形
<command>	用于定义命令按钮
<datalist>	用于定义一个下拉列表
<details>	用于定义一个元素的详细内容
<embed>	用于定义外部的可交互内容或插件
<figure>	用于定义一组媒体内容以及它们的标题
<figcaption>	用于定义<figure>元素的标题
<footer>	用于定义一个页面或一个区域的底部
<header>	用于定义一个页面或一个区域的头部
<hgroup>	用于定义文档中一个区块的相关信息
<keygen>	用于定义表单中生成的密钥
<mark>	用于定义有标记的文本
<meter>	用于定义预定义范围内的度量
<nav>	用于定义导航链接
<output>	用于定义输出的一些类型
<progress>	用于定义任何类型、任何的进度
<ruby>	用于定义 ruby 注释
<rp>	用于定义当浏览器不支持<ruby>元素时所显示的内容
<rt>	用于定义 ruby 注释的解释说明
<section>	用于定义一个区域
<source>	用于定义媒体资源
<summary>	用于定义<details>元素的标题
<time>	用于定义一个日期或时间
<video>	用于定义视频

表 1-2　HTML 5 新增属性

属　　　性	属　性　值	说　　　明
contenteditable	true/false	设置是否允许用户编辑内容
contextmenu	menu_id	设置元素的上下文菜单
data–yourvalue	value	设计者定义的属性，HTML 文档的设计者可能定义属于自己的属性，必须以"data–"开头
draggable	true/false;auto	设置是否允许用户拖动元素
hidden	hidden	设置该元素是无关的，被隐藏的元素不会显示
item	empty/url	该属性用于组合元素
itemprop	url/proup value	该属性用于组合项目
spellcheck	true/false	设置是否必须对元素进行拼写或语法检查
subject	ld	设置元素所对应的项目

▲*1.11* 页面属性设置

在 Dreamweaver 中的代码视图中，会看到一组<body></body>标签，网页的主要部分就位于这个标签之中。body 作为一个对象，会有许多相关的属性，本节将围绕这些属性的设置展开。这其中包括网页的标题、网页颜色、背景图片等设置。

在 Dreamweaver CS5.5 的编辑窗口中，执行"修改>页面属性"命令，或单击"属性"面板上的"页面属性"按钮 页面属性... ，弹出"页面属性"对话框，Dreamweaver CS5.5 将页面属性分为许多类别，其中"外观（CSS）"是设置页面的一些基本属性，如图 1–38 所示，并且将设置的页面相关属性自动生成 CSS 样式表写在页面头部。

在"页面属性"对话框左侧的"分类"列表中选择"外观（HTML）"选项，可以切换到"外观（HTML）"选项设置界面，如图 1–39 所示。该选项的设置与"外观（CSS）"的设置基本相同，唯一的区别是在"外观（HTML）"选项中设置的页面属性，将会自动在页面主体标签<body>中添加相应的属性设置代码，而不会自动生成 CSS 样式。

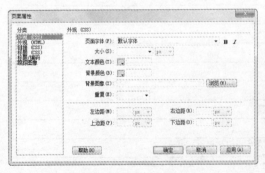

图 1-38　"外观（CSS）"选项

图 1-39　"外观（HTML）"选项

在"页面属性"对话框左侧的"分类"列表中选择"链接（CSS）"选项，可以切换到"链接（CSS）"选项设置界面，在该部分可以设置页面中的链接文本的效果，如图 1–40 所示。

在"页面属性"对话框左侧的"分类"列表中选择"标题（CSS）"选项，可以切换到"标题（CSS）"选项设置界面，在"标题（CSS）"选项中可以设置标题文字的相关属性，如图 1-41 所示。

图 1-40 "链接（CSS）"选项   图 1-41 "标题（CSS）"选项

在"页面属性"对话框左侧的"分类"列表中选择"标题/编码"选项，可以切换到"标题/编码"选项设置界面，在"标题/编码"选项中可以设置网页的标题、文字编码等，如图 1-42 所示。

在"页面属性"对话框左侧的"分类"列表中选择"跟踪图像"选项，可以切换到"跟踪图像"选项设置界面，在"跟踪图像"选项中可以设置跟踪图像的属性，如图 1-43 所示。

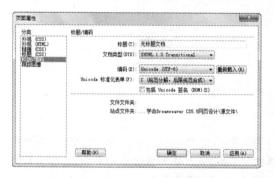

图 1-42 "标题/编码"选项   图 1-43 "跟踪图像"选项

在正式制作网页之前，有时会用绘图工具绘制一幅设计草图，相当于为设计网页打草稿。Dreamweaver CS5.5 可以将这种设计草图设置成跟踪图像，铺在编辑的网页下面作为背景，用于引导网页的设计。

跟踪图像的文件格式必须为 JPEG、GIF 或 PNG。在 Dreamweaver CS5.5 中跟踪图像是可见的，当在浏览器中浏览页面时，跟踪图像不被显示。

▲ 1.12 页面头信息设置

一个完整的 HTML 网页文件包含两个部分：head 部分和 body 部分。其中 head 部分包含许多不可见的信息，例如语言编码、搜索关键字、版权声明、作者信息、网页描述等；而 body 部分则包含网页中可见的内容，例如文字、图片、表格、表单等。

单击"插入"面板上的"常用"选项卡中的"文件头"按钮旁的下三角按钮，如图 1-44 所示，在弹出的菜单中显示可以为页面所添加的相关页面头信息选项，如图 1-45 所示。

图 1-44 "插入"面板   图 1-45 弹出菜单

1. META

META 标记用来记录当前网页的相关信息，如编码、作者、版权等，也可以用来给服务器提供信息，比如网页终止的时间、刷新的间隔等。单击"插入"面板上的"文件头"按钮旁的下三角按钮，在弹出的菜单中选择 META 选项，弹出"META"对话框，如图 1-46 所示。

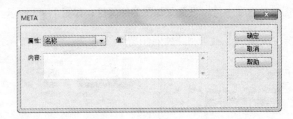

图 1-46 META 对话框

在对话框左上方的"属性"下拉列表框中有"名称"和"HTTP-equivalent"两个选项，分别对应于 NAME 变量和 HTTP-EQUIV 变量。在"值"文本框中可以输入 NAME 变量或 HTTP-EQUIV 变量的值。在"内容"文本框中可以输入 NAME 变量或 HTTP-EQUIV 变量的内容。

如果需要设置网页到期时间，设置如图 1-47 所示，则网页将在格林威治时间 2012 年 6 月 20 日 9 点过期，届时将无法脱机浏览这个网页，必须连到网上重新浏览这个网页。

如果需要设置 cookie 过期时间，设置如图 1-48 所示，则 cookie 将在格林威治时间 2012 年 6 月 20 日 9 点过期，并被自动删除。

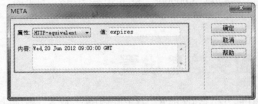

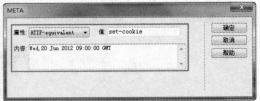

图 1-47 设置网页到期时间   图 1-48 设置网页 cookie 过期

如果需要强制页面在当前窗口以独立页面显示，设置如图 1-49 所示，则可以防止这个网页被显示在其他网页的框架结构里。

如果需要设置网页打开时的效果，设置如图 1-50 所示，则根据"内容"文本框中的设置，在打开网页时显示相应的打开效果。

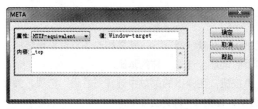

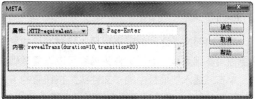

图 1-49 强制页面在当前窗口以独立页面显示　　　　　图 1-50 设置网页打开时的效果

2. 关键字

关键字的作用是协助因特网上的搜索引擎寻找网页。网站的来访者大都是由搜索引擎引导来的。因为有些搜索引擎限制索引的关键字或字符的数目，当超过了限制的数目时，它将忽略所有的关键字，所以最好只使用几个精选的关键字。

单击"插入"面板上的"文件头"按钮旁的下三角按钮，在弹出的菜单中选择"关键字"选项，弹出"关键字"对话框，直接输入关键字即可，不同关键字之间用逗号分隔，单击"确定"按钮后，关键字的信息就设置好了，如图 1-51 所示。

3. 说明

许多搜索引擎装置读取描述 META 标记的内容。有些使用该信息在它们的数据库中将页面编入索引，而有些还在搜索结果页面中显示该信息。

单击"插入"面板上的"文件头"按钮旁的下三角按钮，在弹出的菜单中选择"说明"选项，弹出"说明"对话框，直接写入对页面的说明语句，单击"确定"按钮后，说明的信息就设定好了，如图 1-52 所示。

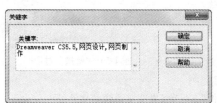

图 1-51 "关键字"对话框　　　　　　　　图 1-52 "说明"对话框

4. 刷新

刷新主要适用于两种情况：第 1 种情况是网页地址发生变化，可以在原地址的网页上使用刷新功能，规定在若干秒之后让浏览器自动跳转到新的网页；第 2 种情况是网页经常更新，规定让浏览器在若干秒之后自动刷新网页。

单击"插入"面板中的"文件头"按钮旁的下三角按钮，在弹出的菜单中选择"说明"选项，弹出"刷新"对话框，在该对话框中可以设置刷新的相关选项，如图 1-53 所示。

图 1-53 "刷新"对话框

> 延迟：在"延迟"文本框中输入一个数值，用于设置页面延时的秒数，经过这个时间页面即可刷新或转到另一个页面。

> 转到 URL：选中该单选按钮，则当前网页经过一段时间后，会跳转到另外一个网页，在其后的文本框里输入要转到的页面的地址，或单击"浏览"按钮，弹出"选择文件"对话框。

> 刷新此文档：选中该单选按钮，则网页经过一段时间后会自动刷新。

5. 基础

网站内部文件之间的链接都是以相对地址的形式出现，在默认情况下，都是相对于首页设置链接，这里称为基础网页。通过文件头内容可以设置基础网页的地址，这里简称为基础。

单击"插入"面板中的"文件头"按钮旁的下三角按钮，在弹出的菜单中选择"基础"选项，弹出"基础"对话框，在该对话框中可以设置基础的相关选项，如图 1-54 所示。

➤ HREF：在该文本框中输入基础网页的路径，也可以通过单击文本框右边的"浏览"按钮，弹出"浏览文件"对话框，在本地网站中选取。

➤ 目标：在该下拉列表中选择打开链接页面的方式，包括 5 种方式，如图 1-55 所示。

图 1-54 "基础"对话框

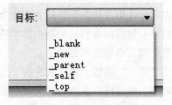

图 1-55 "目标"下拉列表

6. 链接

"链接"设置可以定义当前网页的本地站点中另一网页之间的关系，让这个另外的文件提供给当前网页文件相关的资源和信息。

单击"插入"面板中的"文件头"按钮旁的下三角按钮，在弹出的菜单中选择"链接"选项，弹出"链接"对话框，在该对话框中可以设置链接的相关选项，如图 1-56 所示。

图 1-56 "链接"对话框

➤ HREF：该文本框用来设置要建立链接关系的文件的地址。可以在此文本框里输入文件的路径，也可以单击"浏览"按钮，弹出"选择文件"对话框来选择需要的文件。

➤ ID：该文本框用来为链接指定一个唯一的标识符，在该文本框中输入 ID 值。

➤ 标题：该文本框用来描述这个链接的关系，可以在该文本框中输入链接标题内容。

➤ Rel：该文本框用来指定当前文件与 HREF 文本框中所设置文件之间的关系，可以输入的值有 Alternate、Stylesheet、Start、Next、Prev、Contents、Index、Glossary、Copyright、Chapter、Section、Subsection、Appendix、Help 和 Bookmark 等。

➤ Rev：该文本框用来指定当前文件与 HREF 文本框中所设置文件之间的相反关系（与 Rel 相对），可输入的值与 Rel 文本框一样。如果要指定多个关系，需要用空格将各个值隔开。

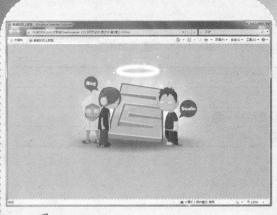

🎬 设置网站头信息.swf

🖼 1-6.html

自我检测

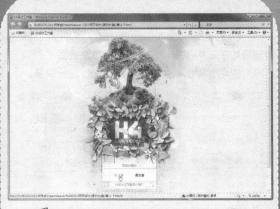

🎬 制作网站欢迎页面.swf

🖼 1-7.html

该部分介绍了较多的基础知识，你都学会了吗？HTML 代码在网页中是非常重要的，一定要好好掌握，页面头信息和页面属性的设置相对比较简单，也很好理解。

接下来我们制作两个页面实例，通过这两个实例练习页面头信息的设置和页面属性的设计，开始行动起来吧！

自测6 设置网站头信息

头信息的设置属于页面总体设定的范畴，虽然它们中的大多数不能够直接在网页上看到效果，但从功能上，很多都是必不可少的。下面就以一个网站页面为例，练习为网站页面添加头信息。

使用到的技术	设置页面标题、设置页面头信息
学习时间	10 分钟
视频地址	光盘\视频\第 1 章\设置网站头信息.swf
源文件地址	光盘\源文件\第 1 章\1-6.html

01 执行"文件>打开"命令，打开页面"光盘\源文件\第 1 章\1-6.html"。

02 在"文档"工具档上的"标题"文本框中输入页面的标题文字。

03 单击"插入"面板上的"文件头"按钮旁的下三角按钮，在弹出的菜单中选择 META 选项，弹出"META"对话框，进行设置。

04 单击"插入"面板上的"文件头"按钮旁的下三角按钮，在弹出的菜单中选择"关键字"选项，弹出"关键字"对话框，进行设置。

05 单击"插入"面板上的"文件头"按钮旁的下三角按钮，在弹出的菜单中选择"说明"选项，弹出"说明"对话框，进行设置。

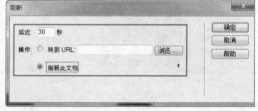

06 单击"插入"面板上的"文件头"按钮旁的下三角按钮，在弹出的菜单中选择"刷新"选项，弹出"刷新"对话框，进行设置。

```
<meta http-equiv="Expires" content="Wed,20 Jun 2012 09:00:00 GMT" />
<meta name="Keywords" content="专业网页设计制作,设计教程,Dreamweaver,Flash" />
<meta name="Description" content="这里是衰衰的网上家园,这里有关于衰衰的一切相关信息!" />
<meta http-equiv="Refresh" content="30" />
```

07 完成页面相关头信息的设置,转换到代码视图中,可以在<head>标签中看到刚刚为页面设置的头信息代码。

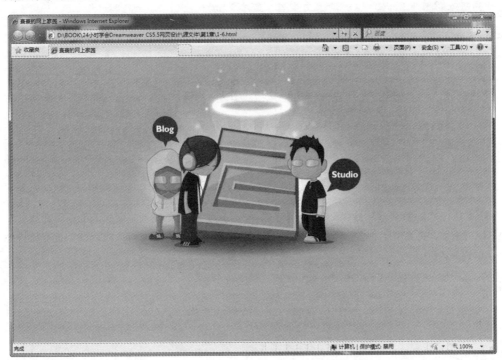

08 完成页面头部信息的设置,执行"文件>保存"命令,保存页面,在浏览器中预览页面效果。

操作小贴士:

在网页中设置的各种页面头信息,除了可以转换到代码视图中,在页面头部找到相应的设置代码进行修改外,还可以执行"查看>文件头内容"命令,在"文档"窗口上方显示出"文件头内容"窗口,单击不同的图标,可以在"属性"面板上显示不同的头部信息,可以直接在"属性"面板上进行修改。

自测7 制作网站欢迎页面

在 Dreamweaver 中,页面属性可以控制网页的背景颜色、文本颜色、链接属性等,主要对外观进行总体上的控制。在学习前面有关的基础知识后，接下来我们一起制作一个简单的网站欢迎页面，通过"页面属性"对话框，对页面的整体属性进行控制。

使用到的技术	设置页面属性、Div+CSS 布局页面
学习时间	20 分钟
视频地址	光盘\视频\第 1 章\制作网站欢迎页面.swf
源文件地址	光盘\源文件\第 1 章\1-7.html

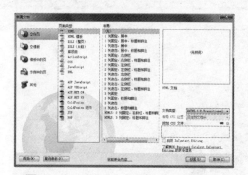

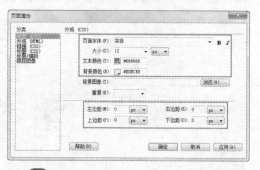

01 执行"文件>新建"命令，新建一个空白的 HTML 页面，将其保存为"光盘\源文件\第 1 章\1-7.html"。

02 单击"属性"面板上的"页面属性"按钮，弹出"页面属性"对话框，进行相应的设置。

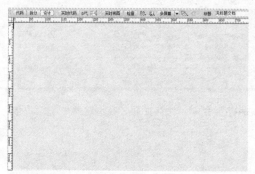

03 单击"确定"按钮，完成"页面属性"对话框的设置，可以看看到页面的效果。

04 转换到代码视图中，可以在页面头部的 `<head>` 与 `</head>` 标签之间看看自动添加的 CSS 样式代码。

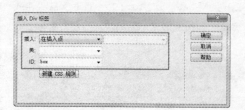

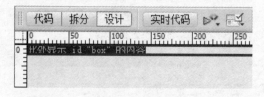

05 返回设计视图，单击"插入"面板上的"插入 Div 标签"按钮，弹出"插入 Div 标签"对话框，进行设置。

06 单击"确定"按钮，在页面中插入名为 box 的 Div。

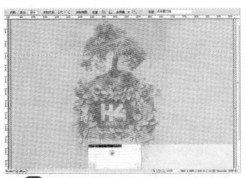

```
#box {
    width: 632px;
    height: 231px;
    background-image: url(images/bg.jpg);
    background-repeat: no-repeat;
    margin: 0px auto;
    padding-top: 535px;
    padding-left: 330px;
}
```

07 转换到代码视图中,在内部 CSS 样式中创建名为#box 的 CSS 样式(CSS 样式将在下一章中进行详细讲解)。

08 返回设计视图,可以看到页面的效果。将光标移至名为 box 的 Div 中,删除多余文字。

09 单击"插入"面板上的"插入 Div 标签"按钮,弹出"插入 Div 标签"对话框,进行设置。

10 单击"确定"按钮,在名为 box 的 Div 中插入名为 title 的 Div。

```
#title {
    width: 230px;
    height: 24px;
    line-height: 24px;
    border-bottom: dashed 1px #333333;
    text-align: center;
}
```

11 转换到代码视图中,在内部 CSS 样式中创建名为#title 的 CSS 样式。

12 返回设计视图,将光标移至名为 title 的 Div 中,删除多余文字,输入文字。

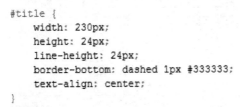

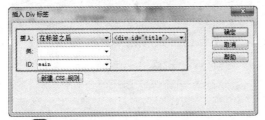

13 单击"插入"面板上的"插入 Div 标签"按钮,弹出"插入 Div 标签"对话框,进行设置。

14 单击"确定"按钮,在名为 title 的 Div 之后插入名为 main 的 Div。

```
#main {
    width: 228px;
    height: 54px;
    line-height: 54px;
    border-bottom: dashed 1px #333333;
    text-align: center;
}
```

15 转换到代码视图中，在内部 CSS 样式中创建名为#main 的 CSS 样式。

16 返回设计视图，将光标移至名为 main 的 Div 中，删除多余文字，输入文字。

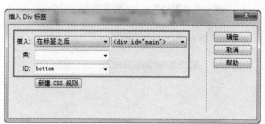

17 单击"插入"面板上的"插入 Div 标签"按钮，弹出"插入 Div 标签"对话框，进行设置。

18 单击"确定"按钮，在名为 main 的 Div 之后插入名为 bottom 的 Div。

```
#bottom {
    width: 228px;
    height: 20px;
    line-height: 20px;
    text-align: center;
}
```

19 转换到代码视图中，在内部 CSS 样式中创建名为#bottom 的 CSS 样式。

20 返回设计视图，将光标移至名为 bottom 的 Div 中，删除多余文字，输入文字。

21 分别选中"中文版"和"英文版"文字，在"属性"面板上的"链接"文本框中输入#。

22 为文字创建空链接，可以看到链接文字的效果。

23 单击"属性"面板上的"页面属性"按
钮,弹出"页面属性"对话框,选择"链接
(CSS)"选项,进行设置。

24 在"分类"列表中选择"标题/编码"
选项,进行设置。

```
a {
    font-size: 12px;
    color: #333333;
    font-weight: bold;
}
a:link {
    text-decoration: none;
}
a:visited {
    text-decoration: none;
    color: #333333;
}
a:hover {
    text-decoration: underline;
    color: #FF9900;
}
a:active {
    text-decoration: none;
    color: #666666;
}
```

25 单击"确定"按钮,完成"页面属性"
对话框的设置,可以看到页面中的链接文字效
果。

26 转换到代码视图中,可以看到自动添加
的 CSS 样式。

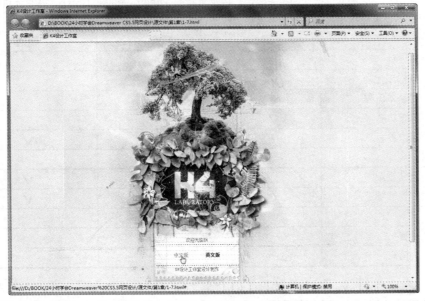

27 完成该欢迎页面的制作,执行"文件>保存"命令,保存页面,在浏览器中预览页面
效果。

操作小贴士：

在"页面属性"对话框中所进行的设置，大多数选项的设置都会自动生成相应的 CSS 样式写入页面的头部，也就是说，最终还是通过 CSS 样式对页面的整体属性进行控制。所以我们也可以直接编写相应的 CSS 样式对页面整体属性进行控制，而不需要通过"页面属性"对话框，并且直接编写 CSS 样式能够设置许多在"页面属性"对话框中没有提供的属性。

自我评价

了解了网页设计制作的相关知识，并且认识了全新的 Dreamweaver CS5.5 后，接下来我们还需要花一些时间熟悉 Dreamweaver CS5.5 的操作界面，这样有助于我们接下来的学习！

总结扩展

本章主要介绍了有关网页设计的相关概念，以及全新的 Dreamweaver CS5.5，并且还讲解了有关 HTML 和页面整体控制的相关内容，内容虽然比较多，但大多还是比较简单的，具体要求如下：

	了解	理解	精通
什么是网页设计		√	
网页设计的构成元素	√		
网页设计的基本流程	√		
CS5.5 的新增功能	√		
CS5.5 的操作界面			√
管理站点		√	
HTML 的语法规则			√
HTML 中的重要标记			√
HTML 5	√		
页面属性设置		√	
设置页面头信息		√	

通过本章的学习，你是否已经对网页设计有所了解了呢？对全新的 Dreamweaver CS5.5 是不是已经不再陌生了？创建站点、设置页面属性等这些网页的基本处理是不是也都已经掌握了？如果还不是很清楚，就利用业余时间多复习一下吧！打好基础是学习网页设计的关键，在接下来的时间中，我们将会学习网页设计中非常重要的知识，如 CSS 样式以及 Div+CSS 布局，准备好了吗？让我们一起出发吧！

样式的魔力

——Div+CSS 布局

在第一章我们已经学习了网页的基本构成元素、网页设计的基本流程和关于 Dreamweaver 的一些基本的操作方法，这一章我们将要学习的是 Dreamweaver 中名声远扬的布局方式：Div+CSS 布局方式。在制作网页时，Div+CSS 布局方式应用得最为广泛，也是功能最强大的一种布局方式，那么它的强大体现在什么地方呢？它又是怎样对网页进行布局的呢？

想知道的话，现在就开始学习吧！

学习目的：	掌握 CSS 样式的编辑和 Div 的相关属性设置
知识点：	新增功能、创建 CSS 样式、插入 Div 等
学习时间：	4 小时

关于我们

白塔集团

全球资讯

 为什么要使用 Div+CSS 进行布局？Web 标准是什么？

　　制作网站的方法有很多种，但由于 Div+CSS 布局方式的强大优越性和独立性，现在网上几乎所有的网站使用的都是 Div+CSS 布局方式，几乎见不到使用表格制作的网站了，所以我们要全面掌握这种布局方式的技巧，为后面的学习打好基础。

精美的网页设计作品

什么是 CSS	什么是 Div	使用 Div+CSS 布局的优势
CSS 是一种对 Web 文档添加样式的简单机制，也是一种表现 HTML 或 XML 等文件式样的计算机语言，它的定义由 W3C 来维护。CSS 是网页排版和风格设计的重要工具，用来弥补 HTML 规格中的不足，同时也让网页设计变得更为灵活。	Div 与其他 HTML 标签一样，是一个由 HTML 所支持的标签，其在使用时的结构和表格差不多，比如，当在页面中插入表格时，应用的是 `<table></table>` 的结构，当插入 Div 时，应用的是 `<div></div>` 的结构。	很大程度上缩减了代码，加快页面的浏览速度；方便修改页面；一个 CSS 样式表文件可供多个网页使用，可以增加更多的用户而不需要建立独立的版本；表现与内容分离，结构性强。

第4个小时：认识CSS样式

CSS（层叠样式表）是由 W3C 发布，用于解决由于 HTML 本身一些客观因素造成的网页结构与表现不分离的问题，使其在不同浏览器中显示的页面是一样的效果。当 CSS 样式被修改后，所应用的样式也可以自动更新。

▲2.1 CSS 样式的基本写法

一个样式 CSS 样式的基本写法是由三部分组成的：Selector（选择器）、属性（Property）、属性值（Value），一个基本的 CSS 样式写法如下：

CSS 选择符{属性1：属性值1；属性2：属性值2；属性3：属性值3；……}

在大括号中，使用属性名和属性值对参数定义选择器的样式。

▲2.2 CSS 的优越性

在网页中使用 CSS 样式可以精确地定位网页上的元素和控制传统的格式属性，比如字体、尺寸等，还可以设置特殊效果、鼠标滑过之类的 HTML 属性，如图 2-1 所示为未使用 CSS 样式的页面效果，如图 2-2 所示为使用 CSS 样式的页面效果。

图 2-1　未使用 CSS 样式的页面

图 2-2　使用 CSS 样式的页面

CSS 在制作网页时存在的优越性有很多，下面为大家进行简单介绍。

➤ 格式和结构分离

HTML 语言定义了网页的结构和各要素的功能，而 CSS 样式表通过将定义结构的部分和定义格式的部分分离，使设计者能够对页面的布局施加更多的控制，同时 HTML 仍可以保持简单明了的初衷。CSS 代码独立出来从另一个角度控制页面外观。

➤ 可以很好地控制页面布局

CSS 样式可以很好地控制页面总体的布局，比如精确定位、字间距或行间距等。

➤ 能够制作体积更小、下载更快的网页

CSS 样式表不需要图像、插件，更不需要执行程序，只有简单的文本，所以使用 CSS 样式表可以减少表格标签以及一些增加 HTML 体积的代码，从而可以减小文件的体积。

➤ 可以将多个网页同时更新

CSS 样式表的主旨就是将格式和结构分离，利用 CSS 样式表可以将站点上所有的网页全部指向一个 CSS 文件，当修改该 CSS 文件中的某一行时，整个站点的网页都会随之修改，而不用一页一页地进行修改。

➤ 浏览器将成为更友好的界面

CSS 样式表的代码有很好的兼容性，只要是可以识别 CSS 样式表的浏览器都可以应用它，在老版本的浏览器中，代码也不会出现杂乱无章的现象，就算丢失了某个插件，也不会发生中断。

▲2.3 内联样式

内联样式是指将 CSS 样式表写在 HTML 标签中，其格式如下：

```
<p style="font-family:宋体; font-size:14pxl color:#999999;">内联样式</./p>
```

内联样式由 HTML 文件中的元素的 style 属性所支持，只需要将 CSS 代码用 ";" 分号隔开输入在 style= " "中，便可以完成对当前标签的样式定义，是 CSS 样式定义的一种基本形式。

内联样式仅仅是 HTML 标签对于 style 属性的支持所产生的一种 CSS 样式表编写方式，并不符合表现与内容分离的设计模式，使用内联样式与表格布局从代码结构上来说完全相同，仅仅利用了 CSS 对于元素的精确控制优势，并没能很好地实现表现与内容的分离，所以这种书写方式应当尽量少用。

▲2.4 内部样式表

内部样式表，是将 CSS 样式表统一放置在页面一个固定的位置，代码如下：

```
<html>
  <head>
  <title>内部样式表</title>
  <style type="text/css">
  *{
      padding: 0px;
      margin: 0px;
      border: 0px;
  }
  body{
```

```
            font-family: "宋体";
            font-size: 12px;
            color: #333333;
        }
        </style>
        </head>
        <body>
        内部样式表
        </body>
    </html>
```

样式表由<style></style>标签标记在<head></head>之间，作为一个单独的部分。

内部样式表是 CSS 样式表的初级应用形式，它只针对当前页面有效，不能跨页面执行，因此达不到 CSS 代码多用的目的，在实际的大型网站开发中，很少会用到内部样式表。

▲2.5 外部样式表

外部样式表将 CSS 样式表代码单独存放在一个独立的文件中，由网页对其进行调用，且多个网页可以调用同一个外部样式表文件，因此，外部样式表是 CSS 样式表中最理想的一种形式，其代码如下：

```
<html>
<head>
    <title>外部样式表</title>
    <link href="style.css" rel="stylesheet" type="text/css" />
</head>
<body>
外部样式表
</body>
</html>
```

CSS 样式表在网页中应用的主要目的是为了创建良好的网站文件管理及样式管理，分离式的结构有助于合理分配表现与内容。

▲2.6 创建 CSS 样式

CSS 样式可以定义包括许多类型的格式，如文本、背景、边框等，定义这些类型的格式都有相应的设置对话框，下面向读者简单介绍这些类型的 CSS 样式。

1. 文本样式

文本是网页中最基本的重要元素之一，文本的 CSS 样式设置是经常使用的，也是在网页制作过程中使用频率最高的。在"CSS 规则定义"对话框左侧选择"类型"选项，在右侧的选项区中可以对文本样式进行设置，如图 2-3 所示。

➤ Font-family（字体）：在该下拉列表框中可以选择文字字体。

➤ Font-size（字体大小）：在该下拉列表框中可以选择字体的大小，也可以直接在"Font-size"下拉列表框中输入字体的大小值，然后再选择字体大小的单位。

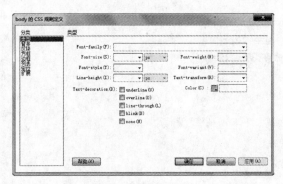

图 2-3 "类型"选项

➢ Font-weight（字体粗细）：在该下拉列表中可以设置字体的粗细，也可以选择具体的数值。
➢ Font-style（字体样式）：在该下拉列表框中可以选择文字的样式，共包括 normal(正常)、italic(斜体)、oblique(偏斜体)。
➢ Font-variant（字体变形）：该选项主要是针对英文字体的设置。在英文中，大写字母的字号一般采用该选项中的 small-caps（小型大写字母）进行设置，可以缩小大写字母。
➢ Line-height（行高）：在该下拉列表框中可以设置文本行的高度。在设置行高时，需要注意所设置行高的单位应该和设置"大小"的单位相一致。
➢ Text-transform（字体大小写）：该选项同样是针对英文字体的设置。可以将每句话的第一个字母大写，也可以将全部字母变化为"大写"或"小写"。
➢ Text-decoration（文字修饰）：在 Text-decoration 中提供了 5 种样式。
Underline（下画线）：勾选该复选框，可以为文字添加下画线。
Overline（上画线）：勾选该复选框，可以为文字添加上画线。
line-through（删除线）：勾选该复选框，可以为文字添加删除线。
blink（闪烁）：勾选该复选框，可以为方字添加闪烁效果。
none（无）：勾选该复选框，则文字不发生任何修饰。
➢ Color（颜色）：在 Color（颜色）文本框中可以为字体设置字体颜色，可以通过颜色选择器选取，也可以直接在文本框中输入颜色值。

2. 背景样式

在使用 HTML 编写的页面中，背景只能使用单一的色彩或利用背景图像水平垂直方向平铺，而通过 CSS 样式可以更加灵活地对背景进行设置。在"CSS 规则定义"对话框左侧选择"背景"选项，在右侧的选项区中可以对背景样式进行设置，如图 2-4 所示。

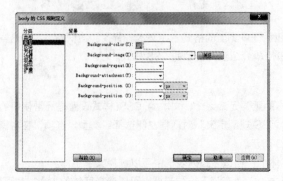

图 2-4 "背景"选项

- Background-color（背景颜色）：在该文本框中可以设置页面元素的背景颜色值。
- Background-image（背景图像）：在该下拉列表中可以直接输入背景图像的路径，也可以单击"浏览"按钮，浏览到需要的背景图像。
- Background-repeat（背景重复）：在该下拉列表中提供了 4 种重复方式，分别为 no-repeat（不重复）、repeat（重复）、repeat-x（横向重复）、repeat-y（纵向重复）。
- Background-attachment（附件）：如果以图像作为背景，可以设置背景图像是否随着页面一同滚动，在该下拉列表中可以选择 fixed（固定）或 scroll（滚动），默认为背景图像随着页面一同滚动。
- Background-position(X)（水平位置）：可以设置背景图像在页面水平方向上的位置。可以是 left（左对齐）、right（右对齐）和 center（居中对齐），还可以设置数值与单位相结合表示背景图像的位置。
- Background-position(Y)（垂直位置）：可以设置背景图像在页面垂直方向上的位置。可以是 top（顶部）、bottom（底部）和 center（居中对齐），还可以设置数值与单位相结合表示背景图像的位置。

3. 区块样式

区块主要用于元素的间距和对齐属性，在"CSS 规则定义"对话框左侧选择"区块"选项，在右侧的选项区中可以对区块样式进行设置，如图 2-5 所示。

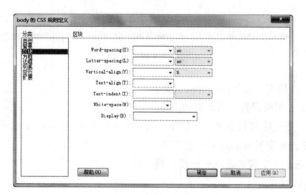

图 2-5 "区块"选项

- Word-spacing（单词间距）：该选项可以设置英文单词之间的距离。还可以设置数值和单位相结合的形式，使用正值来增加单词间距，使用负值来减小单词间距。
- Letter-spacing（字母间距）：该选项可以设置英文字母之间的距离。也可以设置数值和单位相结合的形式。使用正值来增加字母间距，使用负值来减小字母间距。
- Vertical-align（垂直对齐）：该选项用于设置对象的垂直对齐方式，包括 baseline（基线）、sub（下标）、super（上标）、top（顶部）、text-top（文本顶对齐）、middle（中线对齐）、bottom（底部）、text-bottom（文本底对齐）以及自定义的数值和单位相结合的形式。
- Text-align（文本对齐）：该选项可以设置文本的水平对齐方式，包括 left（左对齐）、right（右对齐），center（居中对齐）和 justify（两端对齐）。
- Text-indent（文本缩进）：该选项是最重要的设置项目，中文文字的首行缩进就是由它来实现的。首先填入具体的数值，然后选择单位。文字缩进和字体大小设置要保持统一。如字体大小为 12px，想创建两个中文的缩进效果，文字缩进时就应该为 24px。
- White-space（空格）：该选项可以对源代码文字空格进行控制，有 normal（正常）、pre（保留）和 nowrap（不换行）3 种选项。

normal（正常）：选择该选项，将忽略源代码文字之间的所有空格。

pre（保留）：选择该选项，将保留源代码中所有的空格形式，包括空格键、Tab 键、Enter 键。

nowrap（不换行）：选择该选项，可以设置文字不自动换行。

➢ Display（显示）：用于指定是否显示以及如何显示元素。

4. 方框样式

方框样式主要用来定义页面中各元素的位置和属性，如大小、环绕方式等，通过应用 padding(填充)和 margin(边界)属性，还可以设置各元素（如图像）水平和垂直方向上的空白区域。

在"CSS 规则定义"对话框左侧选择"方框"选项，在右侧的选项区中可以对方框样式进行设置，如图 2-6 所示。

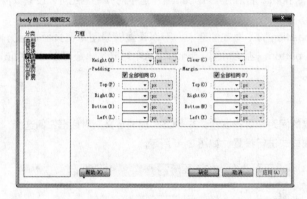

图 2-6 "方框"选项

➢ Width（宽度）：用来设置页面元素的宽度。

➢ Height（高度）：用来设置页面元素的高度。

➢ Float（浮动）：指文字等对象的环绕效果，有 left(左)、right(右)和 none(无)3 个选项。

left(左)：对象居左，文字等内容从另一侧环绕。

right(右)：对象居右，文字等内容从另一侧环绕对象。

none(无)：取消环绕效果。

➢ Clear（清除）：在 Clear 下拉列表框中共有 left(左)、right(右)、both（两者）和 none(无)4 个选项。

➢ Padding（填充）：如果对象设置了边框，则 Padding 指的是边框和其中内容之间的空白区域。可以在下面对应的 top(上)、bottom(下)、left(左)、right(右)各选项中设置具体的数值和单位。如果勾选"全部相同"复选框，则会将 top(上)的值和单位应用于 bottom(下)、left(左)和 right(右)中。

➢ Margin（边距）：如果对象设置了边框，Margin 是边框外侧的空白区域，用法与 Padding（填充）相同。

5. 边框样式

设置边框样式可以为对象添加边框，设置边框的颜色、粗细和样式。在"CSS 规则定义"对话框左侧选择"边框"选项，在右侧的选项区中可以对边框样式进行设置，如图 2-7 所示。

➢ Style（样式）：可以设置不同的边框样式，包括 none（无）、dotted（点画线）、dashed（虚线）、solid（实线）、double（双线）、groove（槽状）、ridge（脊状）、inset（凹陷）、outset（凸出）。

➢ Width（宽度）：可以设置 4 个方向的边框宽度，可以选择相对值 thin（细）、medium（中）、thick（粗），也可以设置边框的宽度值和单位。

> Color（颜色）：可以设置对应边框的颜色。

6. 列表样式

通过 CSS 样式对列表进行设置，可以设置出非常丰富的列表效果。在"CSS 规则定义"对话框左侧选择"列表"选项，在右侧的选项区中可以对列表样式进行设置，如图 2-8 所示。

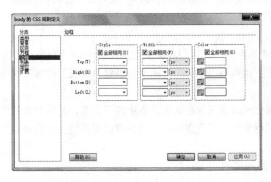 

图 2-7 "边框"选项 　　　　　　　　　图 2-8 "列表"选项

> List-style-type（列表类型）：在该下拉列表中可以设置引导列表项目的符号类型。可以选择 disc（圆点）、circle（圆圈）、square（方块）、decimal（数字）、lower-roman（小写罗马数字）、upper-roman（大写罗马数字）、lower-alpha（小写字母）、upper-alpha（大写字母）、none（无）9 个选项。
> List-style-image（项目符号图像）：在该下拉列表框中可以选择图像作为项目的引导符号，单击"浏览"按钮，弹出"选择图像源文件"对话框，选择图像文件。
> List-style-Position（列表位置）：该选项决定列表项目缩进的程度。选择 outside（外），则列表贴近左侧边框，选择 inside（内）则列表缩进，该项设置效果不明显。

7. 定位样式

设置定位样式实际上是对 AP Div 的设置。但是因为 Dreamweaver 提供有可视化的 AP Div 制作功能，所以该设置在实际操作中用得不多。有的时候可以使用定位样式设置将网页上已有的对象转换为 AP Div 中的内容。

在"body 的 CSS 规则定义"对话框左侧选择"定位"选项，在右侧的选项区中可以对定位样式进行设置，如图 2-9 所示。

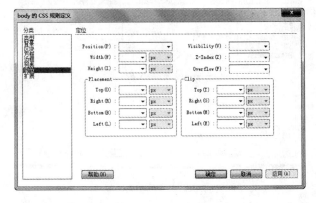

图 2-9 "定位"选项

> Position（类型）：用来设置元素的定位方式，有 absolute（绝对）、fixed（固定）、relative（相对）和 static（静态）4 个选项。

absolute（绝对）：绝对定位，此时编辑窗口左上角的顶点为元素定位时的原点。

fixed（固定）：直接输入定位的位置，当用户滚动页面时，内容将在此位置保持固定。

relative（相对）：相对定位，输入的各选项数值都是相对元素原来在网页中的位置进行的设置。这一设置无法在 Dreamweaver 编辑窗口中看到效果。

static（静态）：固定位置，元素的位置不移动。

> Visibility（可见性）：用于确定内容的初始显示条件，下拉列表框中包括了 inherit（继承）、visible（可见）和 hidden（隐藏）3 个选项。如果不指定可见性属性，则默认情况下内容将继承父级标签的值。

inherit（继承）：主要针对嵌套元素的设置。嵌套元素是插入在其他元素中的子元素，分为嵌套的元素（子元素）和被嵌套的元素（父元素）。选择"继承"，子元素会继承父元素的可见性。父元素可见，子元素也可见；父元素不可见，子元素也不可见。

visible（可见）：无论在任何情况下，元素都将是可见的。

hidden（隐藏）：无论任何情况，元素都是隐藏的。

> Z-Index（Z 轴）：主要用于设置元素的先后顺序和覆盖关系。

> Overflow（溢出）：设置元素内对象超出所能容纳的范围时的处理方式，有 visible（可见）、hidden（隐藏）、scroll（滚动）和 auto（自动）4 个选项。

> Placement（定位）：因为元素是矩形的，需要两个点准确描绘元素的位置和形状，第一个是左上角的顶点，用 left（左）和 top（上）进行位置设置，第二个是右下角的顶点，用 bottom（下）和 right（右）进行设置，这 4 项都是以网页左上角点为原点。

> Clip（剪辑）：只显示裁切出的区域。裁切出的区域为矩形，只要设置两个点即可。

8. 扩展样式

CSS 样式还可以实现一些扩展功能，在"CSS 规则"对话框的左侧单击"扩展"选项，在右侧选项区中可以看到这些扩展功能，主要包括三种效果：分页、鼠标视觉效果和滤镜视觉效果。

通过样式可以为网页添加分页符号。它们允许用户指定在某元素前或某元素后进行分页。分页的概念是打印网页中的内容时，在某指定的位置停止，然后将接下来的内容继续打印在下一分纸上的标记。

分页主要包括两个选项，即 Page-break-before（之前）和 Page-break-after（之后），这两个选项的下拉列表框中均提供了 4 个选项，如图 2-10 所示。

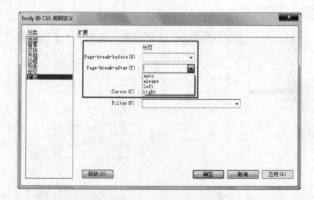

图 2-10　分页的相关选项

Page-break-after（之后）下拉列表框中的 4 个选项与 Page-break-before（之前）下拉列表框

中的 4 个选项意思基本相同，只不过是在元素的后面插入分页符。

通过样式改变鼠标形状，当鼠标放在被此选项设置修饰过的区域上时，形状会发生改变。具体的形状包括 hand（手）、crosshair（交叉十字）、text（文本选择符号）、wait（Windows 的沙漏形状）、default（默认的鼠标形状）、help（带问号的鼠标）、e-resize（向东的箭头）、ne-resize（指向东北的箭头）、n-resize（向北的箭头）、nw-resize（指向西北的箭头）、w-resize（向西的箭头）、sw-resize（向西南的箭头）、s-resize（向南的箭头）、se-resize（向东南的箭头）、auto（正常鼠标），如图 2-11 所示，页面中鼠标的显示效果如图 2-12 所示。

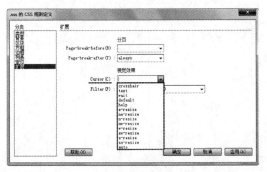

图 2-11　设置鼠标视觉效果

图 2-12　光标效果

CSS 中自带了许多滤镜，合理应用这些滤镜可以做出其他软件（如 Photoshop）所做出的效果。在"滤镜"下拉列表框中有多种滤镜可以选择，如 Alpha、Blur、Shadow 等，如图 2-13 所示。

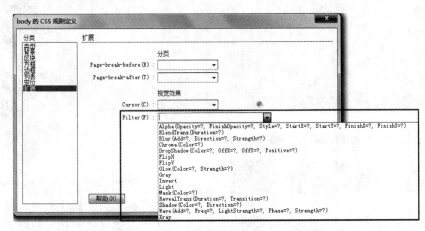

图 2-13　Filter 下拉列表

🎬 CSS 冲突.swf

🖼 2-1.html

🎬 使用 CSS 样式美化工作室网站页面.swf

🖼 2-2.html

自我检测

　　在前面我们学习了关于 CSS 样式的基本写法及其优越性，以及内联样式、内部样式表和外部样式表等，还介绍了在 Dreamweaver 中如何创建 CSS 样式，现在大家掌握得怎么样了？

　　无论你学得好不好，也不管你掌握得牢不牢，先将下面的几个案例拿来练练手吧！

自测8 CSS 冲突

在 Dreamweaver 中，CSS 冲突是指将两个或多个 CSS 样式应用在同一对象上时，这些样式有可能会发生冲突并产生意外的情况，接下来我们通过一个小案例一起学习有关 CSS 样式冲突的相关知识。

使用到的技术	创建 CSS 规则
学习时间	10 分钟
视频地址	光盘\视频\第 2 章\CSS 冲突.swf
源文件地址	光盘\源文件\第 2 章\2-1.html

```
.font01{
    font-size: 12px;
    font-weight: bold;
    color: #FF0000;
}
.font02{
    font-size: 12px;
    color: #0000FF;
}
```

01 执行"文件>打开"命令，打开页面"光盘\源文件\第 2 章\2-1.html"。

02 切换到 2-1.css 文件中，创建名为.font01 和.font02 的 CSS 规则。

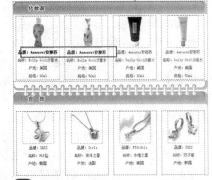

```
<div id="pic01"><img src="images/2104.gif" width="102" height="102" /><br />
<span class="font01"><font class="font02">品牌：Annasui安那苏</font></span><br />
名称：Dolly Girl淘香水<br />
产地：美国<br />
规格：50ml</div>
<div id="pic02"><img src="images/2105.gif" width="102" height="103" /><br />
<span class="font02"><font class="font01">品牌：Annasui安那苏</font></span><br />
名称：Dolly Girl淘香水<br />
产地：美国<br />
规格：50ml</div>
```

03 切换到代码视图，将刚刚定义的两个 CSS 样式应用于同一文本。

04 返回设计视图，可以看到同时应用这两个 CSS 样式的效果。

```
<div id="pic01"><img src="images/2104.gif" width="102" height="102" /><br />
<font class="font01" color="#000000">品牌：Annasui安那苏</font><br />
名称：Dolly Girl淘香水<br />
产地：美国<br />
规格：50ml</div>
<div id="pic02"><img src="images/2105.gif" width="102" height="103" /><br />
<font class="font01" color="#000000">品牌：Annasui安那苏</font><br />
名称：Dolly Girl淘香水<br />
产地：美国<br />
规格：50ml</div>
```

05 还有一种 CSS 样式冲突的情况，为文

06 返回设计视图，可以看到同时应用这

字应用 CSS 样式。　　　　　　　　　　　　两个 CSS 样式的效果。

07 保存页面，在浏览器中预览页面，可以看到页面的效果。

操作小贴士：

　　font01 样式表中的 font-weight 属性与 font02 样式表并没有发生冲突，在 font01 样式表中定义字体为加粗，而在 font02 样式表中并没有定义字体的加粗属性，当它们应用于同一文本时，将显示这两种规则的所有属性，但 font01 样式表中的 color 属性与 font02 样式表中的 color 属性重复，这两种样式表定义的 color 属性发生了冲突，当它们同时应用于一个文本时，将显示最里面 CSS 规则定义的 color 属性。

　　由此可以得出规则：如果将两种规则应用于同一文本，浏览器显示这两种规则的所有属性，如果这两种属性发生冲突，则浏览器显示最里面的样式规则（离文本最近的规则）的属性。

　　font01 样式定义了文本颜色为红色，在<font>标签中又定义了文本颜色为黑色。CSS 样式定义的属性和 HTML 标签中的样式属性发生了冲突，将显示 CSS 规则所定义的属性。

　　由此可以得出规则：如果有直接冲突，则自定义的 CSS 规则（使用 Class 属性应用的规则）中的属性将覆盖 HTML 标签样式中的属性。

自测9　使用 CSS 样式美化工作室网站页面

　　本实例将共同完成一个工作室网站页面的制作，在该页面的制作过程中，我们通过 CSS 样式定义了页面，包括页面背景、文字、图像边框等，可见 CSS 样式对于网页设计制作是多么重要，可以说 CSS 样式是网页界面的精髓所在。

使用到的技术	Div+CSS 布局网页、居中的布局
学习时间	20 分钟
视频地址	光盘\视频\第 2 章\使用 CSS 样式美化工作室网站页面.swf
源文件地址	光盘\源文件\第 2 章\2-2.html

01 执行"文件>新建"命令，新建一个 HTML 页面，将该页面保存为"光盘\源文件\第 2 章\2-2.html"。

02 新建 CSS 样式表文件，将其保存为"光盘\源文件\第 2 章\style\2-2.css"。返回 2-2.html 页面中，链接刚创建的外部 CSS 样式表文件。

```
* {
    margin: 0px;
    padding: 0px;
    border: 0px;
}
body {
    font-family: 宋体;
    font-size: 12px;
    color: #333;
    line-height: 20px;
    background-color: #586164;
}
```

03 切换到 2-2.css 文件中，创建一个名为 *的通配符 CSS 规则，再创建一个名为 body 的标签 CSS 规则。

04 返回 2-2.html 页面，可以看到页面的背景效果。

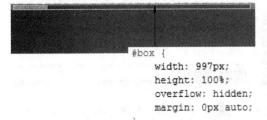

```
#box {
    width: 997px;
    height: 100%;
    overflow: hidden;
    margin: 0px auto;
}
```

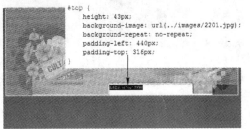

```
#top {
    height: 43px;
    background-image: url(../images/2201.jpg);
    background-repeat: no-repeat;
    padding-left: 440px;
    padding-top: 316px;
}
```

05 在页面中插入一个名为 box 的 Div，切换到 2-2.css 文件中，创建名为 #box 的 CSS 规则。

06 将光标移至名为 box 的 Div 中，删除多余文字，在该 Div 中插入名为 top 的 Div，切换到 2-2.css 文件中，创建名为 #top 的 CSS 规则。

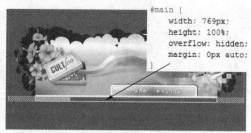

07 将光标移至名为 top 的 Div 中，删除多余文字，插入相应的图像。

08 在名为 top 的 Div 之后插入名为 main 的 Div，切换到 2-2.css 文件中，创建名为 #main 的 CSS 规则。

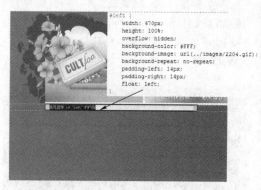

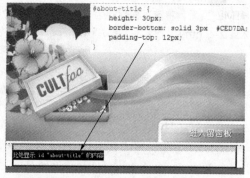

09 将光标移至名为 main 的 Div 中，删除多余文字，在该 Div 中插入名为 left 的 Div，切换到 2-2.css 文件中，创建名为#left 的 CSS 规则。

10 将光标移至名为 left 的 Div 中，删除多余文字，在该 Div 中插入名为 about-title 的 Div，切换到 2-2.css 文件中，创建名为 #about-title 的 CSS 规则。

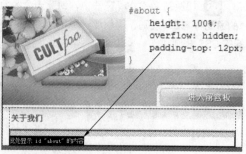

11 将光标移至名为 about-title 的 Div 中，删除多余文字，插入图像"光盘\源文件\第 2 章\images\2205.gif"。

12 在名为 about-title 的 Div 之后插入名为 about 的 Div，切换到 2-2.css 文件中，创建名为#about 的 CSS 规则。

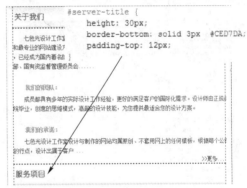

14 切换到 2-2.css 文件中,创建名为.font01 的 CSS 规则,返回设计视图,选中相应的文字,应用 font01 样式。

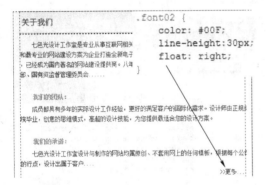

13 将光标移至名为 about 的 Div 中,删除多余文字,输入相应的文字内容。

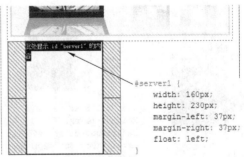

16 在名为 about 的 Div 之后插入名为server-title 的 Div,切换到 2-2.css 文件中,创建名为#server-title 的 CSS 规则,在该 Div 中插入相应的图像。

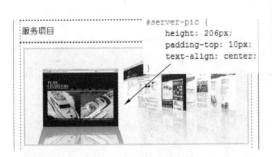

15 切换到 2-2.css 文件中,创建名为.font02 的 CSS 规则,返回设计视图,选中相应的文字,应用 font02 样式。

17 在名为 server-title 的 Div 之后插入名为 server-pic 的 Div,切换到 2-2.css 文件中,创建名为#server-pic 的 CSS 规则,在该 Div 中插入相应的图像。

18 在名为 server-pic 的 Div 之后插入名为 server1 的 Div,切换到 2-2.css 文件中,创建名为#server1 的 CSS 规则。

19 将光标移至名为 server1 的 Div 中，删除多余文字，插入相图像并输入文字，为相应的文字应用 font01 样式。

20 使用相同的制作方法，可以完成该部分页面内容的制作。

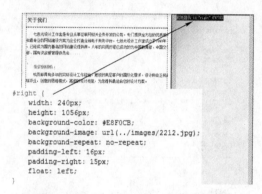

```
#right {
    width: 240px;
    height: 1056px;
    background-color: #E8F0CB;
    background-image: url(../images/2212.jpg);
    background-repeat: no-repeat;
    padding-left: 16px;
    padding-right: 15px;
    float: left;
}
```

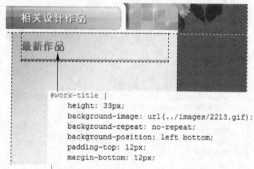

```
#work-title {
    height: 33px;
    background-image: url(../images/2213.gif);
    background-repeat: no-repeat;
    background-position: left bottom;
    padding-top: 12px;
    margin-bottom: 12px;
}
```

21 在名为 left 的 Div 之后插入名为 right 的 Div，切换到 2-2.css 文件中，创建名为#right 的 CSS 规则。

22 将光标移至名为 right 的 Div 中，删除多余文字，在该 Div 中插入名为 work-title 的 Div，切换到 2-2.css 文件中，创建名为#work-title 的 CSS 规则，在该 Div 中插入相应的图像。

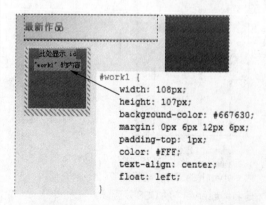

```
#work1 {
    width: 108px;
    height: 107px;
    background-color: #667630;
    margin: 0px 6px 12px 6px;
    padding-top: 1px;
    color: #FFF;
    text-align: center;
    float: left;
}
```

23 在名为 work-title 的 Div 之后插入名为 work1 的 Div，切换到 2-2.css 文件中，创建名为#work1 的 CSS 规则。

24 将光标移至名为 work1 的 Div 中，删除多余文字，插入图像并输入文字。

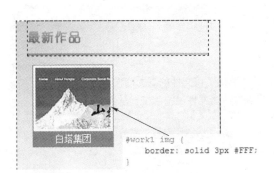

```
#work1 img {
    border: solid 3px #FFF;
}
```

25 切换到 2-2.css 文件中，创建名为 #work1 img 的 CSS 规则。

26 使用相同的制作方法，可以完成该部分页面内容的制作。

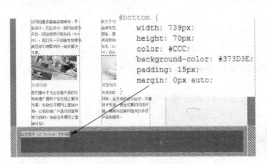

```
#bottom {
    width: 739px;
    height: 70px;
    color: #CCC;
    background-color: #373D3E;
    padding: 15px;
    margin: 0px auto;
}
```

27 在名为 main 的 Div 之后插入名为 bottom 的 Div，切换到 2-2.css 文件中，创建名为#bottom 的 CSS 规则。

28 将光标移至名为 bottom 的 Div 中，删除多余文字，输入相应的文字内容。

29 完成工作室网站页面的制作，执行"文件>保存"命令，保存页面，在浏览器中预览页面，可以看到页面的效果。

操作小贴士：

推荐使用外部样式表，主要有以下优点：

（1）独立于 HTML 文件，便于修改。

（2）多个文件可以引用同一个样式表文件。

（3）样式表文件只需要下载一次，就可以在其他链接了该文件的页面内使用。

（4）浏览器会先显示 HTML 内容，然后再根据样式表文件进行渲染，从而使访问者可以更快地看到内容。

第5个小时：丰富的CSS样式

在 Dreamweaver CS5.5 中，通过"属性"面板定义页面元素即定义了元素的 CSS 样式。但是这样并不能有效地减少设计者的工作量。要定义一个完整简洁的 CSS 样式表，仍然需要使用 CSS 样式编辑器进行定义。

▲*2.7* 创建标签 CSS 样式

打开 Dreamweaver CS5.5，执行"文件>打开"命令，打开页面"源文件\第 2 章\27-1.html"，页面效果如图 2-14 所示。

图 2-14　页面效果

打开"CSS 样式"面板，如图 2-15 所示。单击"新建 CSS 规则"按钮，弹出"新建 CSS 规则"对话框，如图 2-16 所示。

图 2-15　"CSS 样式"面板

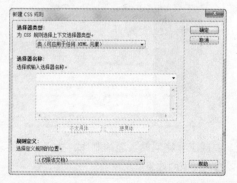

图 2-16　"新建 CSS 规则"对话框

如果需要重新定义特定 HTML 标签的默认格式，可在"选择器类型"下拉列表中选择"标签（重新定义 HTML 标签）"选项，如图 2-17 所示，然后在"选择器名称"文本框中输入 HTML 标签或在从下拉列表中选择一个需要定义的标签，这里定义 body 标签，如图 2-18 所示。

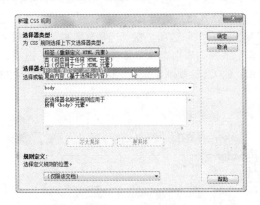

图 2-17　选择器类型　　　　　　　　　　图 2-18　选择需要定义的标签

在"规则定义"下拉列表中选择"（仅限该文档）"选项，单击"确定"按钮，弹出"body 的 CSS 规则定义"对话框，在左侧的"分类"列表框中选择相应的分类，在右侧进行相应的样式定义，如图 2-19 所示。单击"确定"按钮，完成 CSS 样式的定义，切换到代码视图，可以看到所定义的 CSS 样式代码，如图 2-20 所示，页面效果如图 2-21 所示。

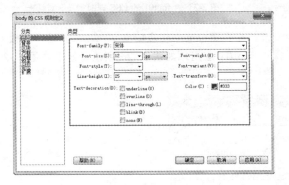

```
body {
    font-family: "宋体";
    font-size: 12px;
    line-height: 25px;
    color: #333;
}
```

图 2-19　设置"body 的 CSS 规则定义"对话框　　　　　图 2-20　CSS 样式代码

图 2-21　页面效果

▲*2.8* 创建类 CSS 样式

单击"CSS 样式"面板上的"新建 CSS 规则"按钮,弹出"新建 CSS 规则"对话框,在"选择器类型"下拉列表中选择"类(可用于任何 HTML 元素)"选项,在"选择器名称"文本框中输入自定义名称,命名以"."开头,在"规则定义"下拉列表中选择"(仅限该文档)"选项,如图 2-22 所示。单击"确定"按钮,弹出".font01 的 CSS 规则定义"对话框,设置如图 2-23 所示。

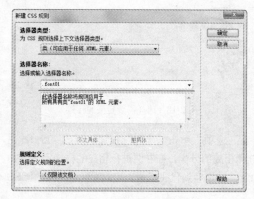 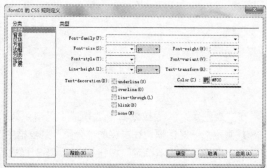

图 2-22 "新建 CSS 规则"对话框　　　　　图 2-23 ".font01 的 CSS 规则定义"对话框

单击"确定"按钮,完成 CSS 样式的设置,在页面中选中相应的文字,在"属性"面板上的"类"下拉列表中选择刚定义的类 CSS 样式 font01 应用,如图 2-24 所示,效果如图 2-25所示。

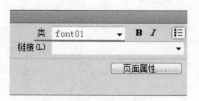

图 2-24　应用类 CSS 样式

图 2-25　页面效果

▲2.9 创建 ID 样式

ID 样式为定义包含特定 ID 属性的标签格式，ID 样式必须以井号"#"开头，可以包含任何字母和数字组合。

单击"CSS 样式"面板上的"新建 CSS 规则"按钮，弹出"新建 CSS 规则"对话框，在"选择器类型"下拉列表中选择"ID（仅应用于一个 HTML 元素）"选项，在"名称"文本框中输入唯一的 ID 名称，命名以"#"开头，在"规则定义"下拉列表中选择"（仅限该文档）"选项，如图 2-26 所示。单击"确定"按钮，弹出"#top 的 CSS 规则定义"对话框，设置如图 2-27 所示。

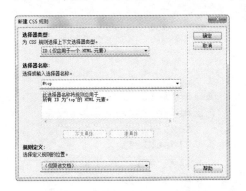

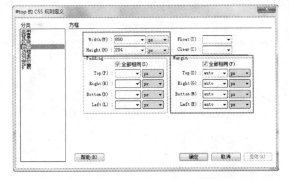

图 2-26 "新建 CSS 规则"对话框   图 2-27 "#top 的 CSS 规则定义"对话框

单击"确定"按钮，完成 ID 样式的设置。单击"插入"面板上的"插入 Div 标签"按钮，弹出"插入 Div 标签"对话框，设置如图 2-28 所示。单击"确定"按钮，在页面中插入 ID 名称为 top 的 Div，可以看到该 Div 应用了刚创建的名为#top 的 CSS 样式，如图 2-29 所示。

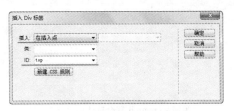

图 2-28 "插入 Div 标签"对话框

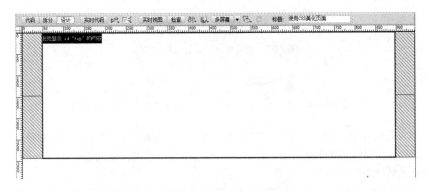

图 2-29 插入 Div 并应用相应的 CSS 样式

▲*2.10* 创建复合内容 CSS 样式

使用"复合内容"样式可以定义同时影响两个或多个标签、类或 ID 的复合规则。如果输入 Div p，则 Div 标签内的所有 p 元素都将受此规则影响。

单击"CSS 样式"面板上的"新建 CSS 规则"按钮，弹出"新建 CSS 规则"对话框，在"选择器类型"下拉列表中选择"复合内容（基于选择的内容）"选项，在"选择器名称"文本框中输入#main li，在"规则定义"下拉列表中选择"（仅限该文档）"选项，如图 2-30 所示。单击"确定"按钮，弹出"CSS 规则定义"对话框，进行相应的设置。例如本例中#main li 就是定义好的复合内容样式，CSS 样式代码如图 2-31 所示。

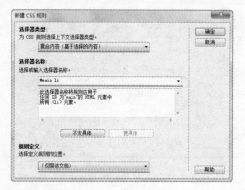

```
#main li {
    width:94px;
    text-align:center;
    float:left;
    list-style-type:none;
    margin-top:5px;
}
```

图 2-30 "新建 CSS 规则"对话框　　　　图 2-31 CSS 样式代码

定义该复合样式前后的效果对比如图 2-32 所示。

- #01NEWS
- #02ILUSTRACION
- #03GRAFICA
- #04EDITORIAL
- #05ARTWORK
- #06FEEDBACKS
- #07BLOG
- #08BEHANCE
- #09ABOUT ME

（定义#main li 复合样式前效果）

#01NEWS　#02ILUSTRACION　#03GRAFICA　#04EDITORIAL　#05ARTWORK　#06FEEDBACKS　#07BLOG　#08BEHANCE　#09ABOUT ME

（定义#main li 复合样式后效果）

图 2-32 应用复合样式前后效果对比

▲*2.11* CSS 的单位和值

在 Dreamweaver 中，每一个 CSS 属性的值都有两种指定形式：指定值范围和数值。如果是指定值范围，比如 float 属性，就只能应用 left、right、none 三种值；如果是数值，比如 width，能够使用 0~9999px 或其他数学单位来指定。

除了 px（像素）单位外，CSS 还提供了很多其他类型的数学单位来帮助进行值的定义，如表 2-1 所示。

表 2-1　CSS 中的单位和值

单　　位	描　　述	示　　例
px	像素（Pixel）	width:12px
em	相对于当前对象内文本的字体尺寸	font–size:1.2em
ex	相对于字符的高度的相对尺寸	font–size:1.2ex；相对于 1.2 倍高度
pt	点/磅（point）	font–size:9pt
pc	派卡（Pica）	font–size:0.5pc
in	英寸	height:12in
mm	毫米（Millimete）	font–size:4mm
cm	厘米（Centimeter）	font–size:0.2cm
rgb	颜色单位	color:rgb(255,255,255) color:rgb(12%,100%,50%)
#rrggbb	十六进制颜色单位	color:#000FFF
Color Name	浏览器所支持的颜色名称	color:blue

▲2.12　CSS 3.0 常用新增属性

　　CSS 3.0 新增了包括文字阴影、背景透明度、边框圆角等属性，几乎能够直接利用其新增的属性来为图像定义很多种样式，着实丰富了网页的显示效果，下面我们就向大家介绍 CSS 3.0 新增的属性，如表 2–2 所示。

表 2-2　CSS 3.0 常用新增属性表

属　性　值	描　　述	IE 8.0 及以下	Firefox	Chrome
border–color	设置对象边框的颜色	不支持	3.0 及以上支持	不支持
border–image	使用图片作为对象的边界	不支持	3.5 支持	1.0 及以上支持
border–radius	设置圆角边框	不支持	3.0 及以上支持	1.0 及以上支持
box–shadow	设置块阴影	不支持	3.5 支持	2.0 支持
background–origin	背景显示起始位置	不支持	3.0 及以上支持	1.0 及以上支持
background–clip	用来确定背景的裁剪区域	不支持	3.0 及以上支持	2.0 支持
background–size	设置背景图片的大小	不支持	不支持	1.0 及以上支持
Multiple–backgrounds	多重背景图像，可以把不同背景图像只放到一个块元素里	不支持	不支持	1.0 及以上支持
HSL colors	设置 HSL 色彩模式值	不支持	3.0 及以上支持	2.0 支持
opacity	用来设置一个元素的透明度	不支持	3.0 及以上支持	2.0 支持
RGBA colors	在 RGB 的基础上多了控制 alpha 透明度的参数	不支持	3.0 及以上支持	2.0 支持
text–shadow	设置或检索对象中文本的文字是否有阴影及模糊效果	不支持	3.5 支持	2.0 支持
text–overflow	设置或检索是否使用一个省略标记（...）标示对象内文本的溢出			
	text–overflow : clip	IE 6.0 以上支持	2.0 及以上支持	1.0 及以上支持
	text–overflow : ellipsis	IE 6.0 以上支持	不支持	1.0 及以上支持
word–wrap	设置或检索当当前行超过指定容器的边界时是否断开转行	IE 6.0 以上支持	3.5 支持	1.0 及以上支持

🎬 使用 CSS 3.0 实现鼠标经过图像动态效果.swf

🖼 2-3.html

🎬 制作休闲度假网站页面.swf

🖼 2-4.html

自我检测

　　学习了怎样创建标签 CSS 样式、类 CSS 样式、复合 CSS 样式等一些 CSS 样式，也了解了 CSS 3.0 的常用新增属性后，对于 CSS 样式相信大家不陌生了吧！

　　下面就通过两个案例的制作来巩固前面的知识吧！

自测10　使用 CSS 3.0实现鼠标经过图像动态效果

通过 CSS 3.0 中许多新增的属性，可以在网页中实现许多特殊的效果，但是目前 CSS 3.0 还没有正式发布，所以不同核心的浏览器对 CSS 3.0 的支持也不太相同，本实例我们就通过使有 CSS 3.0 中的新增属性实现鼠标经过图像的动态效果，一起动手试试吧！

使用到的技术	Div+CSS 布局网页、CSS 3.0 新增属性
学习时间	20 分钟
视频地址	光盘\视频\第 2 章\使用 CSS 3.0 实现鼠标经过图像动态效果.swf
源文件地址	光盘\源文件\第 2 章\2-3.html

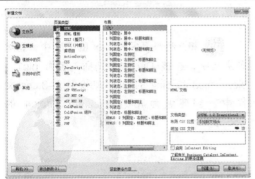

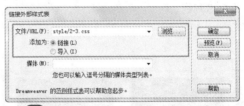

01 执行"文件>新建"命令，新建一个 HTML 页面，将该页面保存为"光盘\源文件\第 2 章\2-3.html"。

02 新建 CSS 样式表文件，将其保存为"光盘\源文件\第 2 章\style\2-3.css"。返回 2-3.html 页面中，链接刚创建的外部 CSS 样式表文件。

```
* {
    margin: 0px;
    padding: 0px;
    border: 0px;
}
body {
    font-family: 宋体;
    font-size: 12px;
    color: #FFF;
    line-height: 20px;
    background-image: url(../images/2301.jpg);
    background-repeat: repeat-x;
}
```

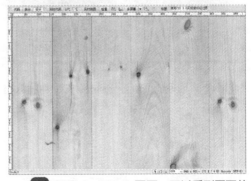

03 切换到 2-3.css 文件中，切建一个名为 * 的通配符 CSS 规则，再创建一个名为 body 的标签 CSS 规则。

04 返回 2-3.html 页面，可以看到页面的背景效果。

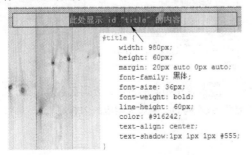

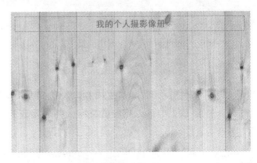

```
#title {
    width: 980px;
    height: 60px;
    margin: 20px auto 0px auto;
    font-family: 黑体;
    font-size: 36px;
    font-weight: bold;
    line-height: 60px;
    color: #916242;
    text-align: center;
    text-shadow:1px 1px 1px #555;
}
```

05 在页面中插入一个名为 title 的 Div，切换到 2-3.css 文件中，创建名为#title 的 CSS 规则。

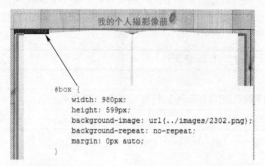

07 在名为 title 的 Div 之后插入名为 box 的 Div，切换到 2-3.css 文件中，创建名为#box 的 CSS 规则。

09 返回设计页面，分别在各 Div 中插入相应的图像。

```
<div id="pic1"><img src="images/pic1.jpg" width="375" height="250" /></div>
<div id="pic2"><img src="images/pic2.jpg" width="375" height="250" />
    <div class="picbg">
        <h1>落日下的羊群</h1>
        <p>落日的黄昏，绝美的瑚景，给人宣息的美！</p>
    </div>
</div>
<div id="pic3"><img src="images/pic3.jpg" width="375" height="250" /></div>
<div id="pic4"><img src="images/pic4.jpg" width="375" height="250" /></div>
```

11 为刚插入的 Div 应用.picbg 的类 CSS 样式，在该 Div 中输入相应的文字，并为相应的文字应用 h1 标签。

06 将光标移至名为 title 的 Div 中，删除多余文字，输入相应的文字。

```
#pic1,#pic2,#pic3,#pic4 {
    width: 375px;
    height: 250px;
    background-color: #CCC;
    padding: 5px;
    float: left;
    margin-top: 25px;
    margin-left: 70px;
    overflow:hidden;
}
```

08 将光标移至名为 box 的 Div 中，删除多余文字，在该 Div 中分别插入名为 pic1、pic2、pic3 和 pic4 的 Div，切换到 2-3.css 文件中，创建名为 #pic1,#pic2,#pic3,#pic4 的 CSS 规则。

```
.picbg{
    width:375px;
    height:250px;
    background:#000;
    color:#fff;
    text-align:center;
}
h1 {
    font-family: 黑体;
    font-size: 18px;
    line-height: 48px;
    margin-top: 30px;
}
```

10 将光标移至名为 pic2 的 Div 中的图像后，插入一个无指定 ID 的 Div，切换到 2-3.css 文件中，创建名为.picbg 的类 CSS 样式和 h1 标签样式。

12 使用相同的方法，分别在名为 pic3 和名为 pic4 的 Div 中添加相应的内容。

```
#pic1 img {
    opacity: 1;
    -webkit-transition: opacity;
    -webkit-transition-timing-function: ease-out;
    -webkit-transition-duration: 500ms;
}
#pic1 img:hover{
    opacity: .5;
    -webkit-transition: opacity;
    -webkit-transition-timing-function: ease-out;
    -webkit-transition-duration: 500ms;
}
```

13 切换到 2-3.css 文件中,创建名为 #pic1 img 和#pic1 img:hover 的 CSS 样式。

14 保存页面,在 Chrome 浏览器中预览页面,将鼠标移至第一张图像上,图像会出现慢慢变为半透明的动画效果。

```
#pic2{
    position:relative;
}
#pic2 img{
    opacity:1;
    -webkit-transition: opacity;
    -webkit-transition-timing-function: ease-out;
    -webkit-transition-duration: 500ms;
}
#pic2 .picbg{
    position:absolute;
    top:5px;
    left:5px;
    opacity: 0;
    -webkit-transition: opacity;
    -webkit-transition-timing-function: ease-out;
    -webkit-transition-duration: 500ms;
}
#pic2 .picbg:hover{
    opacity: .9;
    -webkit-transition: opacity;
    -webkit-transition-timing-function: ease-out;
    -webkit-transition-duration: 500ms;
}
```

15 切换到 2-3.css 文件中,创建名为 #pic2 、 #pic2 img 、 #pic2 .picbg 和 #pic2. picbg:hover 的 CSS 样式。

16 保存页面,在 Chrome 浏览器中预览页面,当鼠标移至第二张图像上时,会出现半透明的黑色慢慢覆盖在图像上的动画效果。

```
#pic3{
    position:relative;
}
#pic3 img{
    position:absolute;
    top: 5px;
    left: 5px;
    z-index:0;
}
#pic3 .picbg{
    opacity: .9;
    position:absolute;
    top:100;
    left:150;
    z-index:999;
    -webkit-transform: scale(0);
    -webkit-transition-timing-function: ease-out;
    -webkit-transition-duration: 250ms;
}
#pic3:hover .picbg{
    -webkit-transform: scale(1);
    -webkit-transition-timing-function: ease-out;
    -webkit-transition-duration: 250ms;
}
```

17 切换到 2-3.css 文件中,创建名为 #pic3 、 #pic3 img 、 #pic3 .picbg 和 #pic3: hover .picbg 的 CSS 样式。

18 保存页面,在 Chrome 浏览器中预览页面,当鼠标移至第三张图像上时,会出现半透明黑色由小到大覆盖图像的动画效果。

```
#pic4{
    position:relative;
}
#pic4 .picbg{
    opacity: .9;
    position:absolute;
    top:5px;
    left:5px;
    margin-left:-380px;
    -webkit-transition: margin-left;
    -webkit-transition-timing-function: ease-in;
    -webkit-transition-duration: 250ms;
}
#pic4:hover .picbg{
    margin-left: 0px;
}
```

19 切换到 2-3.css 文件中，创建名为 #pic4、#pic4 .picbg 和#pic4:hover .picbg 的 CSS 样式。

20 保存页面，在 Chrome 浏览器中预览页面，当鼠标移至第四张图像上时，会出现半透明黑色从左至右移动覆盖图像的动画效果。

> **操作小贴士：**
>
> 使用 CSS 3.0 中的 transition 和 transform 属性，可以实现许多鼠标滑过图像时的动画效果，关于这两个属性，在这里不做过多的介绍，有兴趣的读者可以查阅有关 CSS 3.0 的相关资料。
>
> text-shadow 属性为 CSS 3.0 中新增的文字阴影属性，通过该属性设置可以为文字添加阴影效果。

自测11 制作休闲度假网站页面

在 Dreamweaver 中，通过强大的 CSS 样式可以制作出很多页面精致、效果丰富的网页，本案例向大家讲述的是通过在 Dreamweaver 中创建 CSS 样式的方法制作休闲度假网站页面，下面让我们大家一起开始练习吧。

使用到的技术	插入 Div 标签、使用 Div+CSS 布局页面、插入 flash 动画
学习时间	20 分钟
视频地址	光盘\视频\第 2 章\制作休闲度假网站页面.swf
源文件地址	光盘\源文件\第 2 章\2-4.html

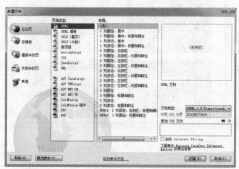

01 执行"文件>新建"命令，新建一个 HTML 页面，将其保存为"光盘\源文件\第 2 章\2-4.html"。

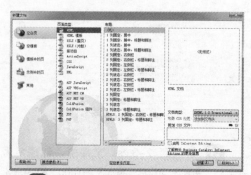

02 使用相同的方法，新建一个外部 CSS 样式表文件，将其保存为"光盘\源文件\第 2 章\style\2-4.css"。

```
*{
    margin:0px;
    padding:0px;
    border:0px;
}
body{
    font-family:"宋体";
    font-size:12px;
    color:#5d5d5d;
    background-image:url(../images/2401.gif);
    background-repeat:repeat-x;
}
```

03 单击"CSS 样式"面板上的"附加样式表"按钮,弹出"链接外部样式表"对话框,进行相应的设置。

04 切换到 2-4.css 文件中,创建名为*的通配符 CSS 规则和名为 body 的标签 CSS 规则。

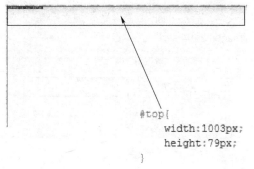

```
#top{
    width:1003px;
    height:79px;
}
```

05 返回到 2-4.html 页面中,可以看到页面的背景效果。

06 在页面中插入名为 top 的 Div,切换到 2-4.css 文件中,创建名为#box 的 CSS 规则。

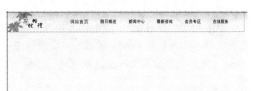

07 将光标移至名为 top 的 Div 中,删除多余文字,插入 flash 动画"光盘\源文件\第 2 章\images\2403.swf"。

08 选中刚插入的 flash 动画,单击"属性"面板上的"播放"按钮,即可在设计视图中预览该动画的效果。

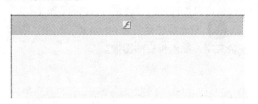

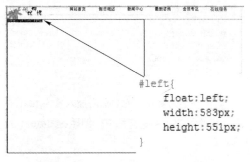

```
#main{
    width:960px;
    height:551px;
    padding-right:43px;
}
```

```
#left{
    float:left;
    width:583px;
    height:551px;
}
```

09 在名为 top 的 Div 之后插入名为 main

10 将光标移至名为 main 的 Div 中,删除

的 Div，切换到 2-4.css 文件中，创建名为 #main 的 CSS 规则。

多余文字，插入名为 left 的 Div，切换到 2-4.css 文件中，创建名为#left 的 CSS 规则。

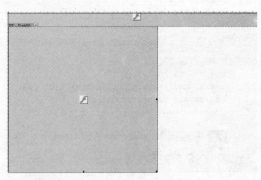

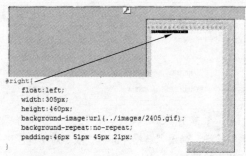

```
#right{
    float:left;
    width:305px;
    height:460px;
    background-image:url(../images/2405.gif);
    background-repeat:no-repeat;
    padding:46px 51px 45px 21px;
}
```

11 将光标移至名为 left 的 Div 中，删除多余文字，插入 flash 动画"光盘\源文件\第 2 章\images\2404.swf"。

12 在名为 left 的 Div 之后插入名为 right 的 Div，切换到 2-4.css 文件中，创建名为 #right 的 CSS 规则。

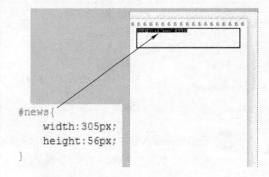

```
#news{
    width:305px;
    height:56px;
}
```

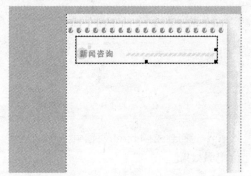

13 将光标移至名为 right 的 Div 中，删除多余文字，插入名为 news 的 Div，切换到 2-4.css 文件中，创建名为#news 的 CSS 规则。

14 将光标移至名为 news 的 Div 中，删除多余文字，插入相应的图像。

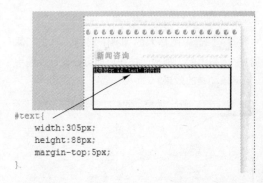

```
#text{
    width:305px;
    height:88px;
    margin-top:5px;
}
```

15 在名为 news 的 Div 后插入名为 text 的 Div，切换到 2-4.css 文件中，创建名为#text 的 CSS 规则。

16 将光标移至名为 text 的 Div 中，删除多余文字，输入相应的段落文字并为文字创建项目列表。

```
#text li {
    list-style-type: none;
    height:22px;
    line-height:22px;
    background-image:url(../images/2407.gif);
    background-repeat:no-repeat;
    background-position:left center;
    padding-left:10px;
    margin-left:5px;
}
```

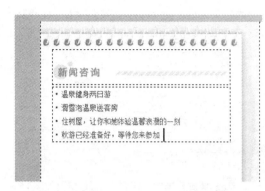

17 切换到 2-4.css 文件中，创建名为 #text li 的 CSS 规则。

18 返回到 2-4.html 页面中，可以看到项目列表的效果。

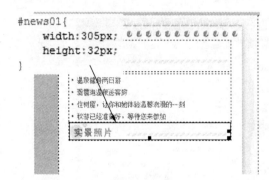

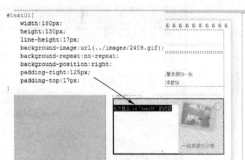

19 使用相同的方法，完成其他部分内容的制作。

20 在名为 news01 的 Div 后插入名为 text01 的 Div，切换到 2-4.css 文件中，创建名为 #text01 的 CSS 规则。

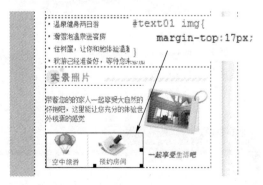

21 将光标移至名为 text01 的 Div 中，删除多余文字，输入文字并插入相应的图像。

22 切换到 2-4.css 文件中，创建名为 #text01 img 的 CSS 规则。

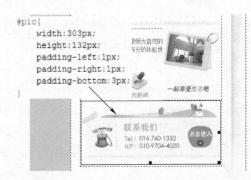

```
#pic{
    width:303px;
    height:132px;
    padding-left:1px;
    padding-right:1px;
    padding-bottom:3px;
}
```

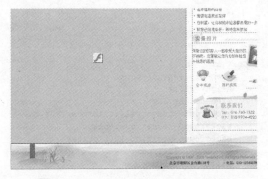

23 使用相同的方法，完成其他部分内容的制作。

24 在名为 main 的 Div 后插入名为 bottom 的 Div，切换到 2-4.css 文件中，创建名为#bottom 的 CSS 规则，在该 Div 中插入相应的图像。

25 完成该网站页面的制作，执行"文件>保存"命令，保存该页面，按快捷键 F12，在浏览器中预览该页面的效果。

操作小贴士：

在 Dreamweaver 中，Div 标签只是用于把内容标识成一个区域，并不负责其他的事情，其只是 CSS 布局工作的第一步，在制作网站页面时，需要先通过 Div 将页面中的内容元素标识出来，再由 CSS 来为内容添加样式。

另外，在 CSS 样式表中创建的复合 CSS 样式，例如#main img，该复合样式只针对 ID 名为 main 的 Div 中的 img 标签起作用，并不会对页面中其他位置的 img 标签起作用。

第6个小时：了解Div+CSS布局

Div+CSS 是网页布局的一种方式，其可以有效改进其他布局方式所带来的一系列不足，在前面我们已经对 CSS 样式进行了详细介绍，接下来我们就为大家介绍一下 Div+CSS 布局的方法和优势。

▲2.13 Div 是什么

在 Dreamweaver 中，Div 是一种比表格简单的元素，在使用时不需要像表格那样通过其内部的单元格来组织版式，只需要通过 CSS 强大的样式定义功能就可以比表格更简单、自由地控制页面的版式和样式了。

在 HTML 页面中，每个标签对象几乎都可以称做是一个里面可以放置内容的容器，Div 也不例外，Div 是 HTML 中指定的、专门用于布局设计的容器对象，例如<div>文档内容</div>。

在 CSS 布局中，Div 是这种布局方式的核心对象，使用这种布局方式的页面排版不用依赖表格，仅从 Div 的使用上说，做一个简单的布局只需要依赖 Div 和 CSS，因此可以称这种布局方式为 Div+CSS 布局。

▲2.14 如何在网页中插入 Div

在页面中插入 Div 和插入其他 HTML 对象一样，只需要在代码中应用<div></div>标签，将内容放置其中，便可以在页面中插入 Div 标签。

Div 对象可以直接放入文本和其他标签外，还可以两个或者多个 Div 标签同时进行嵌套使用，其最终目的是合理标示出页面的区域。Div 在使用时和其他 HTML 一样，可以加入其他属性，比如 id、class、align、style 等，但在 CSS 布局方面，为了实现内容与表现分离，一般不将 align 对齐属性与 style 行间样式表属性编写在 HTML 页面的 Div 标签中，因此，代码的形式只有以下两种：<div id="id 名称">内容</div>和<div class="class 名称">内容</div>。

在没有应用 CSS 样式的页面中，Div 在其中没有任何实际效果，下面我们就来看看 Div 和表格在页面布局上的区别。

表格自身的代码形式决定了在浏览器中显示的时候，不管是否应用了表格线，都可以明确知道内容存在于两个单元格之中，使用表格的页面可以在浏览器中直接看到左右分栏或者上下分栏的效果，如图 2-33 所示。

使用 Div 进行布局，编写两个 Div 代码：

```
<div>左</div>
<div>右</div>
```

此时在浏览器中就只能看到两行文字，根本看不出 Div 的任何特征，页面效果如图 2-34 所示。

从表格布局与 Div 布局的比较中可以看出，Div 对象是不允许其他对象与它在一行中并列显示，其本身就占据整行的一种对象，实际上，也就是说 Div 就是一个"块状对象(block)"。

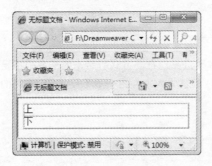

图 2-33　表格布局　　　　　　　　　　图 2-34　Div 布局

从上面的介绍中可以看出，Div 在页面中并不和文本一样是行间排版，而是一种大面积、大区域的块状排版。且两个 Div 之间就只有前后关系，可以说 Div 对象从本质上实现了与样式的分离。

因此，在页面中应用 CSS 布局可以分为两个步骤：使用 Div 将内容标记出来和为该 Div 编写 CSS 样式。

▲2.15　可视化盒模型

在 Dreamweaver 中，盒模型是使用 CSS 样式表控制页面的一个重要概念，只有掌握好了盒模型以及其中包含的每个元素的用法，才能真正使用 Div+CSS 控制页面中各个元素的位置和样式。

一个盒模型是由 content（内容）、border（边框）、padding（填充）和 margin（间隔）各部分组成的，如图 2-35 所示。

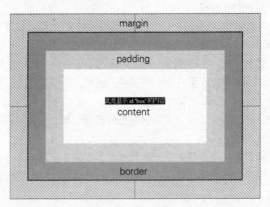

图 2-35　盒模型图解

一个盒模型的实际宽度是由 content+padding+border+margin 组成的，在 CSS 样式表中可以通过 width 和 height 的设置来控制 content 的大小，且任何一个盒模型都可以分别设置 4 条边的 border、padding 和 margin。

填充、边界和边框都分为"上右下左"四个方向，既可以分别定义，也可以一起定义，如下表所示：

#div {	#div {
margin-top:1px;	
margin-right:2px;	margin:1px 2px 3px 4px;
margin-bottom:3px;	/*按照顺时针方向缩写*/
margin-left:4px;	

```
            padding-top:1px;                              padding:1px 2px 3px 4px;
            padding-right:2px;                            /*按照顺时针方向缩写*/
            padding-bottom:3px;
            padding-left:4px;
            border-top:1px solid #000000;                  border:1px solid #000000;
            border-right:1px solid #000000;
            border-bottom:1px solid #000000;
            border-left:1px solid #000000;                 }
        }
```

CSS 内定义的宽（width）高（height），指的是填充以内的内容范围，因此一个元素实际的宽度=左边界+左边框+左填充+内容宽度+右填充+右边框+右边界。如：

```
#box{
    width:284px;
    height:160px;
    border:#FF0 solid 15px;
    margin:15px;
    padding:15px;
}
```

实际宽度如图 2-36 所示。

左填充
padding-left=15px

左边框
border-left=15px

左边界
margin-left=15px

右填充
padding-right=15px

右边框
border-right=15px

右边界
margin-right=15px

总宽度=15px+15px+15px+284px+15px+15px+15px

图 2-36 元素的总宽度计算

关于盒模型还有以下几点需要注意：

➤ 边框默认的样式（border-style）可设置为不显示（none）。
➤ 填充值不可为负。
➤ 内联元素，例如 a，定义上、下边界不会影响到行高。
➤ 如果盒中没有内容，则即使定义了宽度和高度都为 100%，实际上只占 0%，因此不会被显示，在采取 Div+CSS 布局的时候需要特别注意。

▲2.16 浮动定位

浮动定位是使用 CSS 设计制作网页排版最重要的方式，浮动的框可以左右移动，直到其外边缘碰到包含框或者另一个浮动框的边缘为止。

因为浮动框不存在于文档的普通流中，所以文档流中的框表现的就像浮动框不存在一样。float 的可选参数如下：

属 性	描 述	可 用 值	注 释
float	用于设置对象是否浮动显示，以及设置其具体的浮动方式	none left right	不浮动 左浮动 右浮动

left：文本或图像会移至父元素中的左侧。

right：文本或图像会移至父元素中的右侧。

none：默认。文本或图像会显示它在文档中出现的位置。

接下来为大家介绍几种浮动的形式，比如普通文档流的 CSS 样式如下：

```
#box {
    width:480px;
    height:100%;
    overflow: hidden;
}
#left {
    background-color:#0FF;        /*设置背景颜色*/
    height:120px;                 /*设置 div 宽度*/
    width:120px;                  /*设置 div 高度*/
    margin:15px;                  /*设置边界*/
}
#main {
    background-color:#0FF;
    height:120px;
    width:120px;
    margin:15px;
}
#right {
    background-color:#0FF;
    height:120px;
    width:120px;
    margin:15px;
}
```

效果如图 2-37 所示。

1. 右浮动

如果设置 left 向右浮动，则它将脱离文档流并向右移动，直到其边缘碰到包含框 box 的右边缘为止，CSS 样式代码如下：

```
#left {
    background-color:#0FF;
    height:120px;
    width:120px;
```

```
        margin:15px;
        float:right;          /*设置右浮动*/
    }
```

设置右浮动的效果如图 2-38 所示。

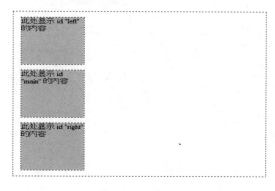

图 2-37 不设置浮动的框   图 2-38 设置右浮动

2. 左浮动

当设置 left 框向左浮动时，它将脱离文档流并向左移动，直到其边缘碰到包含框 box 的左边缘为止，因为它脱离了文档流，也就是不处于文档流中，所以其不占据空间，实际上就覆盖了 main 框，main 框便从左视图中消失，CSS 样式代码如下：

```
#left {
    background-color:#0FF;
    height:120px;
    width:120px;
    margin:15px;
    float:left;              /*设置左浮动*/
}
```

设置左浮动的效果如图 2-39 所示。

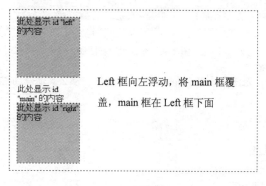

Left 框向左浮动，将 main 框覆盖，main 框在 Left 框下面

图 2-39 设置左浮动

3. 全部左浮动

如果将三个框全部设置向左浮动，则 left 框向左浮动直到碰到包含框 box 的左边缘为止，另两个框向左浮动直到碰到前一个浮动框的边缘为止，CSS 样式代码如下：

```
#left {
    background-color:#0FF;
    height:120px;
    width:120px;
    margin:15px;
    float:left;
}
#main {
    background-color:#0FF;
    height:120px;
    width:120px;
    margin:15px;
    float:left;
}
#right {
    background-color:#0FF;
    height:120px;
    width:120px;
    margin:15px;
    float:left;
}
```

全部设置左浮动的效果如图 2-40 所示。

图 2-40　全部设置左浮动

如果包含框 box 太窄，无法容纳水平排列的三个浮动框，那么其他浮动框就向下移动，直到有足够的空间容纳为止，比如：

```
#box {
    width:300px;
    height:100%;
    overflow: hidden;
}
```

效果如图 2-41 所示。

如果包含框的宽度太窄且浮动框的高度不统一，那么当其向下移动时就可能会被其他浮动框卡住，比如：

```
#box {
    width:300px;
    height:100%;
    overflow: hidden;
}
#left {
    background-color:#0FF;
    height:150px;
    width:120px;
    margin:15px;
    float:left;
}
```

效果如图 2-42 所示。

图 2-41　包含框过窄

图 2-42　包含框宽度太窄且浮动框高度不同

▲2.17 相对定位

在 Dreamweaver 中，相对（relative）：是指对象不可层叠，但将根据 left，right，top，bottom 等属性在正常文档流中移动位置。如果对一个元素进行相对定位的话，那么在它所在的位置上，就能够通过设置垂直或者水平位置的方式，从而让这个元素相对于起点进行移动。

如果将 top 设置为 50px，那么 top 将出现在原始位置顶部下面 50px 的位置；如果将 left 设置为 50px，那么 top 将会在元素的左边创建 50px 的空间，从而将元素向左移动，CSS 样式代码如下：

```
#main {
    position: relative;        /*设置相对定位*/
    left:50px;
    top:50px;
    background-color:#69F;
    float:left;
    height:150px;
    width:150px;
}
```

设置相对定位的效果如图 2-43 所示。

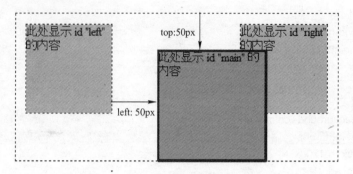

图 2-43　设置相对定位

▲*2.18* 绝对定位

在 Dreamweaver 中，绝对（absolute）：是指将对象从文档流中拖出，通过 width、height、left、right、top、bottom 等属性与 margin、padding、border 进行绝对定位，绝对定位的元素可以有边界，但这些边界不压缩，而其层叠通过 z-index 属性定义。

绝对定位与相对定位相反，相对定位实际上是看做普通流定位模型的一部分，但绝对定位则是使元素的位置与文档流无关，所以不占据空间，简单来说，就是设置了绝对定位后，对象就浮在网页上了，比如：

```
#main {
    position:absolute;          /*设置相对定位*/
    left:50px;
    top:50px;
    background-color:#69F;
    float:left;
    height:150px;
    width:150px;
}
```

设置绝对定位的效果如图 2-44 所示。

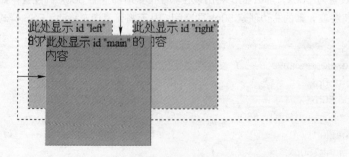

图 2-44　设置绝对定位

制作美容时尚网站页面.swf

2-5.html

  本节主要向大家讲述的是关于 Div 的一些基本知识，还有典型的盒模型的详细讲解以及浮动定位、相对定位、绝对定位等几种定位的介绍，掌握了这些知识后，相信大家对 Div 就有一些基本的认识了。

  下面我们就一起来完成一个美容时尚网站页面的制作。

自测12　制作美容时尚网站页面

在 Dreamweaver 中设计制作网站页面有很多种方法可供选择，其中 Div+CSS 是最便捷也是功能最强大的方法，现在几乎所有的网站都是运用 Div+CSS 的方法制作的，接下来我们将向大家介绍用 Div+CSS 制作美容时尚网站页面。

使用到的技术	插入 Div 标签、创建 CSS 规则
学习时间	30 分钟
视频地址	光盘\视频\第 2 章\制作美容时尚网站页面.swf
源文件地址	光盘\源文件\第 2 章\2-5.html

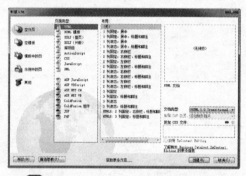

01 执行"文件>新建"命令，新建一个 HTML 页面，将其保存为"光盘\源文件\第 2 章\2-5.html"。

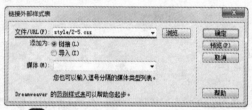

03 单击"CSS 样式"面板上的"附加样式表"按钮，弹出"链接外部样式表"对话框，进行相应的设置。

05 返回到 2-5.html 页面中，可以看到页面的背景效果。

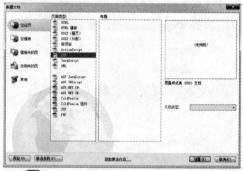

02 使用相同的方法，新建一个外部 CSS 样式表文件，将其保存为"光盘\源文件\第 2 章\style\2-5.css"。

```
*{
    margin:0px;
    padding:0px;
    border:0px;
}
body{
    font-family:"宋体";
    font-size:12px;
    color:#757575;
    background-image:url(../images/2501.jpg);
    background-repeat:repeat-x;
}
```

04 单击"确定"按钮，切换到 2-5.css 文件中，创建名为*的通配符 CSS 规则和名为 body 的标签 CSS 规则。

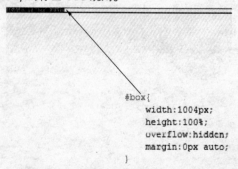

```
#box{
    width:1004px;
    height:100%;
    overflow:hidden;
    margin:0px auto;
}
```

06 在页面中插入名为 box 的 Div，切换到 2-5.css 文件中，创建名为#box 的 CSS 规则。

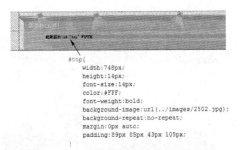

```
#top{
    width:748px;
    height:14px;
    font-size:14px;
    color:#FFF;
    font-weight:bold;
    background-image:url(../images/2502.jpg);
    background-repeat:no-repeat;
    margin:0px auto;
    padding:89px 85px 43px 105px;
```

07 将光标移至名为 box 的 Div 中，删除多余文字，插入名为 top 的 Div，切换到 2-5.css 文件中，创建名为#top 的 CSS 规则。

```
<body>
<div id="box">
    <div id="top">公司简介<span>|</span>产品展示
<span>|</span>在线留言<span>|</span>企业荣誉<span>
|</span>供求信息<span>|</span>在线招聘<span>|</
span>联系我们<span>|</span>EINGULS</div>
</div>
</body>
```

09 切换到代码视图，为文字添加 <span></span>标签。

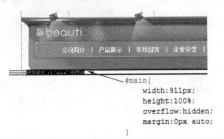

```
#main{
    width:911px;
    height:100%;
    overflow:hidden;
    margin:0px auto;
}
```

11 在名为 top 的 Div 之后插入名为 main 的 Div，切换到 2-5.css 文件中，创建名为 #main 的 CSS 规则。

13 将光标移至名为 pic 的 Div 中，删除多余文字，依次插入相应的图像。

08 将光标移至名为 top 的 Div 中，删除多余文字，输入相应的文字。

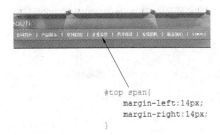

```
#top span{
    margin-left:14px;
    margin-right:14px;
}
```

10 切换到 2-5.css 文件中，创建名为 #top span 的 CSS 规则。

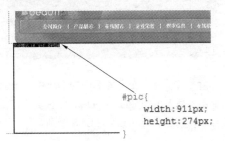

```
#pic{
    width:911px;
    height:274px;
}
```

12 将光标移至名为 main 的 Div 中，删除多余文字，插入名为 pic 的 Div，切换到 2-5.css 文件中，创建名为#pic 的 CSS 规则。

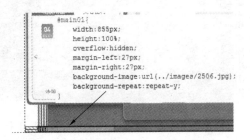

```
#main01{
    width:855px;
    height:100%;
    overflow:hidden;
    margin-left:27px;
    margin-right:27px;
    background-image:url(../images/2506.jpg);
    background-repeat:repeat-y;
```

14 在名为 pic 的 Div 之后插入名为 main01 的 Div，切换到 2-5.css 文件中，创建名为#main01 的 Div。

15 将光标移至名为 main01 的 Div 中，删除多余文字，插入名为 content 的 Div，切换到 2-5.css 文件中，创建名为#content 的 CSS 规则。

16 将光标移至名为 content 的 Div 中，删除多余文字，插入名为 left 的 Div，切换到 2-5.css 文件中，创建名为#left 的 CSS 规则。

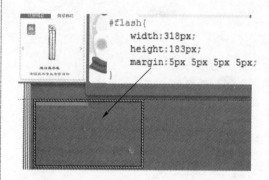

17 将光标移至名为 left 的 Div 中，删除多余文字，插入名为 flash 的 Div，切换到 2-5.css 文件中，创建名为#flash 的 CSS 规则。

18 将光标移至名为 flash 的 Div 中，删除多余文字，插入 Flash 动画"光盘\源文件\第 2 章\images\2507.swf"。

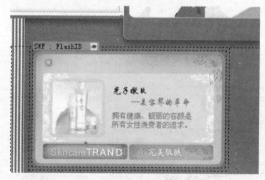

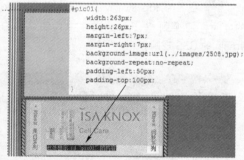

19 选中刚插入的动画，单击"属性"面板上的"播放"按钮，即可在设计视图中预览该动画的效果。

20 在名为 Flash 的 Div 后插入名为 pic01 的 Div，切换到 2-5.css 文件中，创建名为#pic01 的 CSS 规则。

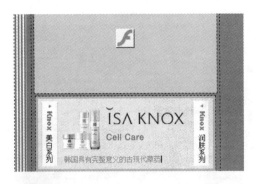

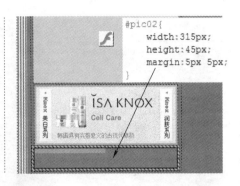

21 将光标移至名为 pic01 的 Div 中, 删除多余文字, 输入相应的文字。

22 在名为 pic01 的 Div 后插入名为 pic02 的 Div, 切换到 2-5.css 文件中, 创建名为 #pic02 的 CSS 规则。

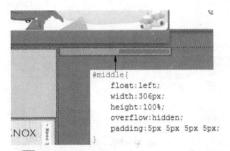

23 将光标移至名为 pic02 的 Div 中, 删除多余文字, 插入相应的图像。

24 在名为 left 的 Div 之后插入名为 middle 的 Div, 切换到 2-5.css 文件中, 创建名为#middle 的 CSS 规则。

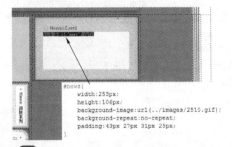

25 将光标移至名为 middle 的 Div 中, 删除多余文字, 插入名为 news 的 Div, 切换到 2-5.css 文件中, 创建名为#news 的 CSS 规则。

26 将光标移至名为 news 的 Div 中, 删除多余文字, 插入相应的图像并输入文字, 选中图像和文字, 为其创建项目列表。

```
#news li{
    list-style-type: none;
    height: 25px;
    line-height: 25px;
    border-bottom: 1px solid #d2d1bd;
}
#news li img{
    vertical-align: middle;
    margin-right: 12px;
}
```

27 切换到 2-5.css 文件中, 创建名为 #news li 和#news li img 的 CSS 规则。

28 返回到 2-5.html 页面中, 可以看到页面的效果。

29 使用相同的方法，完成其他部分内容的制作。

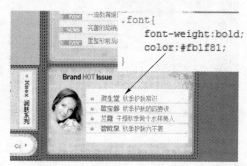

30 切换到 2-5.css 文件中，创建名为.font 的 CSS 规则。选中相应的文字，在"属性"面板上"类"的下拉列表中选择 font 样式应用。

31 使用相同的方法，完成其他部分内容的制作。

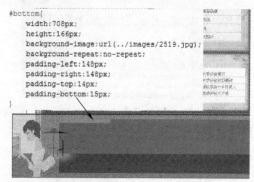

32 在名为 main 的 Div 之后插入名为 bottom 的 Div，切换到 2-5.css 文件中，创建名为#bottom 的 CSS 规则。

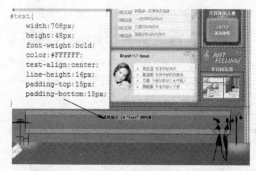

33 将光标移至名为 bottom 的 Div 中，删除多余文字，插入名为 text 的 Div，切换到 2-5.css 文件中，创建名为#text 的 CSS 规则。

34 将光标移至名为 text 的 Div 中，删除多余文字，输入相应的文字。

35 在名为 text 的 Div 之后插入名为 bottom-flash 的 Div，切换到 2-5.css 文件中，创建名为#bottom-flash 的 CSS 规则。

36 将光标移至名为 bottom-flash 的 Div 中，删除多余文字，插入 Flash 动画 "光盘\源文件\第 2 章\images\ 2520.swf"。

37 选中刚刚插入的 Flash 动画，打开 "属性" 面板，设置 "Wmode（M）" 选项为 "透明"。

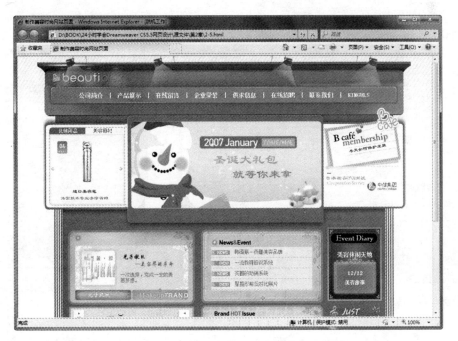

38 完成该页面的制作，执行 "文件>保存" 命令，保存该页面，按快捷键 F12，在浏览器中预览该页面的效果。

操作小贴士：

在 Dreamweaver 中，编辑 CSS 样式的方法除了直接在 CSS 文件中进行编辑修改以外，还可以在"CSS 样式"面板中选中需要进行修改的 CSS 样式，在面板的下面即可看到该 CSS 样式之前定义过的属性。

单击"显示类别视图"按钮，即可按照字体、背景等分类排序，在选中的属性后面单击，即可对该属性进行修改。

第7个小时：了解Div+CSS布局

在 Dreamweaver 中，使用 Div+CSS 的方式布局的类型有很多，比如说自动空白边居中、两列固定宽度、宽度自适应等，要想完全掌握 Div+CSS 布局，应先从常用的功能学起，接下来我们将为大家介绍一些 Div+CSS 布局的常用方式。

▲2.19 使用自动空白边让设计居中

自动空白边居中是页面布局中最常用的居中方式之一，下面我们就为大家讲解一下怎样通过自动空白边让 Div 居中。

使用空白边让 Div 居中，只需要定义 Div 的宽度，然后设置水平空白边为 auto 即可，CSS 样式代码如下：

```
*{
    margin:0px;
    padding:0px;
    border:0px;
}
#box {
    width:450px;
    height:450px;
    background-color:#999933;
    margin:0px auto;
}
```

图 2-45　自动空白边居中

使用自动空白边让 Div 居中的效果如图 2-45 所示。

▲2.20 使用定位和负值空白边让设计居中

定位和负值空白边也是让元素居中的一种方式，下面我们就来为大家介绍一下这种居中方式的具体操作方法。

在页面中插入一个名为 box 的 Div，首先定义该 Div 的宽度，再设置容器的 position 属性为 relative，则将 Div 的左边缘定位在页面的中间，CSS 样式代码如下：

```
*{
    margin:0px;
    padding:0px;
    border:0px;
}
#box {
    width: 800px;
    height: 400px;
    background-color: #999933;
    position: relative;
    left: 50%;
}
```

使用定位让 Div 左边居中的效果如图 2-46 所示。

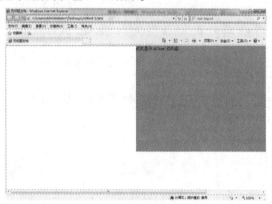

图 2-46 定位居中

上面讲述的是设置 Div 的左边居中，若想设置 Div 的中间居中，只要对该 Div 的左边应用一个负值的空白边，宽度是该 Div 宽度的一半，即可将该 Div 向左移动其宽度的一半的数值，从而使其在页面中居中显示，CSS 样式代码如下：

```
*{
    margin:0px;
    padding:0px;
    border:0px;
}
#box {
    width: 800px;
    height: 400px;
    background-color: #999933;
    position: relative;
    left: 50%;
    margin-left: -400px;
}
```

使用定位和负值空白边让 Div 中间居中的效果如图 2-47 所示。

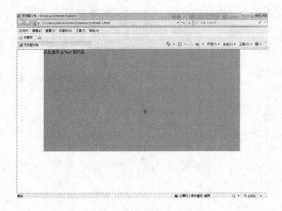

图 2-47　定位和负值空白边居中

▲*2.21* 两列固定宽度布局

两列固定宽度布局是指将宽度设置为固定值，两列固定宽度布局在页面的设计排版中经常用到，无论是作为主框架，还是作为内容分栏，都一样适用。

在页面中插入名为 left 和 right 的 Div，并分别为其设置 CSS 样式，让这两个 div 在水平并排显示，从而形成两列布局，CSS 样式代码如下：

```
*{
    margin:0px;
    padding:0px;
}
#left {
    width:200px;
    height:250px;
    background-color:#CCC;
    border:2px solid #999;
    float:left;
}
#right {
    width:200px;
    height:250px;
    background-color:#CCC;
    border:2px solid #999;
    float:left;
}
```

图 2-48　两列固定宽度布局

两列固定宽度布局的效果如图 2-48 所示。

▲2.22 两列固定宽度居中布局

两列固定宽度居中布局可以使用 Div 的嵌套方式来完成，先在页面中插入一个 Div 并设置居中，再将两列分栏的两个 Div 以嵌套的方式放置在居中的 Div 中，从而实现两列的居中显示。

在页面中插入名为 box 的 Div，在该 Div 中分别插入名为 left 和 right 的 Div，HTML 代码如下：

```html
<div id="box">
    <div id="left">左列</div>
    <div id="right">右列</div>
</div>
```

设置名为 box 的 Div 的 CSS 样式，使其居中显示。

```css
#box {
    width:408px;
    margin:0px auto;
}
```

两列固定宽度居中布局的效果如图 2-49 所示。

图 2-49 两列固定宽度居中布局

▲2.23 两列宽度自适应布局

在 Dreamweaver 中，自适应布局需要通过百分比值来设置，因此在两列宽度自适应布局中也将是通过设置宽度的百分比值进行设置，CSS 样式代码如下：

```css
#left {
    width:50%;
    height:250px;
    background-color:#CCC;
    border:2px solid #999;
    float:left;
}
#right {
    width:30%;
    height:250px;
    background-color:#CCC;
    border:2px solid #999;
    float:left;
}
```

两列宽度自适应布局的效果如图 2-50 所示。

图 2-50 两列宽度自适应布局

▲2.24 两列右列宽度自适应布局

两列右列宽度自适应布局是指左栏固定宽度，右栏根据浏览器窗口的大小自动调整其宽度的大小。两列右列宽度自适应布局经常在网站中用到，左列也可以宽度自适应，方法是一样的。

在 CSS 样式表中设置左栏的固定宽度，右栏不设置任何宽度值且不设置浮动，CSS 样式代码如下：

```
#left {
    width:200px;
    height:250px;
    background-color:#CCC;
    border:2px solid #999;
    float:left;
}
#right {
    height:250px;
    background-color:#CCC;
    border:2px solid #999;
}
```

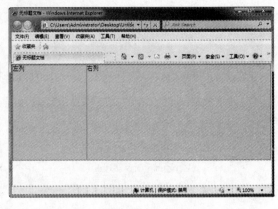

图 2-51　两列右列宽度自适应布局

两列右列宽度自适应的效果如图 2-51 所示。

▲2.25 三列浮动中间列宽度自适应布局

三列浮动中间列宽度自适应布局是指，左栏固定宽度且居左显示，右栏固定宽度且居右显示，而中间栏则在左栏和右栏之间显示并且能够根据左栏和右栏间距的变化自动调整其宽度的大小，该布局在网络上主要在 blog 设计方面应用较多，大型网站似乎已经开始较少使用三列自适应布局了。

在页面中依次插入名为 left、main 和 right 的 Div，HTML 代码如下：

```
<div id="left">左列</div>
<div id="main">中列</div>
<div id="right">右列</div>
```

三列浮动中间列宽度自适应布局不能单纯使用 float 属性与百分比属性来实现，还需要设置绝对定位，首先使用绝对定位对左列与右列的位置进行控制，中列则使用普通的 CSS 样式即可，CSS 样式代码如下：

```
#left {
    width:200px;
    height:250px;
    background-color:#CCC;
    border:2px solid #999;
    position:absolute;
    top:0px;
    left:0px;
}
```

```
#main{
    height:250px;
    background-color:#CCC;
    border:2px solid #999;
    margin:0px 204px 0px 204px;
}
#right {
    width:200px;
    height:250px;
    background-color:#CCC;
    border:2px solid #999;
    position:absolute;
    top:0px;
    right:0px;
}
```

三列浮动中间列宽度自适应的布局效果如图 2-52 所示。

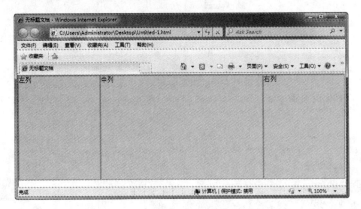

图 2-52　三列浮动中间列宽度自适应布局

🎬 制作游艇门户网站页面.swf

🖼 2-6.html

　　本节讲述的是 **Div+CSS** 布局的常用方式，包括使用自动空白边让设计居中、两列右列宽度自适应布局等，通过本节的学习，相信大家对 **Div+CSS** 布局已经有了更深层次的认识，也基本上可以使用这种布局方式来完成一个网页作品了。

　　还在等什么呢，快来完成这些案例的制作，展示你的成果吧！

自测13　制作游艇门户网站页面

　　本实例我们设计制作一个游艇门户网站页面，该页面以蓝色作为主色调，与行业及环境相吻合，门户类网站页面，通常页面比较简洁、大方，在本实例的制作过程中，读者注意学习居中的页面布局方法，以及使用 Div+CSS 布局制作页面的方法。

使用到的技术	Div+CSS 布局网页、居中的布局
学习时间	30 分钟
视频地址	光盘\视频\第 2 章\制作游艇门户网站页面.swf
源文件地址	光盘\源文件\第 2 章\2-6.html

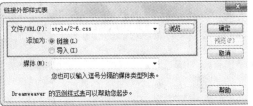

01 执行 "文件>新建" 命令，新建一个 HTML 页面，将该页面保存为 "光盘\源文件\第 2 章\2-6.html"。

02 新建 CSS 样式表文件，将其保存为 "光盘\源文件\第 2 章\style\2-6.css"。返回 2-6.html 页面中，链接刚创建的外部 CSS 样式表文件。

```
* {
    margin: 0px;
    padding: 0px;
    border: 0px;
}
body {
    font-family: 宋体;
    font-size: 12px;
    color: #575757;
    line-height: 20px;
    background-color: #E5E5E5;
}
```

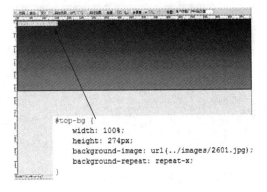

```
#top-bg {
    width: 100%;
    height: 274px;
    background-image: url(../images/2601.jpg);
    background-repeat: repeat-x;
}
```

03 切换到 2-6.css 文件中，创建一个名为 *的通配符 CSS 规则，再创建一个名为 body 的标签 CSS 规则。

04 返回 2-6.html 页面，在页面中插入一个名为 top-bg 的 Div，换到 2-6.css 文件中，创建名为#top-bg 的 CSS 规则。

```
#menu {
    width: 1004px;
    height: 274px;
    background-image: url(../images/2602.jpg);
    background-repeat: no-repeat;
    color: #FFF;
    text-align: right;
    margin: 0px auto;
}
```

05 将光标移至名为 top-bg 的 Div 中，删除多余文字，在该 Div 中插入名为 menu 的 Div，换到 2-6.css 文件中，创建名为#menu 的 CSS 规则。

06 将光标移至名为 menu 的 Div 中，删除多余文字，输入相应的段落文字并创建项目列表。

```
#menu li {
    list-style-type: none;
    width: 85px;
    height: 20px;
    padding-top: 30px;
    text-align: center;
    border-right: dashed 1px #688CAE;
    float: right;
}
```

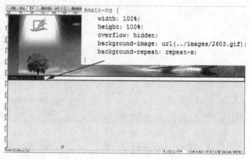

```
#main-bg {
    width: 100%;
    height: 100%;
    overflow: hidden;
    background-image: url(../images/2603.gif);
    background-repeat: repeat-x;
}
```

07 切换到 2-6.css 文件中，创建名为 #menu li 的 CSS 规则。

08 在名为 top-bg 的 Div 之后插入名为 main-bg 的 Div，切换到 2-6.css 文件中，创建名为#main-bg 的 CSS 规则。

```
#main {
    width: 935px;
    height: 100%;
    overflow: hidden;
    background-color: #FFF;
    background-image: url(../images/2604.gif);
    background-repeat: repeat-x;
    margin: 0px auto;
    padding-top: 13px 17px 0px 18px;
}
```

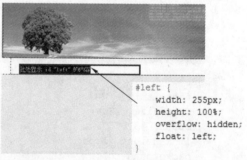

```
#left {
    width: 255px;
    height: 100%;
    overflow: hidden;
    float: left;
}
```

09 将光标移至名为 main-bg 的 Div 中，删除多余文字，在该 Div 中插入名为 main 的 Div，切换到 2-6.css 文件中，创建名为#main 的 CSS 规则。

10 将光标移至名为 main 的 Div 中，删除多余文字，在该 Div 中插入名为 left 的 Div，切换到 2-6.css 文件中，创建名为#left 的 CSS 规则。

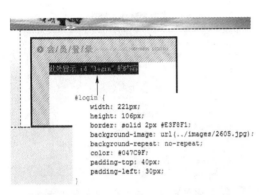

11 将光标移至名为 left 的 Div 中，删除多余文字，在该 Div 中插入名为 login 的 Div，切换到 2-6.css 文件中，创建名为#login 的 CSS 规则。

12 将光标移至名为 login 的 Div 中，删除多余文字，单击"插入"面板上的"表单"选项卡中的"表单"按钮，在该 Div 中插入红色虚线的表单域。

13 将光标移至表单域中，单击"插入"面板上的"表单"选项卡中的"文本字段"按钮，在弹出对话框中进行设置。

14 单击"确定"按钮，在光标所在位置插入文本字段。

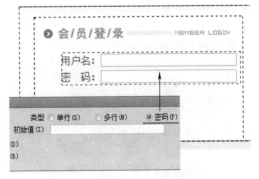

15 将光标移至刚插入的文本字段后，插入一个换行符，单击"插入"面板上的"表单"选项卡中的"文本字段"按钮，在弹出的对话框中进行设置。

16 单击"确定"按钮，插入文本字段，在"属性"面板上设置其"类型"为"密码"。

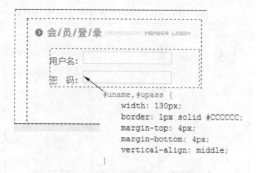

```
#uname,#upass {
    width: 130px;
    border: 1px solid #CCCCCC;
    margin-top: 4px;
    margin-bottom: 4px;
    vertical-align: middle;
}
```

17 切换到 2-6.css 文件中，创建名为 #uname,#upass 的 CSS 规则。

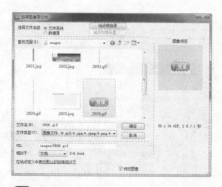

18 将光标移至第 2 个文本字段后，插入换行符，单击"插入"面板上的"表单"选项卡中的"图像域"按钮，在弹出的对话框中选择图像域图像。

19 单击"确定"按钮，在弹出的对话框中对相关参数进行设置。

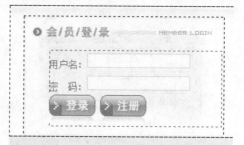

20 单击"确定"按钮，插入图像域，将光标移至图像域后，插入相应的图像。

```
#button {
    margin-left: 25px;
    margin-right: 10px;
    margin-top: 5px;
}
```

21 切换到 2-6.css 文件中，创建名为 #button 的 CSS 规则。

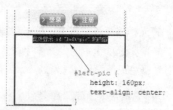

```
#left-pic {
    height: 160px;
    text-align: center;
}
```

22 在名为 login 的 Div 之后插入名为 left-pic 的 Div，切换到 2-6.css 文件中，创建名为 #left-pic 的 CSS 规则。

```
#left-pic img {
    margin-top: 7px;
    margin-bottom: 7px;
}
```

23 将光标移至名为 left-pic 的 Div 中，删除多余文字，插入相应的图像，切换到 2-6.css 文件中，创建名为#left-pic img 的 CSS 规则。

```
#bbs-title {
    height: 28px;
    padding-left: 10px;
    color: #E31400;
    line-height: 27px;
    text-decoration: underline;
}
```

24 在名为 left-pic 的 Div 之后插入名为 bbs-title 的 Div，切换到 2-6.css 文件中，创建名为#bbs-title 的 CSS 规则。

25 将光标移至名为 bbs-title 的 Div 中，删除多余文字，插入相应的图像并输入文字。

```
#bbs {
    border: 1px solid #CCCCCC;
    padding: 5px 17px 5px 17px;
}
```

27 在名为 bbs-title 的 Div 之后插入名为 bbs 的 Div，切换到 2-6.css 文件中，创建名为 #bbs 的 CSS 规则。

```
#bbs li {
    list-style-type: none;
    line-height: 25px;
    background-image: url(../images/2612.gif);
    background-repeat: no-repeat;
    background-position: left center;
    padding-left: 15px;
}
```

29 切换到 2-6.css 文件中，创建名为 #bbs li 的 CSS 规则。

```
#news-title {
    height: 24px;
    background-image: url(../images/2613.gif);
    background-repeat: no-repeat;
    text-align: right;
}
```

```
#bbs-title img {
    vertical-align: middle;
}
```

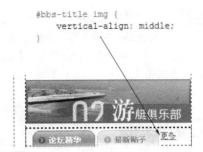

26 切换到 2-6.css 文件中，创建名为 #bbs-title img 的 CSS 规则。

28 将光标移至名为 bbs 的 Div 中，删除多余文字，输入相应的段落文本并创建项目列表。

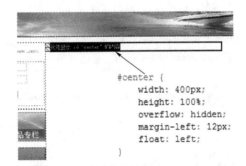

```
#center {
    width: 400px;
    height: 100%;
    overflow: hidden;
    margin-left: 12px;
    float: left;
}
```

30 在名为 left 的 Div 之后插入名为 center 的 Div，切换到 2-6.css 文件中，创建名为#center 的 CSS 规则。

31 将光标移至名为 center 的 Div 中，删除多余文字，在该 Div 中插入名为 news-title 的 Div，切换到 2-6.css 文件中，创建名为#news-title 的 CSS 规则。

32 将光标移至名为 news-title 的 Div 中，删除多余文字，插入图像"光盘\源文件\第 2 章\images\2614.gif"。

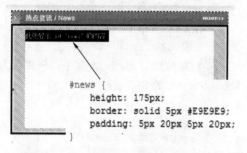

```
#news {
    height: 175px;
    border: solid 5px #E9E9E9;
    padding: 5px 20px 5px 20px;
}
```

33 在名为 news-title 的 Div 之后插入名为 news 的 Div，切换到 2-6.css 文件中，创建名为#news 的 CSS 规则。

34 将光标移至名为 news 的 Div 中，删除多余文字，输入相应的段落文本，并创建项目列表。

```
#news dt {
    width: 278px;
    line-height: 25px;
    color: #333;
    background-image: url(../images/2615.gif);
    background-repeat: no-repeat;
    background-position: left center;
    padding-left: 12px;
    float: left;
}
#news dd {
    width: 60px;
    line-height: 25px;
    text-align: center;
    float: left;
}
```

```
<div id="news">
    <dl>
        <dt>第十届中国国际船艇展后续报道</dt><dd>2012.7.2</dd>
        <dt>第十一届中国国际船艇及其技术设备展览会开始预订</dt><dd>2012.7.2</dd>
        <dt>2012台湾国际水上设备</dt><dd>2012.7.1</dd>
        <dt>2012第三届广州国际休闲船艇展</dt><dd>2012.6.25</dd>
        <dt>第十一届中国国际船艇及其技术设备展览会开始预订</dt><dd>2012.6.22</dd>
        <dt>第十届中国国际船艇展后续报道</dt><dd>2012.6.20</dd>
        <dt>2012台湾国际水上设备</dt><dd>2012.6.20</dd>
    </dl>
</div>
```

35 转换到代码视图中，修改该部分内容的代码。

36 切换到 2-6.css 文件中，创建名为#news dt 和名为#news dd 的 CSS 规则。

37 返回 2-6.html 页面中，可以看到该部分新闻列表的效果。

38 使用相同的制作方法，可以完成页面中相似部分内容的制作。

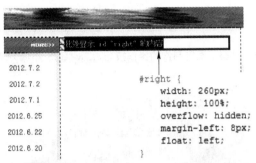

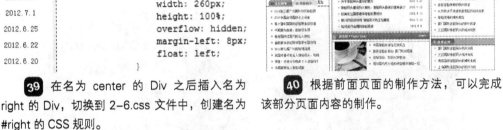

```
#right {
    width: 260px;
    height: 100%;
    overflow: hidden;
    margin-left: 8px;
    float: left;
}
```

39 在名为 center 的 Div 之后插入名为 right 的 Div，切换到 2-6.css 文件中，创建名为 #right 的 CSS 规则。

40 根据前面页面的制作方法，可以完成该部分页面内容的制作。

41 使用相同的制作方法，可以完成页面版底信息部分内容的制作。

42 完成游艇门户网站页面的制作，执行"文件>保存"命令，保存页面，在浏览器中预览页面，可以看到页面的效果。

操作小贴士：

浮动定位是 CSS 排版中非常重要的手段。浮动的框可以左右移动，直到它外边缘碰到包含框或另一个浮动框的边缘。

对于定位的主要问题是要记住每种定位的意义。相对定位是相对于元素在文档流中的初始位置，而绝对定位是相对于最近的已定位的父元素。

因为绝对定位的框与文档流无关，所以它们可以覆盖页面上的其他元素。可以通过设置 z-index 属性来控制这些框的堆放次序。z-index 属性的值越大，框在堆中的位置就越高。

自我评价

学习完了本章关于 Div 标签和 CSS 样式的知识，掌握了案例制作的操作技巧，Div+CSS 布局方式对你来说是不是并没有什么难度呢。

总结扩展

在本章的案例中，主要教大家掌握了在网页制作中 Div+CSS 布局的操作方法和运用技巧。

在设计制作的过程中主要使用了插入 Div 标签、Div+CSS 布局网页、居中的布局等技巧，具体要求如下表：

	了　解	理　解	精　通
CSS 样式的基本写法			√
CSS 的优越性		√	
内联样式	√		
内部样式表		√	
外部样式表			√
创建 CSS 样式		√	
创建标签 CSS 样式			√
创建类 CSS 样式			√
创建 ID 样式			√
创建复合内容 CSS 样式			√
CSS 的单位和值		√	
CSS 3.0 的常用新增属性	√		
在网页中插入 Div			√
可视化盒模型			√
浮动定位			√
相对定位		√	
绝对定位		√	
Div+CSS 布局			√

以前在 Dreamweaver 中设计制作网站页面使用的是表格的布局方式，如今，时间在向前，Dreamweaver 也在不断改进，CSS 样式的出现就是一种进步，它让表现与内容分离，创建出更为独立的 CSS 样式表文件，使得不管是制作网页，还是修改网页中的内容都非常方便、快捷，它的诸多优势让其成功超越了表格，从而成为现代网页设计制作者制作网页的首选布局方式。

第3章

循序渐进

——网页中文字、图像和表格的应用

　　通过前面的学习，我们已经掌握了有关 CSS 样式和 Div+CSS 布局相关的知识，本章我们将要开始全面学习在 Dreamweaver CS5.5 中制作网页的各方面知识。任何一个网页中，都不会缺少文字和图像，如何在网页中输入文字和插入图像呢？如何对文字和图像的属性进行设置呢？文字和图像在网页中能够实现哪些效果呢？不用着急，本章我们就一起来学习文字、图像和表格在网页中的应用。

　　现在就一起开始学习文字、图像和表格在网页中的应用吧！

学习目的：	掌握文字、图像页面的制作方法，掌握表格的基本操作。
知识点：	新增功能、输入文字、插入图像、插入表格等
学习时间：	3 小时

Z-squad

网站首页　宝宝影喜　宝宝主页　幼儿园　益智园　学习卡

JEANIE

➤➤ 网站公告

爱宝宝娱乐网站全新改版上线啦~~新增许多宝宝益智小游戏，充分开发宝宝的大脑，欢迎广大网友试玩~~

英文儿歌

这是英文儿歌的介绍
点击查看详细...

英文儿歌

这是英文儿歌的介绍
点击查看详细...

英文儿歌

这是英文儿歌的介绍
点击查看详细...

文字和图像是不是网页中最重要的元素呢？

　　任何一个网页中都会包含文字和图像，文字和图像也是构成网页的两个最基本的元素。可以这样理解，文字是网页的内容部分，图像则是为了更好地充实内容部分或者装饰网页的外观。除了文字和图像以外，网页元素还包括动画、声音、视频、表单、程序等。

精美的网页设计作品

114

网页文本的重要性

　　文本内容相对于网站本身来说一定要丰富、充实，丰富的文字内容才是浏览者继续浏览该网站的主要原因。因此在制作网站前，一定要规划好文本方面的内容，同时再制作一个拥有华丽视觉效果的页面，两者搭配，才是制作一个成功网站的正确方向。

在网页中使用图像的好处

　　在网页中插入图像就是把设计好的图像展示给浏览者。图像是网页中必不可少的重要组成部分，恰当使用图像可以使网页充满生命力和说服力，吸引更多的浏览者，加深浏览者对网站的印象。

什么是传统的表格布局?

　　传统表格布局方式实际上是利用了表格元素具有的无边框特性，由于表格元素可以在显示时使得单元格的边框和间距设置为 0，即不显示边框，因此可以将网页中的各个元素按版式划分放入表格的各个单元格中，从而实现复杂的排版组合。

第8个小时：网页中文字的使用

　　在网页设计中，文字是不可缺少的基础内容，在页面中所制作的一些段落的格式、文档中构建的字体不仅可以充分体现页面所要表达的内容，而且还可以起到美化网页的作用。使网页内容更加充实、不单调，更富有吸引力。通过本小时内对网页中文字应用的学习，读者可以掌握网页中文本的处理方法。

▲*3.1* 在网页中输入文字

　　在网页中，文字内容是网页设计内容中一项重要的组成部分，和其他的普通文字处理程序相同，Dreamweaver CS5.5 可以对网页中的文字和字符进行格式化处理。

　　在网页中输入文字内容的方式有以下两种：

➢ 在网页编辑窗口中可以直接使用键盘输入文本。

➢ 使用复制粘贴的方法。

　　接下来，我们向读者介绍如何使用复制的方式在网页中添加文本内容。

　　执行"文件>打开"命令，打开页面"光盘\源文件\第 3 章\31–1.html"，效果如图 3–1 所示。打开准备好的文本文件，打开"光盘\源文件\第 3 章\新闻.txt"，将文本全部选中，如图 3–2 所示。

图 3-1　打开页面

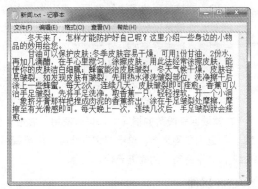

图 3-2　选中文本

执行"编辑>复制"命令，切换到 Dreamweaver CS5.5 中，将光标移至页面中名为 text 的 Div 中，删除多余文字，执行"编辑>粘贴"命令，即可将需要的文本内容粘贴到网页中，如图 3-3 所示。保存页面，在浏览器中预览页面，效果如图 3-4 所示。

图 3-3　页面效果

图 3-4　在浏览器中预览页面

▲*3.2* 设置文本属性

在 Dreamweaver CS5.5 中不仅可以在网页中输入文字，而且还可以对网页中文本的颜色、大小和对齐方式等属性进行相应设置，通过对文本属性的合理设置，不但使网页页面更加美观，而且方便浏览者对页面的阅读，将光标移至文本中时，在"属性"面板中便会出现相应的文本属性选项，"属性"面板如图 3-5 所示。

图 3-5　"属性"面板

1. HTML 属性

➢ 格式：在"格式"下拉列表框中的"标题 1"至"标题 6"分别表示的是各级标题，它应用于网页的标题部分。其所对应的字体由大到小，同时文字全部加粗。在代码视图中，当使用"标题 1"时，文字两端应用<h1></h1>标记；当使用"标题 2"时，文字两端应用<h2></h2>标记，以下依次类推。手动删除这些标记，文字的样式同时也会消失。

➢ ID：在该选项的下拉列表框中可以为选中的文字设置 ID 值。

➢ 类：在该选项的下拉列表中可以选择已经定义好的 CSS 样式为选中的文字应用 CSS 样式。

➢ 粗体：选中需要加粗显示的文字，单击"粗体"按钮 **B**，文字将加粗显示。

➢ 斜体：选中需要斜体显示的文字，单击"斜体"按钮 *I*，文字将斜体显示。

➢ 文本格式控制：选中段落文本，如果需要将段落文本转换为项目列表，可单击"项目列表"按钮 ；如果需要将段落文本转换为编号列表，单击"编号列表"按钮 即可。

在需要区别段落的情况下，可以使用"属性"面板上的"文本凸出"按钮 和"文本缩进"按钮 ，即选中段落文本，单击"文本凸出"按钮 ，文字将向左侧凸出一级；如果单击"文本缩进"按钮 ，文字将向右侧缩进一级。

2. CSS 属性

在"属性"面板上单击 CSS 按钮 ，即可切换到文字 CSS 属性设置，如图 3-6 所示。

图 3-6 "属性"面板

> 应用 CSS 样式：在 CSS 属性设置面板中，单击"目标规则"下拉列表，在下拉列表中可以选择已定义的 CSS 样式为选中的文字应用相应的样式。

在"目标规则"下拉列表中选择已设置好的 CSS 样式选项，单击"编辑规则"按钮，便可对所选择的 CSS 样式进行编辑设置，如果在"目标规则"下拉列表中选择的是"<新 CSS 规则>"选项，单击"编辑规则"按钮，弹出的则是"新建 CSS 规则"对话框，可以创建新的 CSS 规则。

> 字体：在 CSS 属性设置面板中，可以通过"字体"下拉列表框为文本设置字体组合。Dreamweaver CS5.5 默认的字体设置是"默认字体"，如果选择"默认字体"，则在浏览网页时，文字字体显示为浏览器默认的字体，Dreamweaver CS5.5 预设的可供选择的字体组合有 14 种，如图 3-7 所示。

如果需要使用这 14 种字体组合以外的字体，则需要编辑新的字体组合。在"字体"下拉列表中选择"编辑字体列表"选项，在弹出的"编辑字体列表"对话框中进行设置，如图 3-8 所示。

图 3-7 预设的字体组合

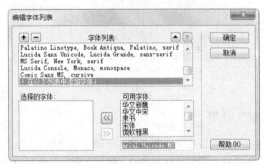

图 3-8 "编辑字体列表"对话框

> 字体大小：在 Dreamweaver CS5.5 中可以很方便地在"属性"面板中对字体的大小进行设置。即在"大小"下拉列表中进行设置，如图 3-9 所示。
> 字体颜色：在网页中文本颜色可以起到美化版面和强调文章主旨的作用，当在网页中输入文本时，它将显示默认的颜色，如果需要改变文本的默认颜色，可以拖动光标选中需要修改颜色的文本内容，在"文本颜色"选项中直接设置，如图 3-10 所示。

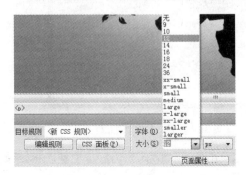

图 3-9 设置字体大小

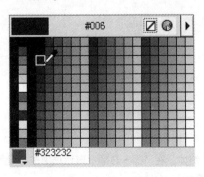

图 3-10 设置字体颜色

▲*3.3* 插入特殊文本元素

在网页设计中不仅可以插入普通的文本内容，还可以插入一些比较特殊的文本元素，例如，水平线、时间、特殊字符、注释等，接下来我们将和读者一起学习在网页中插入特殊文本元素的方法。

1. 插入水平线

在网页中，水平线可以起到分隔文本的作用，在网页页面中，可以使用一条或多条水平线对文本或元素进行分割。执行"文件>打开"命令，打开页面"光盘\源文件\第 3 章\33-1.html"，将光标移至需要插入水平线的位置，然后单击"插入"面板中的"水平线"按钮▨，如图 3-11 所示，便可以在页面中插入水平线，页面效果如图 3-12 所示。

图 3-11　单击"水平线"按钮　　　　图 3-12　在网页中插入水平线

2. 插入时间

在对网页进行了更新之后，一般情况下都会加上所更新的日期。在 Dreamweaver CS5.5 中执行"插入>日期"命令，在弹出的"插入日期"对话框中选择合适的日期显示格式，单击"确定"按钮，即可在网页中加入当前的日期和时间，并且通过相应的设置，可以使网页每次保存时都能自动更新日期。

将光标移至需要插入日期的位置，执行"插入>日期"命令，如图 3-13 所示，弹出"插入日期"对话框，如图 3-14 所示。

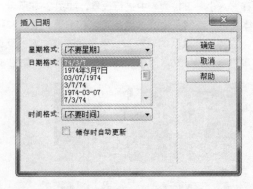

图 3-13　执行菜单命令　　　　图 3-14　"插入日期"对话框

例如，在"插入日期"对话框中进行设置，如图 3-15 所示，则在网页中插入的日期显示效果如图 3-16 所示。

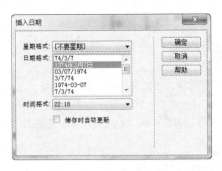

图 3-15 "插入日期"对话框

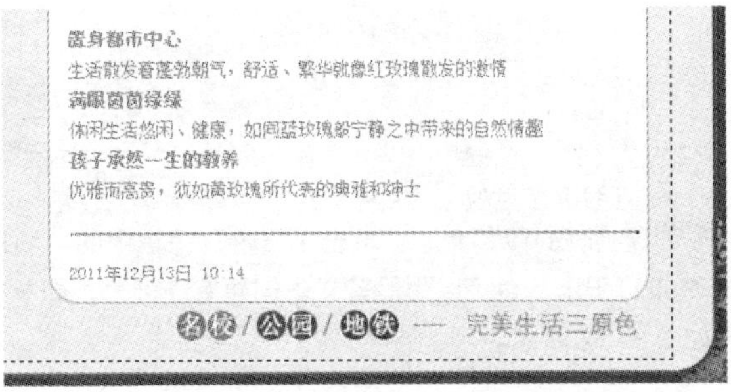

图 3-16 在网页中插入日期的效果

3. 插入特殊字符

特殊字符在 HTML 中称为实体，它们是以名称或数字的形式表示的，其中包含注册商标、版权符号、商标符号等字符的实体名称。

将光标移至需要插入特殊字符的位置，然后在"插入"面板中选择"文本"选项，在"文本"选项卡中单击"字符"按钮中三角符号▼，在弹出的菜单中可以选择需要插入的特殊字符，如图 3-17 所示，选择"其他字符"选项，弹出"插入其他字符"对话框，可以选择更多特殊字符，如图 3-18 所示。

图 3-17 "字符"下拉菜单

图 3-18 "插入其他字符"对话框

4. 插入注释

在 Dreamweaver CS5.5 中为页面插入相关说明注释语句，可以有利于源代码编写者对代码的整理、检查与维护，且这些注释语句也不会出现在浏览器中。

将光标移至需要插入注释的位置后，单击"插入"面板中的"注释"按钮，在弹出的"注释"对话框中可以输入注释文本，如图 3-19 所示，在"代码"视图中可以查看注释内容，如图 3-20 所示。

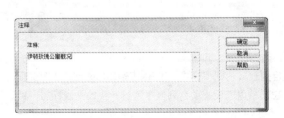

图 3-19 "注释"对话框

图 3-20 所添加的注释内容

▲*3.4* 创建列表

在 Dreamweaver CS5.5 中，列表分为有序列表和无序列表两种，创建列表的方法十分简单，选中需要创建列表的段落文本，单击"属性"面板中的"项目列表"按钮，即可插入无序列表，效果如图 3-21 所示。也可以为段落文本创建有序列表，即单击"属性"面板中的"编辑列表"按钮，效果如图 3-22 所示。

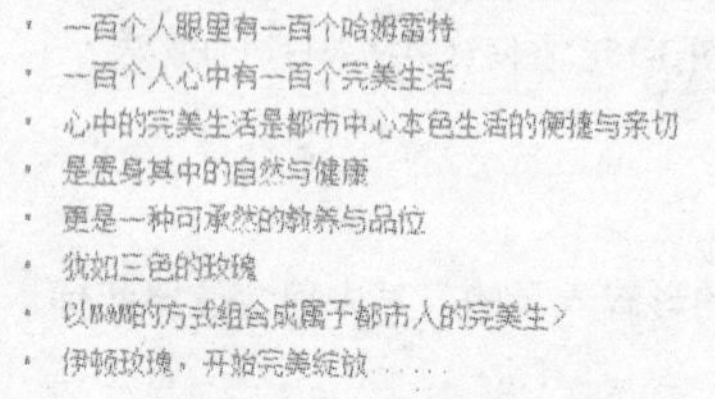

图 3-21　无序列表效果 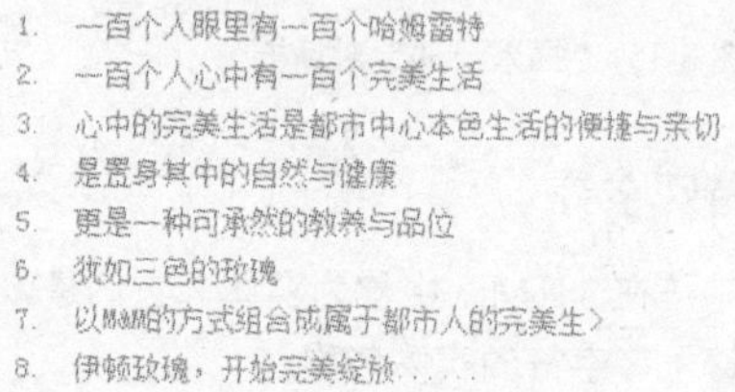　　　　　图 3-22　有序列表效果

在设计视图中如果需要对已有列表的一项进行更加深入的设置，则选中已有列表项，执行"格式>列表>属性"命令，弹出"列表属性"对话框，进行设置即可，如图 3-23 所示。

➤ 列表类型：包括"项目列表"、"编号列表"、"目录列表"和"菜单列表"4 个选项，如图 3-24 所示，可以更改选中列表的列表类型。其中"目录列表"类型和"菜单列表"类型只在较低版

图 3-23　"列表属性"对话框

本的浏览器中起作用，在目前能用的高版本浏览器中已失去效果。

如果在"列表类型"下拉列表中选择"项目列表"选项，则列表类型将会转换成无序列表。此时"列表属性"对话框上只有"列表类型"下拉列表框、"样式"下拉列表框和"新建样式"下拉列表框可用，如图 3-25 所示。

如果在"列表类型"下拉列表框中选择"编号列表"选项，则列表类型将会转换成有序列表。此时，"列表属性"对话框中的所有下拉列表框均可以使用。

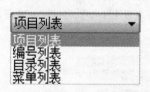

图 3-24　"列表类型"下拉列表

图 3-25　"列表属性"对话框

➤ 样式：在该下拉列表中可以选择列表的样式。

如果在"列表类型"下拉列表中选择"项目列表"，则"样式"下拉列表框中就会有 3 个选项，分别为"默认"、"项目符号"和"正方形"。它们是用来设置项目列表里每行开头的列表标志，默认的列表标志是项目符号，也就是圆点。

如果在"列表类型"下拉列表中选择"编号列表"，则"样式"下拉列表框中将会有"默认"、

"数字"、"小写罗马字母"、"大写罗马字母"、"小写字母"和"大写字母"6 个选项，如图 3-26 所示，它用来设置编号列表里每行开头的编辑号符号，如图 3-27 所示的是以大写字母作为编号符号的有序列表。

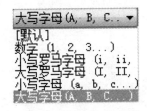

图 3-26 "样式"下拉列表

A. 一百个人眼里有一百个哈姆雷特
B. 一百个人心中有一百个完美生活
C. 心中的完美生活是都市中心本色生活的便捷与亲切
D. 是置身其中的自然与健康
E. 更是一种可承然的教养与品位
F. 犹如三色的玫瑰
G. 以M&M的方式组合成属于都市人的完美生>
H. 伊顿玫瑰，开始完美绽放……

图 3-27 大写字母编号列表

➤ 开始计数：如果在"列表类型"下拉列表中选择"编号列表"选项，则"列表属性"对话框中的"开始计数"选项为可用，可以在该选项后的文本框中输入一个数字，其编号将从此数字为开始有序排列编号，如图 3-28 所示为设置"开始计数"选项后编号列表的效果。

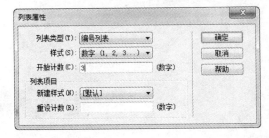

3. 一百个人眼里有一百个哈姆雷特
4. 一百个人心中有一百个完美生活
5. 心中的完美生活是都市中心本色生活的便捷与亲切
6. 是置身其中的自然与健康
7. 更是一种可承然的教养与品位
8. 犹如三色的玫瑰
9. 以M&M的方式组合成属于都市人的完美生>
10. 伊顿玫瑰，开始完美绽放……

图 3-28 设置"开始计数"选项后编号列表的效果

➤ 新建样式："新建样式"下拉列表与"样式"下拉列表的选项相同，如果在该下拉列表中选择一个列表样式，那么该页面中创建列表时将自动运用该样式，而不运用默认列表样式。

➤ 重新计数：该选项的使用方法与"开始计数"选项的使用方法相同，如果在该选项中设置一个值，其编号将从此值开始有序排列编号。

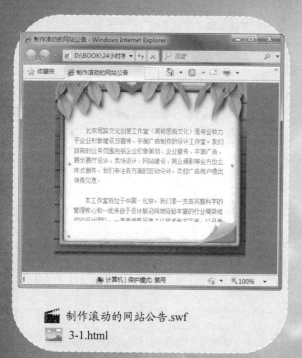

🎬 制作滚动的网站公告.swf

🖼️ 3-1.html

🎬 制作企业网站页面.swf

🖼️ 3-2.html

自我检测

在前面一段时间中，我们已经学习了如何在网页中输入文本，以及文本属性的设置，并且介绍了如何在网页中插入各种特殊的文本要素，大家是不是都掌握了呢？在 Dreamweaver 中，还可以使网页中的文本动起来哦！

接下来通过 2 个小案例的制作，一起学习滚动文本的实现方法，以及简单的企业网站页面布局制作方法。

自测14 制作滚动的网站公告

在网页中经常可以看到滚动的文本或是图片的效果，实现这种滚动效果的方法有很多，可以通过 JavaScript 脚本或通过 HTML 中的 <marquee> 标签来实现这种滚动的效果，本实例就是通过 <marquee>标签来实现滚动文本的效果，该方法简单、便于理解和应用。

使用到的技术	输入文本、滚动文本
学习时间	15 分钟
视频地址	光盘\视频\第 3 章\制作滚动的网站公告.swf
源文件地址	光盘\源文件\第 3 章\3–1.html

01 执行"文件>打开"命令，打开页面"光盘\源文件\第 3 章\3–1.html"。

02 在浏览器中预览页面，可以看到页面中的文本是静止的，并没有滚动效果。

```
<body>
<div id="box">　　北京思路文化创意工作室（简称思路文化）是专业致力于企业形
象建设及宣传、平面广告制作的设计工作室。我们目前的业务范围包括企业形象策划
、企业宣传、平面广告、展示展厅设计、卖场设计、网站建设、商业摄影等全方位立
体式服务。我们专注各方面的互动设计，欢迎广告用户提出保贵意见。<br />
　　本工作室现位于中国·北京，我们是一支由完整科学的管理核心和一批来自于设
计前沿阵地经验丰富的行业精英组成的设计团队，一直遵循着品逸"以技术追求完美，
以品质赢得信赖"的创业理念。　我们目前的业务范围包括企业形象策划、企业宣传、
平面广告、展示展厅设计、卖场设计、网站建设、商业摄影等全方位立体式服务。</div>
</body>
</html>
```

03 返回 Dreamweaver 的设计视图中，将光盘移至需要添加滚动文本代码的位置。

04 将视图切换到"代码"视图中，确定光标位置。

```
<body>
<div id="box"><marquee>　　北京思路文化创意工作室（简称思路文化）是专
致力于企业形象建设及宣传、平面广告制作的设计工作室。我们目前的业务范围
包括企业形象策划、企业宣传、平面广告、展示展厅设计、卖场设计、网站建设
、商业摄影等全方位立体式服务。我们专注各方面的互动设计，欢迎广告用户提出保贵意见。
<br />
　　本工作室现位于中国·北京，我们是一支由完整科学的管理核心和一批来自
于设计前沿阵地经验丰富的行业精英组成的设计团队，一直遵循着品逸"以技术追
求完美，以品质赢得信赖"的创业理念。　我们目前的业务范围包括企业形象策划
、企业宣传、平面广告、展示展厅设计、卖场设计、网站建设、商业摄影等全方
位立体式服务。</marquee></div>
</body>
```

05 在代码视图中为文本添加滚动标签 <marquee>。

06 返回设计视图，单击"文档"工具栏中的"实时视图"按钮，可以看到文字已经实现了左右滚动的效果。

```
<body>
<div id="box"><marquee direction="up">    北京思路文化创意工作室（简称思
路文化）是专业致力于企业形象建设及宣传、平面广告制作的设计工作室。我们目
前的业务范围包括企业形象策划、企业宣传、平面广告、展示展厅设计、卖场设计
、网站建设、商业摄影等全方位立体式服务。我们专注各方面的互动设计，欢迎广
告用户提出保贵意见。<br />
    <br />
    本工作室现位于中国·北京，我们是一支由完整科学的管理核心和一批来自
于设计前沿阵地经验丰富的行业精英组成的设计团队，一直遵循着品逸-以技术追
求完美，以品质赢得信赖-的创业理念。 我们目前的业务范围包括企业形象策划、
企业宣传、平面广告、展示展厅设计、卖场设计、网站建设、商业摄影等全方位立体式服务。
</marquee></div>
</body>
```

07 我们需要文字从下往上滚动，转换到代码视图中，在<marquee>标签中添加滚动方向的属性设置。

08 返回设计视图，单击"文档"工具栏中的"实时视图"按钮，可以看到文字已经实现了从下往上滚动的效果。

```
<body>
<div id="box"><marquee direction="up" scrollamount="2" width="320"
height="209">    北京思路文化创意工作室（简称思路文化）是专业致力于企业
形象建设及宣传、平面广告制作的设计工作室。我们目前的业务范围包括企业形象
策划、企业宣传、平面广告、展示展厅设计、卖场设计、网站建设、商业摄影等全
方位立体式服务。我们专注各方面的互动设计，欢迎广告用户提出保贵意见。<br />
    <br />
    本工作室现位于中国·北京，我们是一支由完整科学的管理核心和一批来自
于设计前沿阵地经验丰富的行业精英组成的设计团队，一直遵循着品逸-以技术追
求完美，以品质赢得信赖-的创业理念。 我们目前的业务范围包括企业形象策划、
企业宣传、平面广告、展示展厅设计、卖场设计、网站建设、商业摄影等全方位立体式服务。
</marquee></div>
</body>
</html>
```

09 返回设计视图中，在<marquee>标签中继续设置属性，控制文字的滚动速度和范围。

10 返回设计视图，单击"文档"工具栏中的"实时视图"按钮，可以看到文字的滚动效果。

```
<body>
<div id="box"><marquee direction="up" scrollamount="2" width="320"
height="209" onmouseover="stop();">    北京思路文化创意工作室（简称思路
文化）是专业致力于企业形象建设及宣传、平面广告制作的设计工作室。我们目前
的业务范围包括企业形象策划、企业宣传、平面广告、展示展厅设计、卖场设计、
网站建设、商业摄影等全方位立体式服务。我们专注各方面的互动设计，欢迎广告
用户提出保贵意见。<br />
    <br />
    本工作室现位于中国·北京，我们是一支由完整科学的管理核心和一批来自
于设计前沿阵地经验丰富的行业精英组成的设计团队，一直遵循着品逸-以技术追
求完美，以品质赢得信赖-的创业理念。 我们目前的业务范围包括企业形象策划、
企业宣传、平面广告、展示展厅设计、卖场设计、网站建设、商业摄影等全方位立体式服务。
</marquee></div>
</body>
```

```
<body>
<div id="box"><marquee direction="up" scrollamount="2" width="320"
height="209" onmouseover="stop();" onmouseout="start();">    北京思路文
化创意工作室（简称思路文化）是专业致力于企业形象建设及宣传、平面广告制作
的设计工作室。我们目前的业务范围包括企业形象策划、企业宣传、平面广告、展
示展厅设计、卖场设计、网站建设、商业摄影等全方位立体式服务。我们专注各方
面的互动设计，欢迎广告用户提出保贵意见。<br />
    <br />
    本工作室现位于中国·北京，我们是一支由完整科学的管理核心和一批来自
于设计前沿阵地经验丰富的行业精英组成的设计团队，一直遵循着品逸-以技术追
求完美，以品质赢得信赖-的创业理念。 我们目前的业务范围包括企业形象策划、
企业宣传、平面广告、展示展厅设计、卖场设计、网站建设、商业摄影等全方位立体式服务。
</marquee></div>
</body>
```

11 返回代码视图中，继续在<marquee>标签中添加属性设置，实现当鼠标指向滚动字幕后，字幕滚动停止。

12 接着继续添加属性设置，实现当鼠标指针移开滚动文字后，文字继续滚动。

13 完成滚动文本效果的实现，执行"文件>保存"命令，保存页面，在浏览器中预览页面，可以看到所实现的文本滚动效果。

操作小贴士：

在滚动文本的标签属性中，direction 属性是指滚动的方向，direction="up" 表示向上滚动，="down" 表示向下滚动，="left" 表示向左滚动，="right" 表示向右滚动；scrollamount 属性是指滚动的速度，数值越小滚动越慢；scrolldelay 属性是指滚动速度延时，数值越大速度越慢；height 属性是指滚动文本区域的高度；width 是指滚动文本区域的宽度；onmouseover 属性是指当鼠标移动到区域上时所执行的操作；onmouseout 属性是指当鼠标移开区域上时所执行的操作。

自测15　制作企业网站页面

文本是网页中最基本的元素之一，网页信息需要通过文本向浏览者进行展示。本实例我们一起动手设计制作一个企业网站页面，该网站页面内容以文字与图像为主，页面比较简单，通过文字与图像构成简洁的页面效果，给人直观、清爽的感受。

使用到的技术	输入文本、滚动文本
学习时间	20 分钟
视频地址	光盘\视频\第 3 章\制作企业网站页面.swf
源文件地址	光盘\源文件\第 3 章\3-2.html

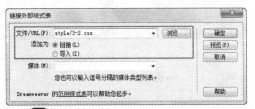

01 执行"文件>新建"命令，新建一个 HTML 页面，将该页面保存为"光盘\源文件\第 3 章\3-2.html"。

```
* {
    margin: 0px;
    padding: 0px;
    border: 0px;
}
body {
    font-family: 宋体;
    font-size: 12px;
    color: #FFFFFF;
    line-height: 20px;
    background-color: #586168;
    background-image: url(../images/3201.jpg);
    background-repeat: no-repeat;
}
```

02 新建 CSS 样式表文件，将其保存为"光盘\源文件\第 3 章\style\3-2.css"。返回 3-2.html 页面中，链接刚创建的外部 CSS 样式表文件。

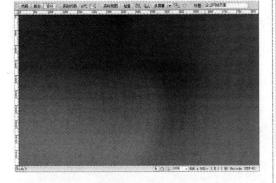

03 切换到 3-2.css 文件中，创建一个名为 *的通配符 CSS 规则，再创建一个名为 body 的标签 CSS 规则。

```
#menu {
    width: 590px;
    height: 65px;
    background-image: url(../images/3202.gif);
    background-repeat: no-repeat;
    padding-left: 310px;
    padding-top: 35px;
    font-weight: bold;
}
```

05 在页面中插入一个名为 menu 的 Div，切换到 3-2.css 文件中，创建名为#menu 的 CSS 规则。

```
<body>
<div id="menu">网站首页<span>|</span>关于我们<span>|</span>服务介绍
<span>|</span>公司案例<span>|</span>域名空间<span>|</span>我们的客户
<span>|</span>联系我们</div>
</body>
```

07 转换到代码视图中，在刚输入的文字中添加相应的<span>代码。

```
#main {
    width: 900px;
    height: 400px;
}
```

09 在名为 menu 的 Div 之后插入一个名为 main 的 Div，切换到 3-2.css 文件中，创建名为#main 的 CSS 规则。返回设计页面，可以看到页面效果。

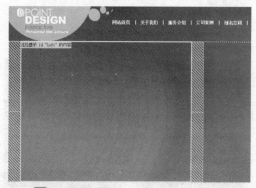

11 返回设计页面，可以看到页面效果。

04 返回 3-2.html 页面中，可以看到页面的背景效果。

06 返回设计页面，将光标移至名为 menu 的 Div 中，删除多余文字，输入相应的文字。

```
#menu span {
    margin-left: 12px;
    margin-right: 12px;
}
```

08 切换到 3-2.css 文件中，创建名为 #menu span 的 CSS 规则。返回设计页面，可以看到页面效果。

```
#left {
    width: 510px;
    height: 400px;
    margin-left: 36px;
    margin-right: 36px;
    float:left;
}
#left p {
    margin-bottom: 12px;
}
```

10 将光标移至名为 main 的 Div 中，删除多余文字，在该 Div 中插入一个名为 left 的 Div，切换到 3-2.css 文件中，创建名为#left 和名为#left p 的 CSS 规则。

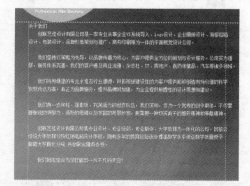

12 将光标移至名为 left 的 Div 中，删除多余文字，输入相应的文字内容。

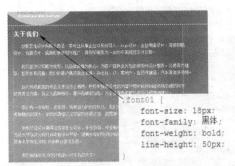

```
.font01 {
    font-size: 18px;
    font-family: 黑体;
    font-weight: bold;
    line-height: 50px;
}
```

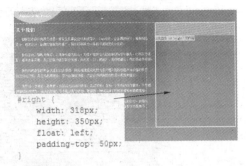

```
#right {
    width: 318px;
    height: 350px;
    float: left;
    padding-top: 50px;
}
```

13 切换到 3-2.css 文件中，创建名为.font01 的类 CSS 规则。返回设计页面，选中"关于我们"文字，在"属性"面板上的"类"下拉列表中选择该 CSS 样式应用。

14 在名为 left 的 Div 之后插入一个名为 right 的 Div，切换到 3-2.css 文件中，创建名为#right 的 CSS 规则。返回设计页面，可以看到页面效果。

```
#pic1 {
    width: 292px;
    height: 220px;
    background-color: #96C934;
    text-align: center;
    padding: 13px;
    margin-bottom: 45px;
}
```

15 将光标移至名为 right 的 Div 中，删除多余文字，在该 Div 中插入一个名为 pic1 的 Div，切换到 3-2.css 文件中，创建名为#pic1 的 CSS 规则。

16 返回设计页面，将光标移至名为 pic1 的 Div 中，删除多余文字，插入图像"光盘\源文件\第 3 章\images\3203.gif"。

```
#pic2 {
    height: 37px;
    text-align: center;
}
#pic2 img {
    margin-right: 2px;
}
```

17 在名为 pic1 的 Div 之后插入名为 pic2 的 Div，切换到 3-2.css 文件中，创建名为#pic2 和名为#pic2 img 的 CSS 规则。

18 返回设计页面，将光标移至名为 pic2 的 Div 中，删除多余文字，依次插入相应的图像。

```
#bottom {
    width: 870px;
    height: 40px;
    color: #CCCCCC;
    padding-left: 30px;
    margin-top: 20px;
    margin-bottom: 10px;
}
```

19 在名为 main 的 Div 之后插入名为 bottom 的 Div，切换到 3-2.css 文件中，创建名为#bottom 的 CSS 规则。

20 返回设计页面，将光标移至名为 bottom 的 Div 中，删除多余文字，输入相应的文字。

21 完成该企业网站页面的制作，执行"文件>保存"命令，保存页面，在浏览器中预览页面，可以看到页面的效果。

第9个小时：网页中图像的使用

　　一个优秀的网页页面除了需要对文字进行合理的格式化处理以外，还需要使用恰当精美的图像与其和谐组合，使整个网页更加具有协调性、空间感，更能给浏览者以深刻的印象。在接下来的时间里，我们将向读者介绍网页中图像使用的方法，通过对本知识点的学习后，读者可以掌握基本的图像网页制作。

▲*3.5* 网页中可以插入的格式

　　目前因特网上支持的网页图像格式主要包括 JPEG、 GIF、PNG3 种。下面将对这 3 种图像格式进行详细介绍。

　　JPEG：Joint Photographic Experts Group（联合图像专家组）由联合图像专家组开发的图形标准。

　　JPEG 图像采用的是一种有损的压缩算法，也就是说，可能会造成图像失真。但是 JPEG 图像支持 24 位真彩色，不支持透明的背景色。JPEG 图像在实际使用过程中有以下特点：在表现色彩丰富、物体形状结构复杂的图片时，比如照片等方面，JPEG 格式有着不可取代的优点。而相反，在表现大块、均匀的颜色时，JPEG 格式就显得有些力不从心。

GIF：Graphics Interchange Format（图形交换格式的缩写），采用 LZW 无损压缩算法。

GIF 图像文件的特点是：它最多只能包含 256 种颜色、支持透明的背景色、支持动画格式。GIF 特定的存储方式使得 GIF 文件擅长于表现所含颜色不多、变化不繁杂的图像以及包含有大面积单色区域的图像。例如徽标、文字图片或卡通形象等。

PNG：Portable Network Graphic（可移植网络图形）。

PNG 格式的图像以任何颜色深度存储单个图像。PNG 是与操作平台无关的格式。PNG 格式的图像支持高级别无损耗压缩并支持 Alpha 通道透明度。但是 PNG 格式图像也有其相应的缺点，版本较早的浏览器和程序并不支持 PNG 格式的图像，并且与 JPEG 的有损压缩相比，PNG 提供的压缩量较少。

▲3.6 在网页中插入图像

在网页中插入精美的图像，可以使网页内容更加丰富、更加具有欣赏性。在 Dreamweaver CS5.5 中可以直接在网页中插入图像，也可以将图像作为页面背景。同时还可以根据需要创建图像交替的效果，接下来将通过案例，向读者介绍如何在网页中插入图像。

执行"文件>打开"命令，打开页面"光盘\源文件\第 3 章\36-1.html"，效果如图 3-29 所示。将光标移至页面中名为 pic1 的 Div 中，删除多余的文本，如图 3-30 所示。

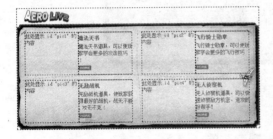

图 3-29　打开页面　　　　　　　　　　　图 3-30　删除多余文本

单击"插入"面板上的"常用"选项卡中的"图像"按钮，如图 3-31 所示。弹出"选择图像源文件"对话框，从中选择图像"光盘\素材\第 3 章\images\36103.gif"，如图 3-32 所示。

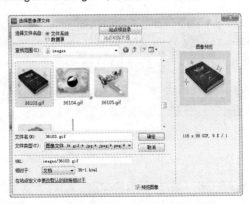

图 3-31　单击"图像"按钮　　　　　　　图 3-32　"选择图像源文件"对话框

单击"确定"按钮，弹出"图像标签辅助功能属性"对话框，如图 3-33 所示。单击"确定"按钮，完成"图像标签辅助功能属性"对话框的设置，将选中的图像插入到页面中相应的位置，效果如图3-34所示。

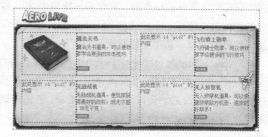

图3-33 "图像标签辅助功能属性"对话框   图3-34 页面效果

使用相同的方法，可以将其他图像插入到页面中，如图3-35所示。

图3-35 页面效果

▲*3.7* 设置图像属性

在Dreamweaver CS5.5中，如果需要对图像的属性进行相应设置，可以在设计视图中选择需要设置属性的图像，然后在"属性"面板上对该图像的属性进行设置，如图3-36所示。

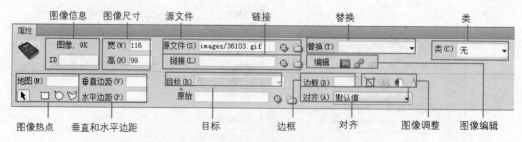

图3-36 图像的"属性"面板

图像信息：在"属性"面板的左上角显示了所选图片的缩略图，并且在缩略图的右侧显示了该对象的具体信息，如图3-37所示，在信息中可以看到该对象为图像文件，大小为9K。信息内容的下面还有一个ID文本框，可以在该文本框中定义图像的名称，主要是为了在脚本语言（如JavaScript或VBScript）中便于引用图像而设置的。

　　宽和高：在网页中插入图像时，Dreamweaver CS5.5 会在"属性"面板上的"宽"和"高"文本框中自动显示图像的原始大小，如图 3-38 所示。在默认情况下，"宽"和"高"的单位为像素。

　　在网页制作过程中可以根据需要直接在"宽"和"高"文本框中输入相应的数值，也可以通过在Dreamweaver CS5.5 设计视图中选中需要调整的图像，拖动图像的角点到合适的大小尺寸即可更改图像尺寸，改变图像尺寸后的"属性"面板如图 3-39 所示。

　　从图中可以看出，改变了图像默认的"宽"和"高"之后，"属性"面板上的"宽"和"高"文本框后面会出现一个 按钮，单击该按钮可以恢复图像到原始的尺寸大小。

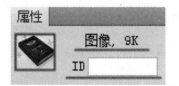　　　　

图 3-37　图像信息　　　　　　图 3-38　图像尺寸　　　　　图 3-39　调整图像大小

　　源文件：在页面中选中图像，在"源文件"文本框中可以查看图像的源文件位置，也可以在此手动更改图像的位置。

　　链接：在该文本框中可以输入图像的链接地址，如图 3-40 所示。

　　替换：在该文本框中可以输入图像的替换说明文字，在浏览网页的过程中当图像不能被正确显示时，在其相应的区域就会显示设置的替换说明文字。

　　类：在该下拉列表中可以选择应用已经定义好的 CSS 样式表，或者进行"重命名"和"管理"的操作，如图 3-41 所示。

图 3-40　"链接"文本框　　　　　　　　图 3-41　"类"下拉列表

　　图像热点：在"属性"面板上的"地图"文本框中可以创建图像热点集，其下面则是创建热点区域的 3 种不同的形状工具，即矩形热点工具、圆形热点工具、多边形热点工具。

　　垂直边距和水平边距：可以设置图像在垂直方向或水平方向上的空白间距，默认单位为像素。

　　目标：在该下拉列表中可以设置图像链接文件显示的目标位置。

　　边框：在"属性"面板上还可以为图像设置边框，在"边框"文本框中输入图像边框的宽度，默认单位为像素。

　　对齐：在该下拉列表中可以设置一行中图像和文本的对齐方式。"对齐"下拉列表中包含 10 项，分别为默认值、基线、顶端、居中、底部、文本上方、绝对居中、绝对底部、左对齐和右对齐。

　　图像编辑：单击"编辑"按钮，将启动外部图像编辑软件对所选中的图像进行编辑操作。单击"编辑图像设置"按钮，将弹出"图像预览"对话框，在该对话框中可以对图像进行优化设置。单击"从源文件更新"按钮，在更新智能对象时，网页图像会根据原始文件的当前内容和原始优化设置以新的大小、无损方式重新呈现图像。

　　图像调整：单击"裁剪"按钮，图像上会出现虚线区域，拖动该虚线区域的 8 个角点至合适的位置，按键盘上的 Enter 键，即可完成对图像的裁剪操作，如图 3-42 所示。

图 3-42　对图像进行裁剪操作

对已经插入到页面中的图像进行了编辑操作后，可以单击"重新取样"按钮 ，重新读取该图像文件的信息。

选中图像，单击"亮度和对比度"按钮 ，弹出"亮度/对比度"对话框，可以通过拖动滑块或者在后面的文本框中输入数值来设置图像的亮度和对比度，如图 3-43 所示。勾选"预览"复选框，可以在调节的同时在 Dreamweaver CS5.5 的设计视图中看到图像调节的效果，如图 3-44 所示。

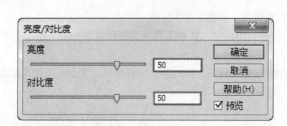

图 3-43　"亮度/对比度"对话框　　　　　　图 3-44　调节后的图像效果

单击"锐化"按钮 ，可以对图像的清晰度进行调整。选中图像，在"属性"面板上单击"锐化"按钮 ，弹出"锐化"对话框，如图 3-45 所示。输入数值或拖动滑块调整锐化效果，锐化后的效果如图 3-46 所示。

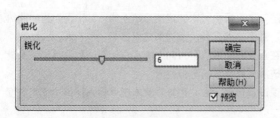

图 3-45　"锐化"对话框　　　　　　　　图 3-46　锐化后的效果

▲*3.8*　图像占位符的使用

在 Dreamweaver CS5.5 中还提供了在网页中插入一些其他相关图像元素的方法。在网页设计中由于布局的需要，可以使用图像占位符来代替图像的位置，布局好网页以后，再使用图像占位符来创建需要的图像。

执行"文件>打开"命令，打开页面"光盘\源文件\第3章\38-1.html"，如图3-47所示。单击"插入"面板中"图像"按钮右侧的下拉按钮，在弹出的菜单中选择"图像占位符"命令，如图3-48所示。

图3-47　页面效果　　　　　　　　　　　　　图3-48　选择"图像占位符"命令

弹出"图像占位符"对话框，设置如图3-49所示，单击"确定"按钮，完成"图像占位符"对话框的设置，在光标所在位置插入图像占位符，如图3-50所示。

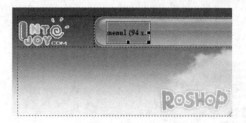

图3-49　"图像占位符"对话框　　　　　　　　图3-50　插入图像占位符

选中刚刚插入的图像占位符，在"属性"面板上可以看到相关"图像占位符"的属性设置，如图3-51所示。

图3-51　图像占位符的"属性"面板

使用相同的方法，可以在页面中插入相应的图像占位符，保存页面，在浏览器中预览页面，可以看到图像占位符在浏览器中显示的效果，如图3-52所示。

图3-52　在浏览器中预览效果

🎬 鼠标经过图像.swf

🖼 3-3.html

🎬 制作图像网站页面.swf

🖼 3-4.html

自我检测

　　本节学习了如何在网页中插入图像，以及图像相关属性的设置方法，并且还向大家介绍了图像占位符的使用。

　　接下来我们将通过 2 个小案例的制作，一起学习如何在 Dreamweaver 中实现一些特殊的图像效果，使网页的效果更加丰富。

自测16 鼠标经过图像

　　鼠标经过图像是一种在浏览器中查看鼠标指针经过它时发生变化的图像。鼠标经过图像实际上由两个图像组成：主图像（当首次载入页面时显示的图像）和次图像（当鼠标指针经过主图像时显示的图像）。本实例我们就一起来实现网页中的鼠标经过图像效果。

使用到的技术	鼠标经过图像
学习时间	10 分钟
视频地址	光盘\视频\第 3 章\鼠标经过图像.swf
源文件地址	光盘\源文件\第 3 章\3-3.html

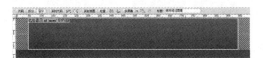

01 执行"文件>打开"命令，打开页面"光盘\源文件\第 3 章\3-3.html"。

02 将光标移至名为 menu 的 Div 中，删除多余文字。

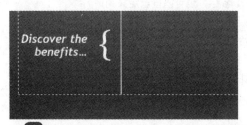

03 在该 Div 中插入图像"光盘\源文件\第 3 章\images\3302.gif"。

04 将光标移至刚插入的图像后，单击"插入"面板上的"图像"按钮右侧的下拉按钮，在弹出的菜单中选择"鼠标经过图像"选项。

05 弹出"插入鼠标经过图像"对话框，对相关选项进行设置。

06 完成对话框的设置，单击"确定"按钮，在页面中插入鼠标经过图像。

07 使用相同的制作方法，在刚插入的鼠标经过图像后可以插入其他的鼠标经过图像。

08 完成鼠标经过图像效果的制作，执行"文件>保存"命令，保存页面，在浏览器中预览页面，可以看到鼠标经过图像的效果。

操作小贴士：

鼠标经过图像中的这两个图像大小应该相等；如果这两个图像大小不同，Dreamweaver将自动调整次图像的大小匹配主图像的属性。在"插入鼠标经过图像"对话框中，可以对以下选项进行设置。

- ➤ 图像名称：在该文本框中默认时会分配一个名称，也可以自己定义图像名称。
- ➤ 原始图像：在该文本框中可以填入页面被打开时显示的图形，或者单击该文本框后的"浏览"按钮，选择一个图像文件作为原始图像。
- ➤ 鼠标经过图像：在该文本框中可以填入鼠标经过时显示的图像，或者单击该文本框后的"浏览"按钮，选择一个图像文件作为鼠标经过图像。
- ➤ 预载鼠标经过图像：选中该选项，则当页面载入时，将同时加载鼠标经过图像文件，以便于当鼠标移至该鼠标经过图像上时，又需要重新下载经过时的图像。默认情况下，该复选框被选中。
- ➤ 替换文本：在该文本框中可以输入鼠标经过图像的替换说明文字内容，同图像的"替换"功能相同。
- ➤ 按下时，前往的 URL：在该文本框中可以设置单击该鼠标经过图像时跳转到的链接地址。

自测17 制作图像网站页面

图像也是网页中必不可少的重要元素之一，通过图像可以使网站页面更加美观，并且能够更加贴近网站的主题。本实例我们就一起动手制作一个以图像为主的页面，包括背景图像、插入的普通图像和鼠标经过图像，读者在制作的过程中注意学习图像页面的制作方法。

使用到的技术	插入图像、鼠标经过图像、滚动文本
学习时间	25 分钟
视频地址	光盘\视频\第 3 章\制作图像网站页面.swf
源文件地址	光盘\源文件\第 3 章\3-4.html

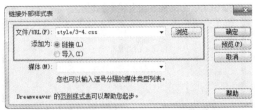

01 执行"文件>新建"命令，新建一个 HTML 页面，将该页面保存为"光盘\源文件\第 3 章\3-4.html"。

```
* {
    margin: 0px;
    padding: 0px;
    border: 0px;
}
body {
    font-family: 宋体;
    font-size: 12px;
    color: #575757;
    background-color: #2F82DE;
    background-image: url(../images/3401.jpg);
    background-repeat: repeat-x;
}
```

02 新建 CSS 样式表文件，将其保存为"光盘\源文件\第 3 章\style\3-4.css"。返回 3-4.html 页面中，链接刚创建的外部 CSS 样式表文件。

03 切换到 3-4.css 文件中，创建一个名为 *的通配符 CSS 规则，再创建一个名为 body 的标签 CSS 规则。

04 返回 3-4.html 页面中，可以看到页面的背景效果。

```
#box {
    width: 750px;
    height: 559px;
    background-image: url(../images/3402.jpg);
    background-repeat: no-repeat;
    margin: 0px auto;
    padding: 21px 14px 21px 14px;
}
```

05 在页面中插入一个名为 box 的 Div，切换到 3-4.css 文件中，创建名为#box 的 CSS 规则。

06 返回设计页面，可以看到页面的效果。

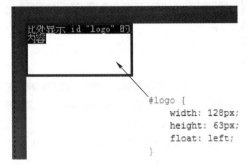

```
#logo {
    width: 128px;
    height: 63px;
    float: left;
}
```

07 将光标移至名为 box 的 Div 中，删除多余文字，在该 Div 中插入名为 logo 的 Div，切换到 3-4.css 文件中，创建名为#logo 的 CSS 规则。

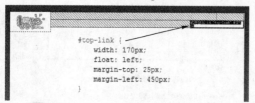

```
#top-link {
    width: 170px;
    float: left;
    margin-top: 25px;
    margin-left: 450px;
}
```

08 将光标移至名为 logo 的 Div 中，删除多余的文字，插入图像"光盘\源文件\第 3 章\images\3403.gif"。

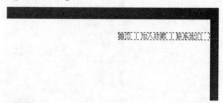

09 在名为 logo 的 Div 之后插入名为 top-link 的 Div，切换到 3-4.css 文件中，创建名为#top-link 的 CSS 规则。

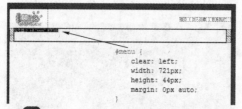

```
#menu {
    clear: left;
    width: 721px;
    height: 44px;
    margin: 0px auto;
}
```

10 将光标移至名为 top-link 的 Div 中，删除多余文字，输入相应的文字。

11 在名为 top-link 的 Div 之后插入名为 menu 的 Div，切换到 3-4.css 文件中，创建名为#menu 的 CSS 规则。

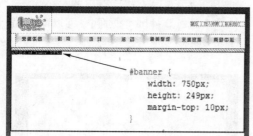

```
#banner {
    width: 750px;
    height: 249px;
    margin-top: 10px;
}
```

12 将光标移至名为 menu 的 Div 中，删除多余文字，在该 Div 中插入相应的图像。

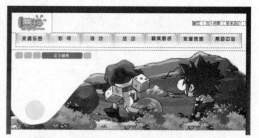

13 在名为 menu 的 Div 之后插入名为 banner 的 Div，切换到 3-4.css 文件中，创建名为#banner 的 CSS 规则。

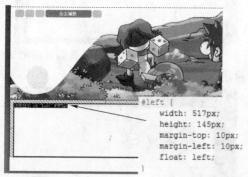

```
#left {
    width: 517px;
    height: 145px;
    margin-top: 10px;
    margin-left: 10px;
    float: left;
}
```

14 将光标移至名为 banner 的 Div 中，删除多余文字，插入图像"光盘\源文件\第 3 章\images\3411.gif"。

```
#pic {
    width: 517px;
    height: 63px;
    background-image: url(../images/3412.gif);
    background-repeat: no-repeat;
    padding: 29px 0px 23px 0px;
}
```

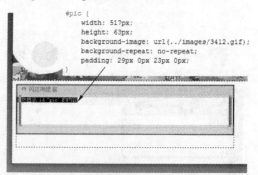

15 在名为 banner 的 Div 之后插入名为 left 的 Div，切换到 3-4.css 文件中，创建名为#left 的 CSS 规则。

16 将光标移至名为 left 的 Div 中，删除多余文字，在该 Div 中插入名为 pic 的 Div，切换到 3-4.css 文件中，创建名为#pic 的 CSS 规则。

17 将光标移至名为 pic 的 Div 中，删除多余文字，插入图像"光盘\源文件\第 3 章\images\3413.gif"。

18 将光标移至刚插入的图像后，单击"插入"面板上的"鼠标经过图像"按钮，弹出"插入鼠标经过图像"对话框，进行相应的设置。

19 单击"确定"按钮，插入鼠标经过图像。

20 使用相同的方法，在页面中插入其他鼠标经过图像。

```
.img {
    margin-right: 2px;
}
.img02 {
    margin-left: 3px;
}
```

21 切换到 3-4.css 文件中，创建名为.img 和名为.img02 的类 CSS 规则。

22 返回设计页面，选中相应的图像，在"属性"面板上的"类"下拉列表中选择相应的 CSS 样式应用。

```
#notice {
    width: 405px;
    height: 26px;
    color: #FFFFFF;
    background-image: url(../images/3425.gif);
    background-repeat: no-repeat;
    line-height: 26px;
    padding-left: 102px;
    padding-right: 10px;
    margin-top: 5px;
}
```

23 在名为 pic 的 Div 之后插入名为 notice 的 Div，切换到 3-4.css 文件中，创建名为 #notice 的 CSS 规则。

24 将光标移至名为 notice 的 Div 中，删除多余文字，输入相应的文字。

```
<div id="notice"><marquee direction="left" scrollamount="1"
scrolldelay="1" height="26" width="405" onMouseOver="stop()"
onMouseOut="start()">全新来趣乐园网站上线,欢迎大家的光临!还有更多精彩
活动等着你的参与! Monday, 2012-05-28</marquee></div>
    </div>
</div>
```

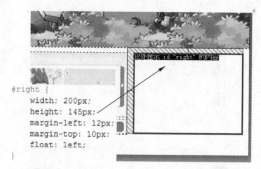

```
#right {
    width: 200px;
    height: 145px;
    margin-left: 12px;
    margin-top: 10px;
    float: left;
}
```

25 转换到代码视图中,在名为 notice 的 Div 中,为文字添加滚动文本代码。

26 在名为 left 的 Div 之后插入名为 right 的 Div,切换到 3-4.css 文件中,创建名为 #right 的 CSS 规则。

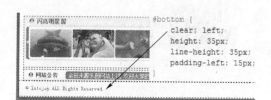

```
#bottom {
    clear: left;
    height: 35px;
    line-height: 35px;
    padding-left: 15px;
}
```

27 将光标移至名为 right 的 Div 中,删除多余文字,插入图像"光盘\源文件\第 3 章 \images\3426.gif"。

28 在名为 right 的 Div 之后插入名为 bottom 的 Div,使用相同的方法,可以完成该 Div 中内容的制作。

29 完成该图像网站页面的制作,执行"文件>保存"命令,保存页面,在浏览器中预览页面,可以看到页面的效果。

操作小贴士：

　　在网页中插入图像时，会弹出"图像标签辅助功能属性"对话框，可以在"替换文本"下拉列表中输入图像简短的文本内容。如果对图像的描述说明内容较多，可以在"详细说明"文本框中输入该图像详细说明文件的地址。

　　如果在网页中插入图像时不需要弹出"图像标签辅助功能属性"对话框，可以执行"编辑>首选参数"命令，在弹出的"首选参数"对话框中选择"辅助功能"分类，在对话框右侧的选项区中取消"图像"复选框的勾选。这样在网页中插入图像时，就不会弹出"图像标签辅助功能属性"对话框了。

第10个小时：表格在网页中的应用

　　在网页设计中，表格的应用是十分广泛的，表格已经成为可视化构成格式化输出的主要方式。本小时将向读者介绍表格在网页设计中的应用，通过本知识点的学习，以便读者在实例制作过程中，可以对表格进行灵活运用与控制。

▲*3.9* 插入表格

　　Dreamweaver CS5.5 为用户提供了十分方便地插入表格的方法。下面将向读者介绍如何使用 Dreamweaver CS5.5 插入表格。

　　将光标移至需要插入表格的位置，单击"插入"面板上的"表格"按钮 ，如图 3-53 所示。弹出"表格"对话框，如图 3-54 所示，在该对话框中可以设置表格的行数、列数、表格宽度、单元格间距、单元格边距、边框粗细等选项。

图 3-53　单击"表格"按钮

图 3-54　"表格"对话框

　　在"表格"对话框中设置完属性后，单击"确定"按钮，即可将表格插入到指定位置，如图 3-55 所示。

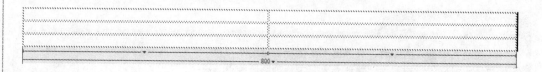

图 3-55　表格效果

▲3.10 选择表格和单元格

在 Dreamweaver CS5.5 中，选择表格时，可以选择整个表格或单个表格元素（行、列、连续范围内的单元格）。在接下来的一段时间，我们将向读者详细介绍选择表格和单元格的操作方法。

执行"文件>打开"命令，打开页面"光盘\源文件\第 3 章\311-1.html"，效果如图 3-56 所示。用鼠标单击表格上方，在弹出的菜单中选择"选择表格"选项，即可选中需要选择的表格，如图 3-57 所示。

图 3-56　页面效果

图 3-57　选择表格

还可以在表格内部中单击鼠标右键，在弹出的菜单中选择"表格>选择表格"命令，如图 3-58 所示，同样可以选择表格。单击所要选择的表格左上角，鼠标指针下方出现表格状图标时单击，如图 3-59 所示，也可以选择表格。

图 3-58　选择表格

图 3-59　选择表格

要选择单个的单元格，将鼠标置于需要选择的单元格，在"状态"栏上的"标签选择器"中单击 <td>标记，如图 3-60 所示，即可选中该单元格，如图 3-61 所示。

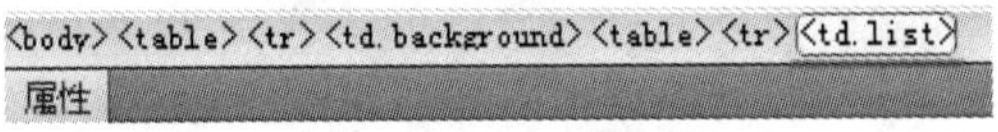

图 3-60　单击<td>标签

图 3-61　选中单元格

　　如果需要选择整行，只需要将鼠标移至想要选择的行左边，鼠标变成右箭头形状，单击鼠标左键即可选中整行，如图 3-62 所示。如果需要选择整列，只需要将鼠标移至想要选的一列表格上方，鼠标变成下箭头形状，单击鼠标左键即可选中整列，如图 3-63 所示。

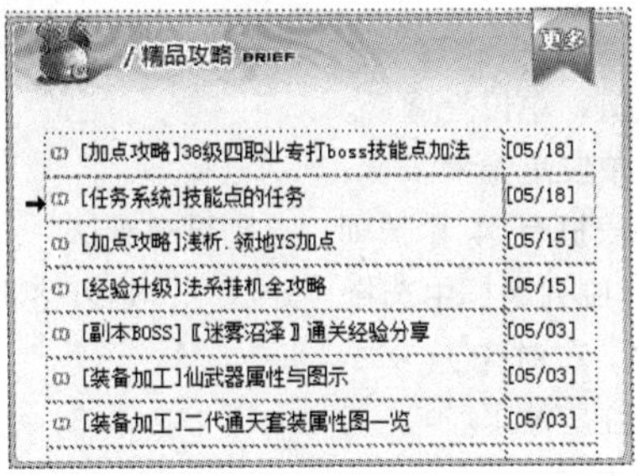

图 3-62　选择整行

图 3-63　选择整列

　　要选择连续的单元格，需要将鼠标从一个单元格开始向下拖动鼠标左键，即可选择连续的单元格，如图 3-64 所示。要选择不连续的几个单元格，则需在单击所选单元格的同时，按住 Ctrl 键，如图 3-65 所示。

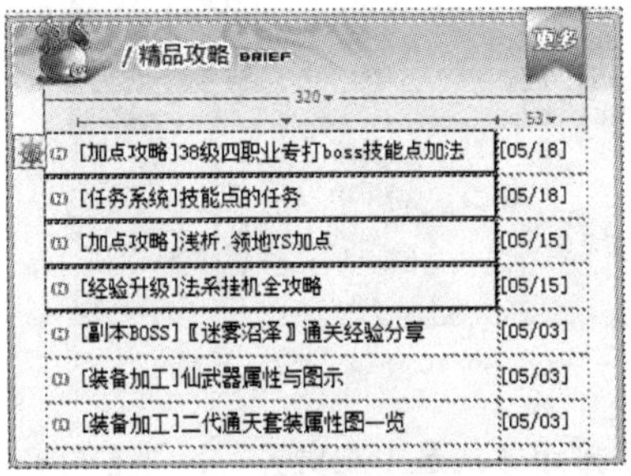

图 3-64　选择连续的单元格

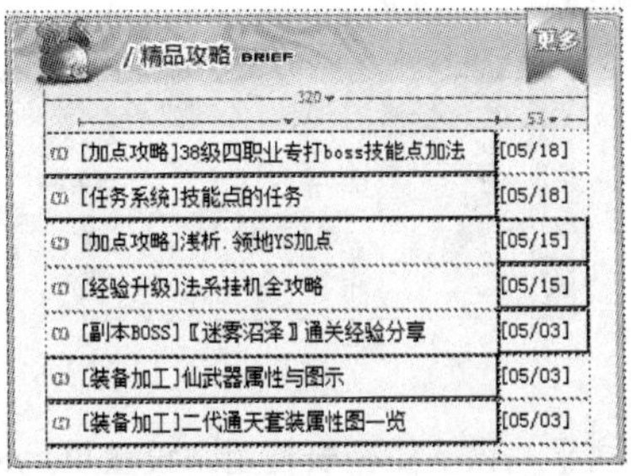

图 3-65　选择不连续的单元格

▲3.11　设置表格和单元格属性

　　在 Dreamweaver CS5.5 中，表格是比较常用的页面元素，在制作网页时经常需要借助表格来进行排版布局，合理运用表格是页面设计的关键。它可以实现所设想的任何排版布局效果。灵活使用表格的背景，框线等属性可以起到美化网页的效果。

1. 设置表格属性

选中表格，可以通过"属性"面板对表格的相关属性进行设置，如图 3-66 所示。

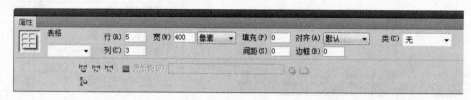

图 3-66　表格的"属性"面板

- 表格：下面的文本框用来设置这个表格的 ID，一般可不填。
- 行：用来设置表格行数。
- 列：用来设置表格列数。
- 宽：用来设置表格的宽度，可填入数值。紧跟其后的下拉列表框用来设置宽度的单位，有两个选项"%"和"像素"。
- 填充：用来设置单元格内部空白的大小，可填入数值，单位是像素。
- 间距：用来设置单元格之间的距离，可填入数值，单位是像素。
- 对齐：用来设置表格的对齐方式。"对齐"下拉列表框有 4 个选项，分别是"默认"、"左对齐"、"居中对齐"和"右对齐"。在"对齐"下拉列表框中选择"默认"，则表格将以浏览器默认的对齐方式来对齐，默认的对齐方式一般为"左对齐"。
- 边框：用来设置表格边框的宽度，可填入数值，单位是像素。
- 类：在该下拉列表中可以选择应用于该表格的 CSS 样式。
- 功能按钮：单击 按钮，则清除掉表格的宽度；单击 按钮，则表格宽度的单位转换成像素；单击 按钮，则表格宽度的单位转换成百分比；单击 按钮，则清除掉表格的高度。

2. 设置单元格属性

将鼠标光标移至表格的某个单元格内，可以在"属性"面板中对这个单元格的属性进行设置，如图 3-67 所示。

图 3-67　单元格的"属性"面板

- 水平：该下拉列表框用来设置单元格内元素的水平排版方式是"左对齐"、"右对齐"还是"居中对齐"。
- 垂直：该下拉列表框用来设置单元格内元素的垂直排版方式是"顶端对齐"、"底部对齐"、"基线对齐"还是"居中对齐"。
- 宽：该文本框设置单元格的宽度，可以以像素或百分比来表示。
- 高：该文本框设置单元格的高度，可以以像素或百分比来表示。
- 不换行：选中该复选框可以防止单元格中较长的文本自动换行。
- 标题：选中该复选框可以为表格设置标题。
- 背景颜色：该文本框可以用来设置表格的背景颜色。

🎬 对表格数据进行排序.swf

 3-5.html

🎬 导入表格数据.swf

3-6.html

🎬 制作卡通儿童网站页面.swf

3-7.html

学习了如何在网页中插入表格，选择表格和单元格的方法，以及对表格和单元格属性的设置，大家已经对表格有了一个基本的了解了，因为表格布局已经慢慢被 **Div+CSS** 布局所取代，所以我们就不再使用表格布局的方式来布局制作页面了。

接下来通过 **3** 个案例，可以共同学习一下表格的一些特殊运用方法，以及卡通类网站页面的制作。

自测18 对表格数据进行排序

表格是用来存放表格式数据的，当表格中的数据过多时，需要按某种要求对表格数据进行排序时，就成了一件非常麻烦的事情。通过 Dreamweaver CS5.5 中的"排序表格"功能就可以轻松对表格中的数据进行重新排列。

使用到的技术	排序表格
学习时间	10 分钟
视频地址	光盘\视频\第 3 章\对表格数据进行排序.swf
源文件地址	光盘\源文件\第 3 章\3-5.html

01 执行"文件>打开"命令，打开页面"光盘\源文件\第 3 章\3-5.html"。

02 在浏览器中预览页面，可以看到页面效果和页面表格中的数据效果。

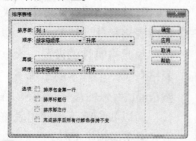

03 将光标移至表格的左上角或是表格上边框或下边框外附近的位置。

04 当鼠标指针变为 形状时单击鼠标左键，选中整个数据表格。

05 执行"命令>排序表格"命令，弹出"排序表格"对话框。

06 在"排序按"下拉列表中选择"列 1"选项，在"顺序"下拉列表中选择"按数字顺序"选项。

07 单击"确定"按钮,对选中的表格进行排序,可以看到排序后的效果。

08 完成表格数据的排序,执行"文件>保存"命令,保存页面,在浏览器中预览页面。

操作小贴士:

在"排序表格"对话框中,可以对排序的规则进行相应的设置,各选项介绍如下:

➤ 排序按:选择排序需要最先依据的列。

➤ 顺序:第一个下拉列表框中,可以选择排序的顺序选项。其中"按字母排序"可以按字母的方式进行排序;"按数字排序"可以按数字本身的大小作为排序依据的方式。第二个下拉列表框中,可以选择排序的方向,可以从字母 A~Z,从数字 0~9,即以"升序"排列。也可以从字母 Z~A,从数字 9~0,即以"降序"排列。

➤ 再按:可以选择作为其次依据的列。同样可以在"顺序"中选择排序方式和排序方向。

➤ 顺序:可以在"顺序"中选择排序方式和排序方向。

➤ 选项:"排序包含第一行"可以选择是否从表格的第一行开始进行排序;"排序标题行"可以对标题行进行排序;"排序脚注行"可以对脚注行进行排序;选择"完成排序后所有行颜色保持不变"复选框后,排序时不仅移动行中的数据,行的属性也会随之移动。

自测19 导入表格数据

下面将讲解如何导入表格数据。

使用到的技术	导入表格式数据
学习时间	10 分钟
视频地址	光盘\视频\第 3 章\导入表格数据.swf
源文件地址	光盘\源文件\第 3 章\3-6.html

01 执行"文件>打开"命令，打开页面"光盘\源文件\第3章\3-6.html"。

02 打开需要导入的文本文件"光盘\源文件\第3章\文本.txt"。

03 返回 Dreamweaver 设计视图中，将光标移至名为 right 的 Div 中，删除多余文字。

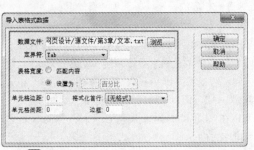

04 执行"文件>导入>表格式数据"命令，弹出"导入表格式数据"对话框。

05 单击"数据文件"选项后的"浏览"按钮，选择需要导入的文本文件，其他默认设置。

06 单击"确定"按钮，完成"导入表格式数据"对话框的设置，即可以在光标所在位置导入数据内容。

07 完成表格式数据的导入，执行"文件>保存"命令，保存页面，在浏览器中预览页面，可以看到页面的效果。

操作小贴士：

在"导入表格式数据"对话框中，可以对导入表格数据的相关选项进行相应的设置，各选项介绍如下：

- 数据文件：在该文本框中输入需要导入的数据文件的路径，或者单击文本框后面的"浏览"按钮，弹出"打开"对话框，在其中选择需要导入的数据文件。
- 定界符：该下拉列表用来说明这个数据文件的各数据间的分隔方式，供 Dreamweaver CS5.5 正确地区分各数据。在该下拉列表中有 5 个选项，分别为"Tab"、"逗点"、"分号"、"引号"和"其他"。
- 表格宽度：该选项用于设置导入数据后，生成的表格的宽度。
- 单元格边距：该选项用来设置生成的表格单元格内部空白的大小。
- 单元格间距：该选项用来设置生成的表格单元格之间的距离。
- 格式化首行：该选项用来设置生成的表格顶行内容的文本格式，有 4 个选项，分别为"无格式"、"粗体"、"斜体"和"加粗斜体"。
- 边框：该选项用于设置表格边框的宽度。

自测20 制作卡通儿童网站页面

本实例设计制作一个卡通儿童网站页面，以绿色作为页面的主色调，表现出健康、新生、可爱，在页面的设计上运用卡通的形式表现页面，使儿童更能够感受到乐趣，主要运用 Div+CSS 布局制作页面。

使用到的技术	Div+CSS 布局网页、插入图像、输入文字
学习时间	25 分钟
视频地址	光盘\视频\第 3 章\制作卡通儿童网站页面.swf
源文件地址	光盘\源文件\第 3 章\3-7.html

01 执行"文件>新建"命令，新建一个 HTML 页面，将该页面保存为"光盘\源文件\第 3 章\3-7.html"。

02 新建 CSS 样式表文件，将其保存为"光盘\源文件\第 3 章\style\3-7.css"。返回 3-7.html 页面中，链接刚创建的外部 CSS 样式表文件。

```
* {
    margin: 0px;
    padding: 0px;
    border: 0px;
}
body {
    font-family: 宋体;
    font-size: 12px;
    color: #575757;
    line-height: 20px;
    background-color: #B0DD07;
    background-image: url(../images/3701.jpg);
    background-repeat: repeat-x;
}
```

03 切换到 3-7.css 文件中，创建一个名为 *的通配符 CSS 规则，再创建一个名为 body 的标签 CSS 规则。

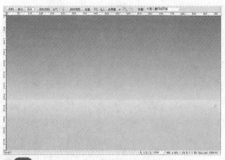

04 返回 3-7.html 页面中，可以看到页面的背景效果。

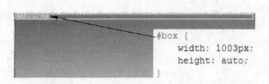

```
#box {
    width: 1003px;
    height: auto;
}
```

05 在页面中插入一个名为 box 的 Div，切换到 3-7.css 文件中，创建名为#box 的 CSS 规则。

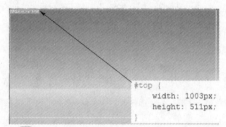

```
#top {
    width: 1003px;
    height: 511px;
}
```

06 将光标移至名为 box 的 Div 中，删除多余文字，在该 Div 中插入名为 top 的 Div，切换到 3-7.css 文件中，创建名为#top 的 CSS 规则。

07 将光标移至名为 top 的 Div 中，删除多余文字，插入图像"光盘\源文件\第 3 章\images\3702.jpg"。

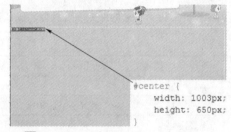

```
#center {
    width: 1003px;
    height: 650px;
}
```

08 在名为 top 的 Div 之后插入名为 center 的 Div，切换到 3-7.css 文件中，创建名为#center 的 CSS 规则。

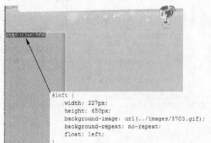

```
#left {
    width: 227px;
    height: 650px;
    background-image: url(../images/3703.gif);
    background-repeat: no-repeat;
    float: left;
}
```

09 将光标移至名为 center 的 Div 中，删除多余文字，在该 Div 中插入名为 left 的 Div，切换到 3-7.css 文件中，创建名为#left 的 CSS 规则。

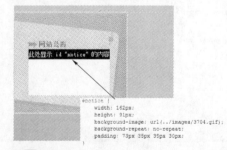

```
#notice {
    width: 162px;
    height: 91px;
    background-image: url(../images/3704.gif);
    background-repeat: no-repeat;
    padding: 73px 35px 35px 30px;
}
```

10 将光标移至名为 left 的 Div 中，删除多余文字，在该 Div 中插入名为 notice 的 Div，切换到 3-7.css 文件中，创建名为#notice 的 CSS 规则。

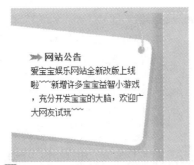

```
#news-title {
    width: 180px;
    height: 30px;
    background-image: url(../images/3705.gif);
    background-repeat: no-repeat;
    background-position: 7px center;
    padding-left: 25px;
    font-weight: bold;
    line-height: 30px;
    margin: 0px auto;
}
```

11 将光标移至名为 notice 的 Div 中，删除多余文字，输入相应的文字。

12 在名为 notice 的 Div 之后插入名为 news-title 的 Div，切换到 3-7.css 文件中，创建名为#news-title 的 CSS 规则。

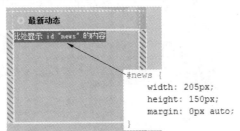

```
#news {
    width: 205px;
    height: 150px;
    margin: 0px auto;
}
```

13 将光标移至名为 news-title 的 Div 中，删除多余文字，输入相应的文字。

14 在名为 news-title 的 Div 之后插入名为 news 的 Div，切换到 3-7.css 文件中，创建名为#news 的 CSS 规则。

```
#news li {
    list-style-type: none;
    color: #FFFFFF;
    line-height: 24px;
    border-bottom: dashed 1px #FFFFFF;
    background-image: url(../images/3706.gif);
    background-repeat: no-repeat;
    background-position: left center;
    padding-left: 15px;
}
```

15 将光标移至名为 news 的 Div 中，删除多余文字，输入相应的文字，并创建项目列表。

16 切换到 3-4.css 文件中，创建名为#news li 的 CSS 规则。返回设计页面，可以看到新闻列表的效果。

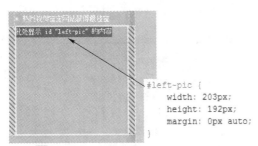

```
#left-pic {
    width: 203px;
    height: 192px;
    margin: 0px auto;
}
```

17 在名为 news 的 Div 之后插入名为 left-pic 的 Div，切换到 3-7.css 文件中，创建名为#left-pic 的 CSS 规则。

18 将光标移至名为 left-pic 的 Div 中，删除多余文字，插入相应的图像。

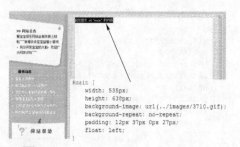

```
#main {
    width: 535px;
    height: 638px;
    background-image: url(../images/3710.gif);
    background-repeat: no-repeat;
    padding: 12px 37px 0px 27px;
    float: left;
}
```

19 在名为 left 的 Div 之后插入名为 main 的 Div，切换到 3-7.css 文件中，创建名为 #main 的 CSS 规则。

21 将光标移至名为 main-pic 的 Div 中，删除多余文字，插入相应的图像。

```
#game {
    width: 240px;
    height: 120px;
    background-image: url(../images/3715.gif);
    background-repeat: no-repeat;
    padding-top: 39px;
    margin-right: 13px;
    float: left;
}
```

23 将光标移至名为 main-pic 的 Div 中，删除多余文字，在该 Div 中插入名为 game 的 Div，切换到 3-7.css 文件中，创建名为 #game 的 CSS 规则。

```
#game img {
    float: left;
    margin-right: 15px;
    margin-bottom: 7px;
}
.font01 {
    font-weight: bold;
    color: #F60;
}
```

25 切换到 3-7.css 文件中，创建名为 #game img 和名为 .font01 的 CSS 规则。

```
#main-pic {
    width: 535px;
    height: 144px;
    margin-bottom: 12px;
}
```

20 将光标移至名为 main 的 Div 中，删除多余文字，在该 Div 中插入名为 main-pic 的 Div，切换到 3-7.css 文件中，创建名为 #main-pic 的 CSS 规则。

```
#main-bg {
    width: 507px;
    height: 371px;
    background-image: url(../images/3714.gif);
    background-repeat: no-repeat;
    padding: 14px 14px 13px 14px;
}
```

22 在名为 main-pic 的 Div 之后插入名为 main-bg 的 Div，切换到 3-7.css 文件中，创建名为 #main-bg 的 CSS 规则。

24 将光标移至名为 game 的 Div 中，删除多余文字，插入相应的图像，并输入相应文字。

26 返回设计页面，选中相应的文字，在"属性"面板上的"类"下拉列表中选择刚定义 font01 样式应用。

D

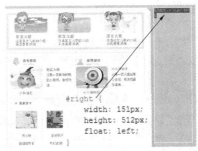

```
#right {
    width: 151px;
    height: 512px;
    float: left;
}
```

27 使用相同的制作方法,可以完成该部分页面内容的制作。

28 在名为 main 的 Div 之后插入名为 right 的 Div,切换到 3-7.css 文件中,创建名为 #right 的 CSS 规则。

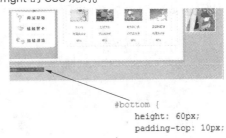

```
#bottom {
    height: 60px;
    padding-top: 10px;
}
```

29 将光标移至名为 right 的 Div 中,删除多余文字,插入图像"光盘\源文件\第 3 章\images\3726.jpg"。

30 在名为 center 的 Div 之后插入名为 bottom 的 Div,切换到 3-7.css 文件中,创建名为#bottom 的 CSS 规则。

31 将光标移至名为 bottom 的 Div 中,删除多余文字,插入图像"光盘\源文件\第 3 章\images\3727.gif"。

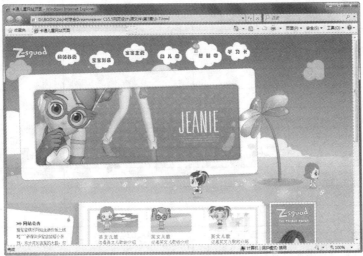

32 完成该卡通儿童网站页面的制作,执行"文件>保存"命令,保存页面,在浏览器中预览页面,可以看到页面的效果。

> **操作小贴士：**
>
> CSS 布局的重点不再放在表格元素的设计中，取而代之的是 HTML 中的另一个元素 Div，Div 可以理解为图层或是一个"块"，Div 是一种比表格简单的元素，从语法上只有<div>开始以及</div>结束，这样一个简单的定义，Div 的功能仅仅是用于将一段信息给标记出来，用于后期的样式定义，这里将信息标记，就是网页的"结构"部分，通过 Div 的使用，可以将网页中的各个元素划分到各个 Div 中，成为网页中的结构主体，而样式表现则由 CSS 来完成。

自我评价

通过本章的学习，我们已经基本掌握了网页中文本、图像和表格的应用设置方法，在接下来的时间中，我们可以通过一些相关的页面案例的练习，逐步提高自己在网页制作方面的水平。

总结扩展

本章主要介绍了文字、图像和表格在网页中的应用，文字和图像都是网页中最基本的元素，希望大家能够熟练掌握文字和图像在网页中的各种应用方法和技巧，具体要求如下：

	了解	理解	精通
输入文字			√
设置文本属性		√	
插入特殊文本元素		√	
创建列表			√
滚动文本			√
插入图像			√
设置图像属性		√	
图像占位符的使用	√		
鼠标经过图像			√
插入表格			√
选择表格和单元格			√
设置表格和单元格属性		√	
排序表格	√		
导入表格数据	√		

通过本章的学习，大家是不是对网页中文字和图像的相关操作已经非常熟悉了呢！文字和图像是网页的基本元素，我们一定要熟悉网页中文字和图像的各种操作方法和技巧，这样在后面的学习过程中，才会更加轻松自如。在接下来的一章中，我们将重点学习网页中表单的应用和超链接的设置方法，让我们一起向着目标前进吧！

交互的途径

——插入表单元素和设置网页链接

网页如果要实现与浏览者之间的信息交互就必须使用到表单，你是否在上网时也常常会用到登录、搜索等表单呢？本章我们就一起学习如何在网页中插入各种表单元素，并且还向读者介绍网页中有关链接的相关知识，使单个网页能够链接在一起，形成一个完整的网站，并且还可以实现许多特殊的链接效果哦！

现在我们就一起来学习如何制作表单页面吧！并且还要学习网页中各种超链接的设置。

学习目的：	掌握网页中各种表单元素的应用，掌握网页中各种链接的设置方法。
知识点：	插入表单元素、表单元素的设置、超链接设置等
学习时间：	4小时

在网页中表单都起到什么作用呢？

表单提供了从用户那里收集信息的方法，表单可以用于调查、定购、搜索等功能。一般的表单由两部分组成，一是描述表单元素的 HTML 源代码；二是客户端脚本，或者是服务器端用来处理用户所填写信息的程序。表单分为两个部分：一部分是表单的前端；另一部分为表单的后端。表单的前端主要是制作网页上所需要的表单项目，后端主要是编写处理这些表单信息的程序。

精美的网页设计作品

表单是如何实现信息交互的	什么是内部链接	什么是外部链接
当访问者将信息输入表单并单击提交按钮时,这些信息将被发送到服务器,服务器端脚本或应用程序在该处对这些信息进行处理,服务器通过将请求信息发送回用户,或基于该表单内容执行一些操作来进行响应。	内部链接,简单地说就是链接站点内部的文件,在"链接"文本框中用户需要输入所链接文档的相对路径,一般使用指向文件和浏览文件的方式来创建。	外部链接比内部链接更好理解,即在"链接"文本框中直接输入所链接页面的 URL 绝对地址,并且包括所使用的协议(例如,Web 页面常使用的 http://,即超文本传输协议)。

第11个小时:了解网页中的表单

在浏览一些网页时,通常需要访问者进行注册会员并完成填写资料、提交资料等程序,这些过程就会用到表单功能,下面我们就为大家介绍一下关于表单方面的知识。

▲4.1 表 单

表单是用户和服务器进行信息交流的通信工具。一个表单中可以包含多个对象,比如说网页上的一些用于输入文字和数据信息的文本框、给用户提供选择的单选按钮或者复选框等都是表单元素。

1. 表单概述

当用户填写完表单内的信息后单击提交按钮时,服务器端脚本或者应用程序就会对这些表单中的信息进行接收、处理,并将基于该表单的内容进行一些操作来作为回应,如果不使用服务器端脚本或应用程序来对这些表单数据进行处理,就无法收集这些数据。

表单如同 HTML 表格一样,是网页中所包含的单元,所有的表单元素都包含在<form>与</form>标签中,如图 4-1 所示。

```
<form id="form1" name="form1" method="post" action="">
    <div id="main-left4">
        <input type="image" name="login_button" id="login_button" src="images/12205.gif" />
        <img src="images/12234.gif" width="13" height="13" />
        <input type="text" name="login_name" id="login_name" />
        <img src="images/12235.gif" width="22" height="12" />
        <input type="password" name="login_pass" id="login_pass" />
    </div>
    <div id="main-left5">
        <input type="checkbox" name="checkbox" id="checkbox" />
        记住密码<img src="images/12203.gif" width="91" height="22" /><img src="images/12204.gif" width="73"
height="22" /></div>
</form>
```

图 4-1 表单代码的<form>标签

2. 表单元素

在 Dreamweaver CS5.5 中,包含了许多表单元素,下面我们就通过"表单"选项卡上的内容向大家一一进行介绍。

打开 Dreamweaver CS5.5,执行"窗口>插入"命令,打开"插入"面板,切换到"表单"选项卡,如图 4-2 所示。

图 4-2 "表单"选项卡

➤ "表单"按钮 ▢：在网页中插入一个表单域。所有表单元素想要实现的作用，就必须存在于表单域中。

➤ "文本字段"按钮 ▢：单击该按钮即可在表单域中插入一个可以输入文本的文本域。在该文本域中可以输入任何类型的文本、数据和字母等内容，既可以单行显示，也可以多行显示，还能以密码域的方式显示，以密码域方式显示的时候，则在文本域中输入任何文本都会以"*"号或者项目符号的方式显示。

➤ "隐藏域"按钮 ▣：单击该按钮即可在表单中插入一个隐藏域。可以存储用户输入的信息，如姓名、电子邮件地址或常用的查看方式，在用户下次访问该网站的时候使用这些数据。

➤ "文本区域"按钮 ▢：单击该按钮即可在表单域中插入一个可以输入多行文本的文本域，其实就是一个以多行显示的文本域。

➤ "复选框"按钮 ☑：在表单域中插入一个复选框。复选框允许在一组选项框中选择多个选项，也就是说用户可以选择任意多个选项。

➤ "复选框组"按钮 ▤：在表单域中插入一组复选框，复选框组能够一起添加多个复选框。在复选框组对话框中，可以添加或删除复选框的数量，在"标签"和"值"列表框中可以输入需要更改的内容，如图 4-3 所示。顾名思义，复选框组其实就是直接插入多个（两个或两个以上）复选框。

图 4-3 "复选框组"对话框

➤ "单选按钮"按钮 ◉：单击该按钮即可在表单域中插入一个单选按钮。在使用同一个名称并且包含了两个或者两个以上单选按钮的选项中，只要选择其中一个按钮，其他按钮就会自动取消选中。

➤ "单选按钮组"按钮 ▤：单击该按钮即可在表单域中插入两个或者两个以上单选按钮，类似于"复选框组"按钮的使用方法。

➤ "选择（列表/菜单）"按钮 ▦：在表单域中插入一个列表或一个菜单。"列表"选项在一个列表框中显示选项值，浏览者可以从该列表框中选择多个选项。"菜单"选项则是在一个菜单中显示选项值，浏览者只能从中选择单个选项。

➤ "跳转菜单"按钮 ▨：在表单中插入一个可以进行跳转的菜单。跳转菜单中可导航的列表或弹出菜单，它使用户可以插入一种菜单，这种菜单中的每个选项都拥有链接的属性，单击即可跳转至其他网页或文件。

➤ "图像域"按钮 ▦：在表单域中插入一个可放置图像的区域。放置的图像用于生成图形化的按钮，例如"提交"或"重置"按钮。

➤ "文件域"按钮 ▤：在表单中插入一个文本字段和一个"浏览"按钮。浏览者可以使用文件域浏览本地计算机上的某个文件并将该文件作为表单数据上传。

➤ "按钮"按钮 ▢：在表单域中插入一个按钮。单击它可以执行某一脚本或程序，例如"提交"或"重置"按钮，并且用户还可以自定义按钮的名称和标签。

➤ "标签"按钮 abc 和"字段集"按钮 ▢：这两个按钮主要应用在表单数据的后台程序验证和交互上，与网页设计者设计表单界面的关系不大，在这里就不做太多介绍了。

➤ "Spry 验证文本域" 按钮 ：在表单域中插入一个具有验证功能的文本域，该文本域用于用户输入文本时显示文本的状态（有效或无效）。例如，可以向用户输入电子邮件地址的文本域中添加验证文本域构件，如果用户没有在电子邮件地址中输入 "@" 符号和 "." 句点，验证文本域构件会返回一条消息，提示用户输入的信息无效。

➤ "Spry 验证文本区域" 按钮 ：Spry 验证文本区域构件是一个文本区域，该区域在用户输入几个文本句子时显示文本的状态（有效或无效）。如果文本域是必填域，而用户没有输入任何文本，该 Spry 构件将返回一条消息，提示必须输入值。

➤ "Spry 验证复选框" 按钮 ：Spry 验证复选框构件是 HTML 表单中的一个或一组复选框，该复选框在用户选择或没有选择复选框时会显示构件的状态（有效或无效）。例如，可以向表单中添加 Spry 验证复选框构件，该表单可能会要求用户进行三项选择，如果用户没有进行这三项选择，该构件会返回一条消息，提示不符合最小选择数要求。

➤ "Spry 验证选择" 按钮 ：Spry 验证选择构件是一个下拉菜单，该菜单在用户进行选择时会显示构件的状态（有效或无效）。例如，可以插入一个包含状态列表的 Spry 验证选择构件，这些状态按不同的部分组合并用水平线分隔。如果用户意外选择了某条分界线而不是某个状态，Spry 验证选择构件会向用户返回一条消息，提示选择无效。

➤ "Spry 验证密码" 按钮 ：Spry 验证密码构件是一个密码文本域，可以用于强制执行密码规则，例如，字符的数目和类型。该 Spry 构件根据用户的输入情况提示警告或错误信息。

➤ "Spry 验证确认" 按钮 ：Spry 验证确认构件是一个文本域或密码域，当用户输入的值与同一表单中类似域的值不匹配时，该 Spry 构件将显示有效或无效状态。例如，可以向表单中添加一个 Spry 验证确认构件，要求用户重新输入在一个域中指定的密码，如果用户并没有正确输入之前指定的密码，构件返回错误信息，提示两个值不匹配。

➤ "Spry 验证单选按钮组" 按钮 ：Spry 验证单选按钮组构件是一组单选按钮，可以支持对所选内容进行验证，该 Spry 构件可以强制从组中选择一个单选按钮。

▲4.2 插入表单域

表单域是表单中必不可少的元素之一，因为所有的表单元素都要放在表单域中才能实现其作用，在前面已经向大家介绍了表单域中所包含的所有表单元素，那么接下来我们就来向大家讲解一下怎样插入表单域。

光标移至页面中需要插入表单域的位置，单击 "插入" 面板上 "表单" 选项卡中的 "表单" 按钮，如图 4-4 所示。即可在页面中光标所在位置插入带有红色虚线的表单域，如图 4-5 所示。

图 4-4 单击 "表单" 按钮

图 4-5 插入表单域

如果插入表单域后，在 Dreamweaver 设计视图中并没有显示红色的虚线框，只要执行"查看>可视化助理>不可见元素"命令，即可在 Dreamweaver 设计视图中看到红色虚线的表单域。红色虚线的表单域在浏览器中浏览时是看不到的。

▲*4.3* 设置表单域属性

在页面中插入表单域后，我们将要对该表单域的属性进行设置，将光标移至表单域中，在"状态"栏的"标签选择器"中选中<form#form1>标签，即可将表单域选中，可以在"属性"面板上对表单域的属性进行设置，如图 4-6 所示。

图 4-6 表单域的"属性"面板

➤ 表单 ID：用来设置这个表单的名称。为了正确处理表单，一定要给表单设置一个名称。

➤ 动作：用来设置处理这个表单的服务器端脚本的路径。如果希望该表单通过 E-mail 方式发送，而不被服务器端脚本处理，需要在"动作"后填入 mailto:和希望发送到的 E-mail 地址。例如，在"动作"文本框中输入 mailto:XXX@163.com，表示把表单中的内容发送到这样的电子邮箱中，如图 4-7 所示。

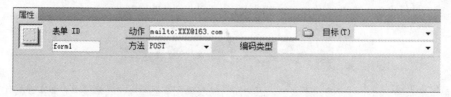

图 4-7 使用 E-mail 方式传输表单信息

➤ 目标："目标"下拉列表框用来设置表单被处理后，反馈网页打开的方式，有 5 个选项，分别是："_blank"、"_new"、"_parent"、"_self"和"_top"，网站默认的打开方式是在原窗口中打开。

➤ 类：在"类"下拉列表框中可以选择已经定义好的 CSS 样式表应用。

➤ 方法：用来设置将表单数据发送到服务器的方法，有 3 个选项，分别是："默认"、"POST"和"GET"。如果选择"默认"或"GET"，则将以 GET 方法发送表单数据，把表单数据附加到请求 URL 中发送。如果选择"POST"，则将以 POST 方法发送表单数据，把表单数据嵌入到 http 请求中发送。

➤ 编码类型：用来设置发送数据的编码类型，有两个选项，分别是："application/x-www-form-urlencoded"和"multipart/form-data"，默认的编码类型是 application/x-www-form-urlencoded。application/x-www-form-urlencoded 通常与 POST 方法协同使用，如果表单中包含文件上传域，则应该选择"multipart/form-data"。

制作网站登录页面.swf

 4-1.html

制作网站搜索栏.swf

4-2.html

制作网站投票.swf

4-3.html

自我检测

了解了网页中所有的表单元素和在网页中插入表单域以及设置表单域属性的方法后,是不是很想自己动手制作一些常见的表单页面呢!

接下来通过 3 个有关表单应用的小案例,可以练习一些常见的表单页面,以及表单元素的制作方法。

自测21 制作网站登录页面

登录窗口或登录页面，是我们在网页中经常能够见到的表单在网页中的应用，本实例我们就一起制作一个网站登录页面，该登录页面中主要运用到的表单元素就是文本字段和图像域，在制作的过程中，一起学习如何通过 CSS 样式实现表单元素的定位和外观的设置。

使用到的技术	插入表单域、插入文本字段、插入密码域、插入图像域
学习时间	20 分钟
视频地址	光盘\视频\第 4 章\制作网站登录页面.swf
源文件地址	光盘\源文件\第 4 章\4-1.html

 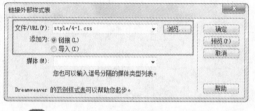

01 执行"文件>新建"命令，新建一个 HTML 页面，将该页面保存为"光盘\源文件\第 4 章\4-1.html"。

02 新建 CSS 样式表文件，将其保存为"光盘\源文件\第 4 章\style\4-1.css"。返回 4-1.html 页面中，链接刚创建的外部 CSS 样式表文件。

```
* {
    margin: 0px;
    padding: 0px;
    border: 0px;
}
body {
    font-family: 宋体;
    font-size: 12px;
    color: #FFFFFF;
    line-height: 20px;
    background-color: #2C4142;
    background-image: url(../images/4101.jpg);
    background-repeat: repeat-x;
}
```

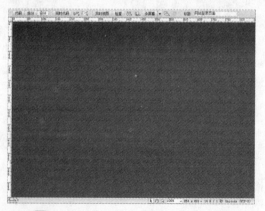

03 切换到 4-1.css 文件中，创建一个名为 *的通配符 CSS 规则，再创建一个名为 body 的标签 CSS 规则。

04 返回 4-1.html 页面中，可以看到页面的背景效果。

```
#main {
    width: 420px;
    height: 154px;
    background-image: url(../images/4102.jpg);
    background-repeat: no-repeat;
    margin: 0px auto;
    padding: 238px 275px 208px 265px;
}
```

05 在页面中插入一个名为 main 的 Div，切换到 4-1.css 文件中，创建名为#main 的 CSS 规则。

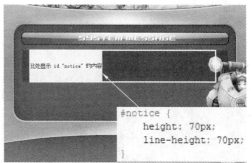

```
#notice {
    height: 70px;
    line-height: 70px;
}
```

06 将光标移至名为 main 的 Div 中，删除多余文字，在该 Div 中插入一个名为 notice 的 Div，切换到 4-1.css 文件中，创建名为#notice 的 CSS 规则。

07 将光标移至名为 notice 的 Div 中，删除多余文字，输入相应的文字。

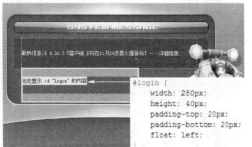

```
#login {
    width: 280px;
    height: 40px;
    padding-top: 20px;
    padding-bottom: 20px;
    float: left;
}
```

08 在名为 notice 的 Div 之后插入名为 login 的 Div，切换到 4-1.css 文件中，创建名为#login 的 CSS 规则。

09 将光标移至名为 login 的 Div 中，删除多余文字，单击"插入"面板上的"表单"选项卡中的"表单"按钮，插入红色虚线的表单域。

10 将光标移至红色虚线的表单域中，单击"插入"面板上的"表单"选项卡中的"文本字段"按钮，弹出"输入标签辅助功能属性"对话框，进行设置。

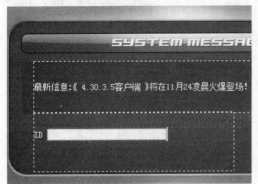

11 单击"确定"按钮,在光标所在位置插入文本字段。

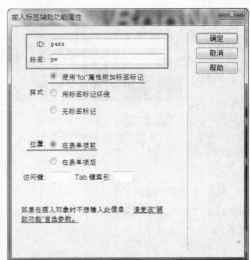

12 将光标移至刚插入的文本字段后,插入换行符。单击"插入"面板上的"文本字段"按钮,弹出"输入标签辅助功能属性"对话框,进行设置。

13 单击"确定"按钮,在光标所在位置插入文本字段。

14 选中 pw 后的文本字段,在"属性"面板上设置其"类型"为"密码"。

```
#name,#pass {
    width: 100px;
    height: 18px;
    background-color: #015b7e;
    border: 1px solid #000000;
    color:#FFFFFF;
    margin-bottom: 1px;
    margin-top: 1px;
}
```

15 切换到 4-1.css 文件中,创建名为 #name,#pass 的 CSS 规则。

16 返回设计页面中,可以看到文本字段的效果。

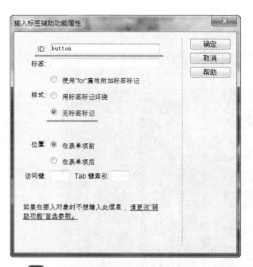

17 将光标移至 ID 文字前，单击"插入"面板上的"图像域"按钮，插入图像域"光盘\源文件\第 4 章\images\4103.gif"，弹出"输入标签辅助功能属性"对话框，进行设置。

18 单击"确定"按钮，在光标所在位置插入图像域。

```
#button {
    float: right;
    margin-right: 10px;
    margin-left: 15px;
}
```

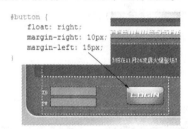

```
.font01 {
    color: #5A7C85;
    margin-left: 25px;
    margin-right: 15px;
}
```

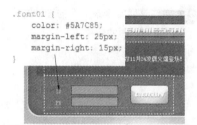

19 切换到 4-1.css 文件中，创建名为 #button 的 CSS 规则。

20 切换到 4-1.css 文件中，创建名为.font01 的 CSS 规则。返回设计页面，选中相应的文字，为其应用刚定义的 CSS 样式。

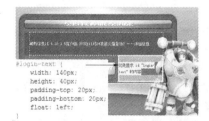

```
#login-text {
    width: 140px;
    height: 40px;
    padding-top: 20px;
    padding-bottom: 20px;
    float: left;
}
```

21 在名为 login 的 Div 之后插入名为 login-text 的 Div，切换到 4-1.css 文件中，创建名为#login-text 的 CSS 规则。

22 将光标移至名为 login-text 的 Div 中，删除多余文字，输入相应的文字。

```
.font02 {
    display: block;
    color: #5A7C85;
    background-image: url(../images/4104.gif);
    background-repeat: no-repeat;
    background-position: left center;
    padding-left: 15px;
}
```

23 切换到 4-1.css 文件中，创建名为.font02 的 CSS 规则。

24 返回设计页面，选中相应的文字，为其应用刚定义的 CSS 样式。

25 完成该网站登录页面的设计制作，执行"文件>保存"命令，保存页面，在浏览器中预览页面，可以看到页面的效果。

操作小贴士：

选中在页面中插入的文本字段，在"属性"面板中可以对文本域的属性进行相应的设置：

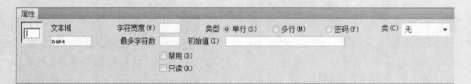

> 文本域：在"文本域"文本框中可以为该文本域指定一个名称。每个文本域都必须有一个唯一的名称，所选名称必须在表单内唯一标识该文本域。
> 字符宽度：用来设置文本域中最多可显示的字符数。
> 最多字符数：用来设置文本域中最多可输入的字符数。如果将"最多字符数"文本框保留为空白，则浏览者可以输入任意数量的文本。
> 类型：在"类型"中可以选择文本域的类型，其中包括"单行"、"多行"和"密码"3 个选项。
> 初始值：在该文本框中可以输入一些提示性的文本，帮助浏览者顺利填写该框中的资料。当浏览者输入资料时，初始文本将被输入的内容代替。

自测22 制作网站搜索栏

我们在浏览一些网站时，经常会用到网页上的搜索栏来查找自己想要的信息，接下来我们就运用 Dreamweaver 中的选择（列表/菜单）、文本字段和图像域等表单元素来制作网站的搜索栏。

使用到的技术	插入选择（列表/菜单）、插入文本字段、插入图像域
学习时间	10 分钟
视频地址	光盘\视频\第 4 章\制作网站搜索栏.swf
源文件地址	光盘\源文件\第 4 章\4-2.html

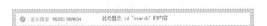

01 执行"文件>打开"命令，打开页面"光盘\源文件\第 4 章\4-2.html"。

02 将光标移至名为 search 的 Div 中，删除多余文字，单击"插入"面板上"表单"选项卡中的"表单"按钮。

03 将光标移至表单域中，单击"表单"选项卡中的"选择（列表/菜单）按钮，弹出"输入标签辅助功能属性"对话框，对相关属性进行设置。

04 单击"确定"按钮，即可在光标所在的位置插入列表/菜单。

05 选中该列表/菜单，单击"属性"面板上的"列表值"按钮，在弹出的"列表值"对话框中输入相应的项目。

06 单击"确定"按钮，完成"列表值"对话框的设置，可以看到列表/菜单中的效果。

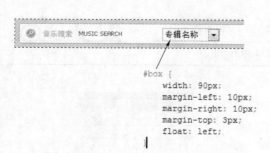

```
#box {
    width: 90px;
    margin-left: 10px;
    margin-right: 10px;
    margin-top: 3px;
    float: left;
}
```

07 切换到 4-2.css 文件中，创建名为 #box 的 css 样式。

09 单击"确定"按钮即可在页面中插入文本框。

11 选中该文本框，打开"属性"面板，对"初始值"属性进行设置，按 Enter 键确定。

08 将光标移至列表/菜单后，单击"表单"选项卡中的"文本字段"按钮，弹出"输入标签辅助功能属性"对话框，对相关属性进行设置。

```
#input01 {
    width: 120px;
    margin-right: 10px;
    margin-top: 3px;
    border: solid 1px #D2D23A;
    float: left;
}
```

10 切换到 4-2.css 文件中，创建名为 #input01 的 css 样式。

12 将光标移至文本字段后，单击"表单"选项卡中的"图像域"按钮，弹出"选择图像源文件"对话框，选择需要图像域。

```
#img{
    float: left;
    margin-top: 2px;
}
```

13 单击"确定"按钮,弹出"输入标签辅助功能属性"对话框,对相关属性进行设置。

14 单击"确定"按钮,插入该图像域。切换到 4-2.css 文件中,创建名为 #img 的 css 样式。

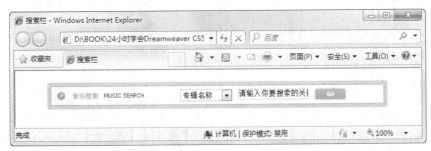

15 完成该搜索栏的制作,执行"文件>保存"命令,保存页面,在浏览器中预览页面,可以看到所制作的搜索栏效果。

操作小贴士:

选中在页面中插入的列表/菜单,在"属性"面板中可以对列表/菜单的属性进行相应的设置:

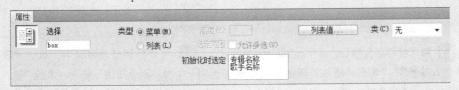

➤ 选择:在该文本框中可以为列表或菜单指定一个名称,并且该名称必须是唯一的。

➤ 类型:在该选项区中可以设置所插入的列表/菜单的类型,默认情况下,选中"菜单"选项。

➤ 列表值:单元该按钮,会弹出"列表值"对话框,在该对话框中,用户可以进行列表/菜单中项目的操作。

➤ 初始化时选定:当设置了多个列表值时,可以在该列表中选择某一些列表项作为列表/菜单初始状态下所选中的选项。

自测23 制作网站投票

网站投票是一种比较流行的投票方式,那么网站投票的页面是怎样制作的呢,下面我们就运用 Dreamweaver 中的单选按钮、图像域等表单元素来为大家介绍一下网站投票页面的制作方法。

使用到的技术	插入单选按钮、插入图像域
学习时间	10 分钟
视频地址	光盘\视频\第 4 章\制作网站投票.swf
源文件地址	光盘\源文件\第 4 章\4-3.html

01 执行"文件>打开"命令，打开页面"光盘\源文件\第 4 章\4-3.html"。

02 将光标移至名为 box 的 Div 中，删除多余文字，输入相应的文字并加粗显示。

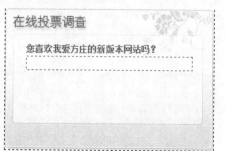

03 将光标移至文字后，按 Shift+Enter 组合键插入换行符。单击"插入"面板上的"表单"按钮，插入表单域。

04 将光标移至表单域中，单击"表单"选项卡中的"单选按钮"按钮，弹出"输入标签辅助功能属性"对话框，对相关属性进行设置。

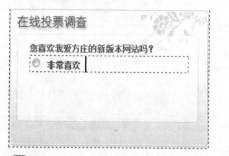

05 单击"确定"按钮，在光标所在位置插入单选按钮。

06 使用相同的方法，插入其他的单选按钮。

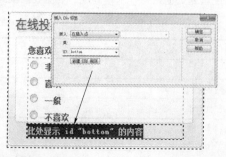

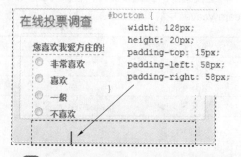

07 将光标移至最后一个单选项后，在光标

08 切换到 4-3.css 文件中，创建名为

所在位置插入一个名为 bottom 的 Div。

#bottom 的 CSS 规则。将光标移至 bottom 的
Div 中，删除多余文字。

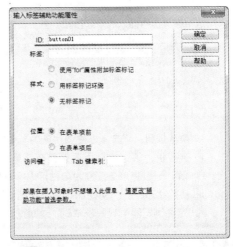

09 单击"插入"面板上"表单"选项卡中的"图像域"按钮，弹出"选择图像源文件"对话框，选择图像域。

10 单击"确定"按钮，在弹出的"输入标签辅助功能属性"对话框中进行相应的设置。

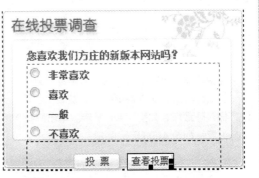

11 单击"确定"按钮，在页面中插入图像域。

12 将光标移至该图像域后，插入图像"光盘\源文件\第 4 章\images\4303.gif"。

13 完成网站投票的制作，执行"文件>保存"命令，保存页面，在浏览器中预览该页面，可以看到所制作的网站投标的效果。

操作小贴士：

选中在页面中插入的单选按钮，在"属性"面板中可以对单选按钮的属性进行相应的设置：

- ➤ 单选按钮：该文本框主要用来为单选按钮指定一个名称。
- ➤ 选定值：该文本框用来设置在该单选按钮被选中时发送给服务器的值。为了便于理解，一般将该值设置为与栏目内容意思相近。
- ➤ 初始状态：在"初始状态"中有两个选项，分别为"已勾选"和"未勾选"选项，确定在浏览器中载入表单时，该单选按钮是否被选中。

第12个小时　全面掌握表单页面的制作

在前面我们已经为大家介绍了关于表单的一些基础知识和表单"属性"面板的相关选项，接下来就讲解表单页面的制作。

▲4.4 隐 藏 域

隐藏域在浏览器中浏览页面时是看不见的，它用于存储一些信息，以便被处理表单的程序使用。

将光标移至页面中需要插入隐藏域的位置，单击"插入"面板上"表单"选项卡中的"隐藏域"按钮，插入隐藏域，如图 4-8 所示。单击刚插入的隐藏域图标，在"属性"面板中可以对隐藏域的属性进行设置，如图 4-9 所示。

图 4-8　插入隐藏域

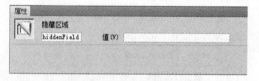

图 4-9　隐藏域的"属性"面板

- ➤ 隐藏区域：指定隐藏区域的名称，默认为 hiddenField。
- ➤ 值：设置要为隐藏域指定的值，该值将在提交表单时传递给服务器。

▲4.5 文 件 域

文件域可以让用户在域内部填写文件路径，然后通过表单上传，这是文件域的基本功能。文件域由一个文本框和一个"浏览"按钮组成。浏览者可以通过表单的文件域来上传指定的文件。浏览者可以在文件域的文本框中输入一个文件的路径，也可以单击文件域的"浏览"按钮来选择一个文件，当访问者提交表单时，这个文件将被上传。

执行"文件>打开"命令，打开页面"光盘\源文件\第 4 章\45-1.html"，效果如图 4-10 所示。将光标移至页面中的表单域中，单击"插入"面板上的"文件域"按钮，如图 4-11 所示。

图 4-10　页面效果　　　　　　　　　　　　图 4-11　单击"文件域"按钮

弹出"输入标签辅助功能属性"对话框，进行相应的设置，如图 4-12 所示。单击"确定"按钮，在页面中插入文件域，如图 4-13 所示。

图 4-12　"输入标签辅助功能属性"对话框　　　　　　图 4-13　插入文件域

▲4.6 按　钮

在表单元素中，按钮的使用是较为重要且不可缺少的，浏览者在网上申请邮箱、注册会员时都会见到，其中最为常见的就是提交表单和重置表单。

执行"文件>打开"命令，打开页面"光盘\源文件\第 4 章\46-1.html"，效果如图 4-14 所示。将光标移至页面中的文本字段后，按 Shift+Enter 组合键，插入换行符，单击"插入"面板上的"表单"选项卡中的"按钮"按钮，如图 4-15 所示。

图 4-14　页面效果　　　　　　　　　　　　图 4-15　单击"按钮"按钮

弹出"输入标签辅助功能属性"对话框，对相关参数进行设置，如图 4-16 所示。单击"确定"按钮，在光标所在位置插入按钮，如图 4-17 所示。

图 4-16 "输入标签辅助功能属性"对话框　　　　图 4-17 插入按钮

将光标移至刚插入的按钮后，再次插入一个按钮，选中刚插入的按钮，在"属性"面板上设置其"动作"为"重设表单"，如图 4-18 所示，效果如图 4-19 所示。

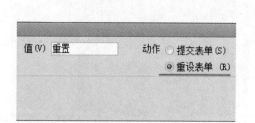

图 4-18 设置属性　　　　图 4-19 插入按钮

选中插入到页面中的按钮，在"属性"面板中可以对按钮的相关属性进行设置，如图 4-20 所示。

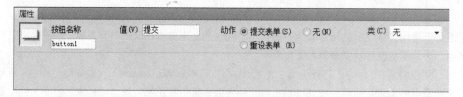

图 4-20 按钮的"属性"面板

➢ 按钮名称：在"按钮名称"文本框中可以为按钮设置一个名称，默认为 button。
➢ 值：在"值"文本框中可以输入按钮上显示的文本。
➢ 动作："动作"中主要用于确定单击该按钮时发生的操作，有 3 种选择，分别为"提交菜单"、"重设菜单"和"无"。

"提交表单"选项：表示单击该按钮将提交表单数据内容至表单域"动作"属性中指定的页面或脚本。

"重设表单"选项：表示单击该按钮将清除表单中的所有内容。

"无"表示指定单击该按钮时要执行的操作，例如，添加一个 JavaScript 脚本，使得当浏览者单击该按钮时打开另一个页面。

制作友情链接.swf

4-4.html

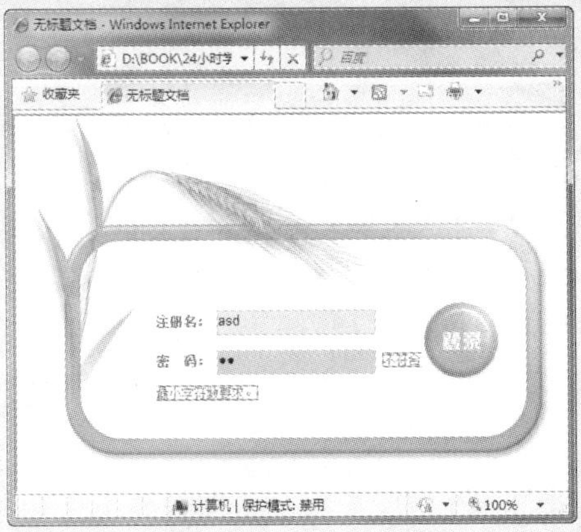

验证登录框.swf

4-5.html

制作用户注册页面.swf

4-6.html

在前面一段时间中，共同学习了一些表单元素的应用以及设置方法，是不是已经掌握了这些表单元素的应用呢？重要的是应该明确在什么情况下使用什么表单元素。

接下来我们通过几个小案例的练习，加强对表单应用的掌握，需要我们能够熟练掌握各种不同类型的表单元素的制作方法。

自测24 制作友情链接

一般网站的最底部或者边缘地方会提供一些知名网站的友情链接，为访问者访问其他网站提供了更加方便、快捷的途径，下面的案例将向大家介绍友情链接在 Dreamweaver 中是怎样制作出来的。

使用到的技术	插入表单、插入选择（列表/菜单）
学习时间	10 分钟
视频地址	光盘\视频\第 4 章\制作友情链接.swf
源文件地址	光盘\源文件\第 4 章\4-4.html

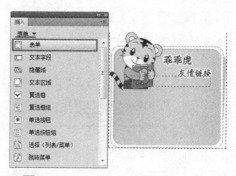

01 执行"文件>打开"命令，打开页面"光盘\源文件\第 4 章\4-4.html"。

02 将光标移至名为 box 的 Div 中，删除多余文字，单击"插入"面板上的"表单"按钮，插入表单域。

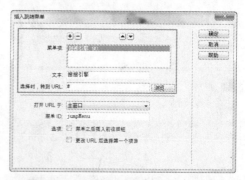

03 将光标移至表单域中，单击"插入"面板上的"跳转菜单"按钮。

04 弹出"插入跳转菜单"对话框，对相关选项进行设置。

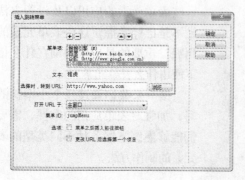

05 单击对话框上的"添加项"按钮 **+**，添加跳转菜单项相同的设置方法，可以为其他的跳转菜单项进行设置。

```
.link1 {
        width: 130px;
        margin: 5px 10px 5px 10px;
}
```

07 切换到 4-4.css 文件中，创建名为.link1 的 CSS 规则。返回设计页面中，选中跳转菜单，在"属性"面板上的"类"下拉列表中选择 CSS 样式 link1 应用。

06 单击"确定"按钮，完成"插入跳转菜单"对话框的设置，在页面中插入跳转菜单。

08 将光标移至刚插入的跳转菜单后，使用相同的方法，插入其他相应的跳转菜单。

09 完成友情链接的制作，执行"文件>保存"命令，保存该页面，在浏览器中预览该页面，可以看到跳转菜单的效果。

操作小贴士：

跳转菜单是创建链接的一种形式，但与真正的链接相比，跳转菜单可能节省很大的空间。跳转菜单从表单中的菜单发展而来，浏览者单击扩展按钮打开下拉菜单，在菜单中选择链接，即可连接到目标网页。

自测25 验证登录框

有些网站的会员登录框会进行一些设置，比如说用户名不能少于几个字、密码中不能包含特殊字符等，那么这样的登录框是怎样设置的呢？接下来我们就运用 Dreamweaver 中的 Spry 验证表单功能实现对登录框数据的验证。

使用到的技术	Spry 验证文本域、Spry 验证密码
学习时间	10 分钟
视频地址	光盘\视频\第 4 章\验证登录框.swf
源文件地址	光盘\源文件\第 4 章\4-5.html

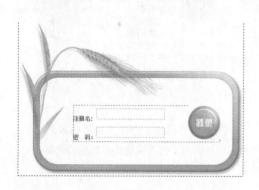

01 执行"文件>打开"命令，打开页面"光盘\源文件\第 4 章\4-5.html"。

02 选中名为 name 的文本字段，单击"插入"面板上"表单"选项卡中的"Spry 验证文本域"按钮。

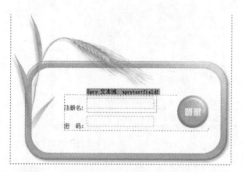

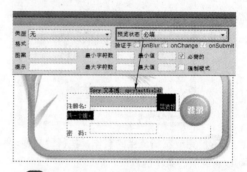

03 即可为该文本字段添加 Spry 验证文本域，可以看到添加后的效果。

04 选中刚添加的 Spry 验证文本域，在"属性"面板中将该文本字段设置为必填项。

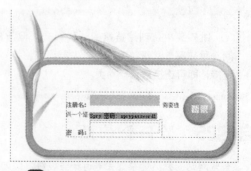

05 选中名为 pass 的文本字段，单击"表单"选项卡中的"Spry 验证密码"按钮。

06 即可为该文本字段添加 Spry 验证密码，可以看到添加后的效果。

07 选中刚添加的 Spry 验证密码，打开"属性"面板，并对相关属性进行设置。

08 相关属性设置完成后，可以看到页面的效果。

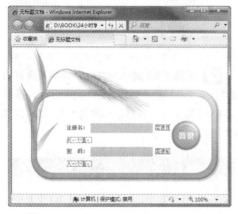

09 完成登录框的验证处理，执行"文件>保存"命令，保存该页面，在浏览器中预览页面，可以验证所添加的验证表单效果。

操作小贴士：

在 Dreamweaver CS5.5 中，提供了多种对不同表单元素进行验证的按钮，对不同表单元素进行验证的方法与实例中验证文本字段和验证密码域的方法基本相同。

在 Dreamweaver CS5.5 中，除了可以使用 Spry 验证表单对表单中的数据进行验证外，还可以通过行为对表单中的数据进行验证。

自测26 制作用户注册页面

在前面的学习中，我们已经接触了网页中的许多表单元素，接下来我们将一起制作一个用户注册页面。在许多网站中，包含了大部分常用的表单元素，希望通过该页面的制作，使大家能够熟练掌握网页中表单元素的应用。

使用到的技术	插入文本字段、插入图像域、插入单选按钮、插入复选框
学习时间	20 分钟
视频地址	光盘\视频\第 4 章\制作用户注册页面.swf
源文件地址	光盘\源文件\第 4 章\4-6.html

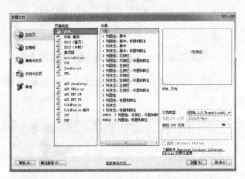

01 执行"文件>新建"命令，新建一个 HTML 页面，将该页面保存为"光盘\源文件\第 4 章\4-6.html"。

02 新建 CSS 样式表文件，并将其保存为"光盘\源文件\第 4 章\style\4-6.css"。返回 4-6.html 页面中，链接刚创建的外部 CSS 样式表文件。

```css
* {
    margin: 0px;
    padding; 0px;
}
body {
    font-family: 宋体;
    font-size: 12px;
    line-height: 20px;
    background-image:url(../images/4601.gif);
    background-position:center top;
    background-repeat: no-repeat;
}
```

03 切换到 4-6.css 文件中，创建名为*的通配符 CSS 规则，再创建名为 body 的标签 CSS 规则。

04 返回到 4-6.html 页面中，可以看到页面的背景效果。

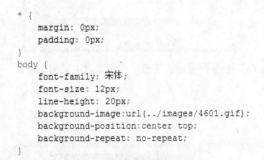

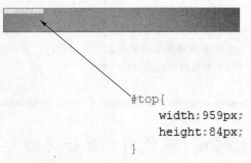

```css
#box {
    width: 966px;
    height: 100%;
    overflow: hidden;
}
```

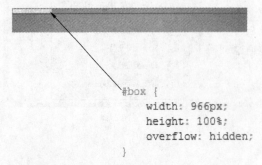

```css
#top{
    width:959px;
    height:84px;
}
```

05 在页面中插入名为 box 的 Div，切换到 4-6.css 文件中，创建名为#box 的 CSS 规则。

06 将光标移至名为 box 的 Div 中，删除多余文字，在该 Div 中插入名为 top 的 Div，切换到 4-6.css 文件中，创建名为#top 的 CSS 规则。

07 将光标移至名为 top 的 Div 中，删除多余文字，插入 Flash 动画"光盘\源文件\第 4 章\images\4602.swf"。

08 选中该 Flash 动画，设置"属性"面板上的 Wmode 选项为"透明"。

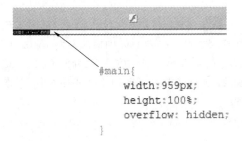

```
#main{
    width:959px;
    height:100%;
    overflow: hidden;
}
```

```
#left{
    width:127px;
    height: 100%;
    overflow: hidden;
    padding:165px 12px 230px 16px;
    float: left;
}
```

09 在名为 top 的 Div 之后插入名为 main 的 Div，切换到 4-6.css 文件中，创建名为 #main 的 CSS 规则。

10 将光标移至名为 main 的 Div 中，删除多余文字，在该 Div 中插入名为 left 的 Div，并在 4-6.css 文件中创建名为#left 的 CSS 规则。

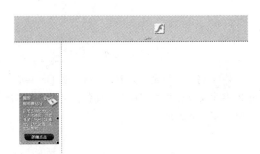

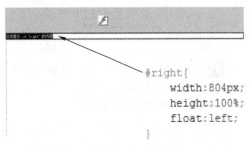

```
#right{
    width:804px;
    height:100%;
    float:left;
}
```

11 将光标移至名为 left 的 Div 中，删除多余文字，插入图像"光盘\源文件\第 4 章\images\4603.gif"。

12 在名为 left 的 Div 之后插入名为 right 的 Div，切换到 4-6.css 文件中，创建名为 #right 的 CSS 规则。

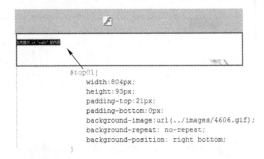

```
#top01{
    width:804px;
    height:93px;
    padding-top:21px;
    padding-bottom:0px;
    background-image:url(../images/4606.gif);
    background-repeat: no-repeat;
    background-position: right bottom;
}
```

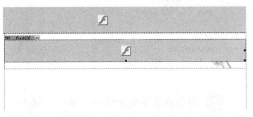

13 将光标移至名为 right 的 Div 中，删除多余文字，在该 Div 中插入名为 top01 的

14 将光标移至名为 top01 的 Div 中，删除多余文字，插入 Flash 动画"光盘\源文件\第

Div，并在 4-6.css 文件中创建名为#top01 的 CSS 规则。

4 章\images\4604.swf"。

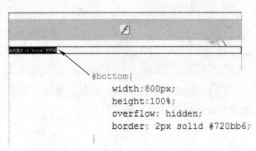

```
#bottom{
    width:800px;
    height:100%;
    overflow: hidden;
    border: 2px solid #720bb6;
}
```

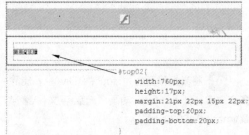

```
#top02{
    width:760px;
    height:17px;
    margin:21px 22px 15px 22px;
    padding-top:20px;
    padding-bottom:20px;
}
```

15 在名为 top01 的 Div 后插入名为 bottom 的 Div，切换到 4-6.css 文件中，创建名为#bottom 的 CSS 规则。

16 将光标移至名为 bottom 的 Div 中，删除多余文字，在该 Div 中插入名为 top02 的 Div，在 4-6.css 文件中创建名为#top02 的 CSS 规则，并在名为 top02 的 Div 中插入相应的图像。

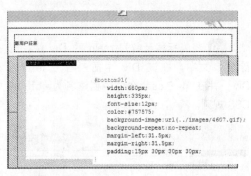

```
#bottom01{
    width:680px;
    height:335px;
    font-size:12px;
    color:#757575;
    background-image:url(../images/4607.gif);
    background-repeat:no-repeat;
    margin-left:31.5px;
    margin-right:31.5px;
    padding:15px 30px 30px 30px;
}
```

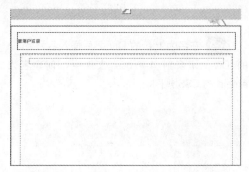

17 在名为 top02 的 Div 后插入名为 bottom01 的 Div，切换到 4-6.css 文件中，创建名为# bottom01 的 CSS 规则。

18 将光标移至名为 bottom01 的 Div 中，删除多余文字，单击"插入"面板上的"表单"按钮，插入表单域。

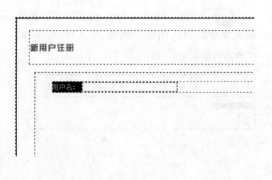

19 将光标移至表单域中，单击"插入"面板上的"文本字段"按钮，在弹出的对话框中进行相应的设置。

20 单击"确定"按钮，即可在表单域中插入文本字段。

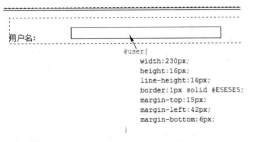

```
#user{
    width:230px;
    height:16px;
    line-height:16px;
    border:1px solid #E5E5E5;
    margin-top:15px;
    margin-left:42px;
    margin-bottom:6px;
}
```

21 切换到 4-6.css 文件中，创建名为 #user 的 CSS 规则，返回 4-6.html 页面，可以看到文本字段的效果。

22 将光标移至该文本字段后，输入相应符号和文字，切换到 4-6.css 文件中，创建名为 .font01 的 CSS 规则。

```
.font01{
    color:#F00;
}
```

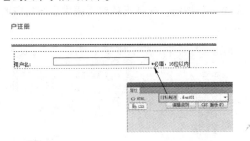

23 返回到 4-6.html 页面中，选中相应的字符，在"属性"面板中的"目标规则"选项中应用该样式。

24 将光标移至文字后，按快捷键 Shift+Enter，插入换行符，使用相同的方法，完成其他部分内容的制作。

25 选中"密码"文字后的文本字段，在"属性"面板上设置其"类型"为"密码"。使用相同的方法，设置"确认密码"文字后的文本字段"类型"为"密码"。

26 将光标移至"确认密码"表单项后，插入换行符，输入相应的文字。

27 单击"插入"面板上的"单选按钮"按钮，在弹出的对话框中进行相应的设置。

28 单击"确定"按钮，即可在光标所在位置插入单选按钮。

29 使用相同的方法，插入另一个单选按钮。将光标移至"手机"表单项后插入换行符，输入相应的文字。

31 单击"确定"按钮，即可在光标所在的位置插入列表/菜单。

33 单击"确定"按钮，完成"列表值"对话框的设置，可以看到列表/菜单的效果。

30 单击"插入"面板上的"选择（列表/菜单）"按钮，在弹出的对话框中进行相应的设置。

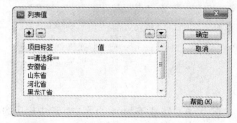

32 选中刚插入的列表/菜单，单击"属性"面板上的"列表值"按钮，在弹出的对话框中添加相应的项目标签。

34 使用相同的方法，插入另一个列表/菜单，并对其进行相应的设置。

35 插入换行符，单击"插入"面板上的"复选框"按钮，在弹出的对话框中进行设置。

36 单击"确定"按钮，即可在光标所在位置插入复选框，将光标移至复选框后，并输入相应的文字。

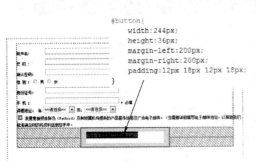

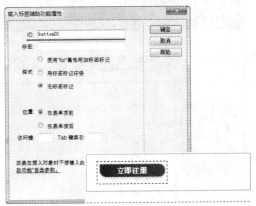

37 插入换行符，在光标所在位置插入名为 button 的 Div，切换到 4-6.css 文件中，创建名为#button 的 CSS 规则。

38 将光标移至名为 button 的 Div 中，删除多余文字，单击"插入"面板上的"图像域"按钮，插入图像域"光盘\源文件\第 4 章\images\4608.gif"。

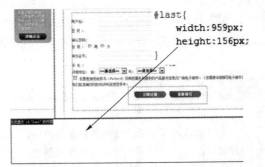

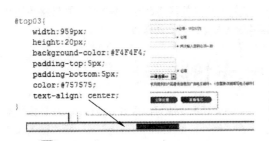

39 将光标移至 ID 为 button01 的图像域后，使用相同的方法，插入另一个图像域。

40 在名为 main 的 Div 之后插入名为 last 的 Div，切换到 4-6.css 文件中，创建名为#last 的 CSS 规则。

41 将光标移至名为 last 的 Div 中，删除多余文字，插入名为 top03 的 Div，并在 4-6.css 文件中创建名为#top03 的 CSS 规则。

42 将光标移至名为 top03 的 Div 中，删除多余文字，输入相应的文字。

43 使用相同的方法，完成页面版底信息的制作。执行"文件>保存"命令，保存页面，在浏览器中预览该页面，可以看到所制作的用户注册页面效果。

操作小贴士：

　　使用表单可以帮助服务器收集用户信息，如收集用户资料、获取用户订单，也可以实现搜索接口。表单页面是设计与功能的结合，一方面要与后台的程序很好地结合，另一方面要制作得美观，所以应该掌握好表单元素的正确使用与设置。

第13个小时：设置基本网页超链接

　　链接是网络的核心，如果没有了链接，那么就无法组成庞大的网络世界，基本的网页链接包括文本、图像、多媒体视频等，下面我们将为大家介绍怎样设置基本的网页超链接。

▲*4.7* 了解链接路径

　　每个文件都有自己的存储位置和路径，在 Dreamweaver CS5.5 中可以很方便地选择文件链接的类型并设置路径，只要选中需要设置链接的文本或图像，在"属性"面板上的"链接"文本框中输入相应的 URL 地址即可，或者拖动指向文件的指针图标指向链接的文件，还可以使用"浏览"按钮在当地的局域网上选择链接的文件。

　　在网页中，根据链接路径的不同，可以分为绝对路径、相对路径和根路径三种。

1. 绝对路径

绝对路径可为文件提供完全的路径，其中包括使用的协议（比如 http、ftp 等），常见的绝对路径有 http://www.baidu.com、ftp://202.98.148.1/等，如图 4-21 所示。

绝对路径与链接的源端点无关，只要网站的地址不改变，那么无论文件在站点中怎样移动，都可以实现正常的跳转，如果希望链接其他站点上的内容，就必须使用绝对路径。

图 4-21　绝对地址路径

2. 相对路径

相对路径适用于创建网站的内部链接，只要是属于同一个网站之下，即使不在同一个目录下也可以。

如果需要链接到同一目录下，则只需要输入链接文档的名称；如果需要链接到下一级目录中，则需要先输入目录名，然后加 "/"，再输入文件名即可；如果需要链接到上一级目录中，则需要先输入 "/"，再输入目录名和文件名即可。

3. 根路径

根路径和相对路径一样，适用于创建网站的内部链接，但通常只在以下两种情况下使用：一种是站点的规模很大，放置在几个服务器上时；另一种是一个服务器上放置几个站点时。

根路径是以 "\" 开头，然后是根目录下的目录名，如图 4-22 所示。

图 4-22　根路径链接

▲4.8 文字链接

文字链接即以文字作为媒介的链接，它是网页中经常使用的链接方式，具有文件小、制作简单和便于维护的特点。

执行 "文件>打开" 命令，打开页面 "光盘\源文件\第 4 章\48-1.html"，页面效果如图 4-23 所示。选中 "民族祝福全接触" 文字，在 "属性" 面板上可以看到一个 "链接" 选项，如图 4-24 所示。

图 4-23　页面效果

图 4-24　"属性" 面板上的 "链接" 选项

为文字设置链接有以下 3 种方式：

第 1 种方法是用鼠标拖动文本框后的"指向文件"按钮，至"文件"面板中需要链接到的 HTML 文件，如图 4-25 所示。松开鼠标，即可为选中的文字添加相应的链接，如图 4-26 所示。

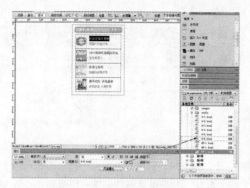

图 4-25　拖动"指向文件"按钮　　　　图 4-26　"链接"文本框中的链接地址

第 2 种方法是单击"链接"文本框后的"浏览文件"按钮，弹出"选择文件"对话框，从中选择要链接到的 HTML 文件，如图 4-27 所示。单击"确定"按钮，在"链接"文本框中就会出现链接的地址，如图 4-28 所示。

第 3 种方法是直接在"属性"面板上的"链接"文本框中输入链接的地址。

图 4-27　"选择文件"对话框　　　　图 4-28　"链接"文本框中的链接地址

为文字添加超链接后，"属性"面板上的"标题"和"目标"选项即可被激活，在"属性"面板上可以对这两个属性进行设置，如图 4-29 所示。

在"标题"文本框中可以输入链接的标题。在"目标"下拉列表中，可以选择链接的打开方式，该选项的下拉列表中包含了 5 个选项，如图 4-30 所示。

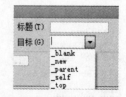

图 4-29　激活"标题"和"目标"选项　　　　图 4-30　"目标"下拉列表

> _blank，选择该选项，则会在新的浏览器窗口中打开链接的页面。
> _new，选择该选项，与_blank 相似，以一个新的浏览器窗口打开。
> _parent，选择该选项，如果是嵌套的框架，则会在父框架窗口中打开，如果不是嵌套的框架，则会在整个浏览器中显示。

> _self，选择该选项，则会在当前网页所在的窗口或框架中打开链接的页面。
> _top，选择该选项，则会在完整的浏览器窗口中打开链接的页面。

▲4.9 图像链接

图像链接与文字链接相类似，是网页中最常用的链接方式之一，接下来我们将向大家介绍如何创建图像链接。

选中页面中需要设置链接的图像，如图 4-31 所示。在"属性"面板上的"链接"文本框中输入链接的文件地址，也可以使用之前讲过的"指向文件"和"浏览文件"的方法，如图 4-32 所示。

图 4-31　选中图像　　　　　　　　　　图 4-32　设置图像链接

用户可以为图像增加"替换"文本，还可以设置边框的大小，这里设置为 0，如图 4-33 所示。完成了对图像链接的设置，保存页面，在浏览器中预览页面，单击图像链接即可链接到指定的地址，如图 4-34 所示。

图 4-33　设置其他属性　　　　　　　　图 4-34　图像链接效果

▲4.10 空链接

所谓空连接，就是没有目标端点的链接。利用空链接，可以激活文件中链接对应的对象和文本。当文本或对象被激活后，可以为之添加行为，例如当鼠标经过后变换图像等。

有些客户端行为的动作，需要由超链接来调用，这时就需要用到空链接了。访问者单击网页中的空链接，将不会打开任何文件。

执行"文件>打开"命令，打开页面"光盘\源文件\第 4 章\410-1.html"，页面效果如图 4-35 所示。在页面中选中"账号申请"图像，如图 4-36 所示。在"属性"面板上的"链接"文本框中输入空链接#，如图 4-37 所示。

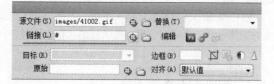

图 4-35 页面效果　　　图 4-36 选中图像　　　　图 4-37 设置空链接

创建 E-Mail 链接.swf

4-7.html

创建脚本链接.swf

4-8.html

创建锚记链接.swf

4-9.html

自我检测

　　在前一段时间的学习中，已经了解了有关路径的相关知识，并且学习了为文字和图像设置链接，以及对超链接属性进行设置的方法，大家是不是都已经掌握了呢？

　　接下来让我们一起动手练习吧！通过几个小案例的制作练习，学习几种特殊链接的创建方法。

自测27 创建 E-mail 链接

为方便交流和沟通，在一些个人或者企业的网站页面底部通常会设置 E-mail 链接，浏览者可以单击该链接，从而向该链接的邮箱中发送邮件，接下来我们将向大家讲解的就是在 Dreamweaver 中为网页的文字或者图像创建 E-mail 链接。

使用到的技术	插入电子邮件链接
学习时间	10 分钟
视频地址	光盘\视频\第 4 章\创建 E-mail 链接.swf
源文件地址	光盘\源文件\第 4 章\4-7.html

01 执行"文件>打开"命令，打开页面"光盘\源文件\第 4 章\4-7.html"，选中页面底部的"联系我们"文字。

02 单击"插入"面板上的"常用"选项卡中的"电子邮件链接"按钮 。

03 弹出"电子邮件链接"对话框，在"电子邮件"文本框中输入需要链接的 E-mail 地址。

04 单击"确定"按钮，可以在"属性"面板上的"链接"文本框中看到为文字设置的 E-mail 链接。

05 执行"文件>保存"命令，保存页面，在浏览器中预览该页面。

06 单击"联系我们"文字，弹出系统默认的邮件收发软件。

07 选中"联系我们"，单击"常用"选项卡中的"电子邮件链接"按钮，在弹出的对话框中添加相应的代码。

08 单击"确定"按钮，保存页面并在浏览器中预览，单击页面中的 E-mail 链接文字，在弹出的邮件收发软件中会自动填写邮件主题。

09 选中"BRID"图像，在"属性"面板的"链接"文本框中输入"mailto：webmaster@intojoy.com?subject=客服帮助"。

10 执行"文件>保存"命令，保存页面。在浏览器中预览页面，单击设置 E-mail 链接的图像，弹出邮件收发软件对话框。

操作小贴士：

　　E-mail 链接是指当用户在浏览器中单击该链接之后，不是打开一个网页文件，而是启动用户系统客户端的 E-mail 软件（如 Outlook Express），并打开一个空白的新邮件，供用户撰写内容来与网站联系。

　　如果用户的 E-mail 主题出现乱码，主要是因为在 Dreamweaver 中新建的页面默认编码为 UTF-8 格式，需要在"页面属性"对话框中，将页面编码修改为"简体中文 GB2312"，则在弹出的邮件收发软件中的 E-mail 主题就不会出现乱码的情况了。

自测28　创建脚本链接

脚本链接对多数人来说是比较陌生的词汇，脚本链接一般用于给予浏览者有关于某个方面的额外信息，而不用离开当前页面。脚本链接具有执行 JavaScript 代码的功能，例如校验表单等，下面为页面添加一个脚本链接。

使用到的技术	"链接" 属性
学习时间	10 分钟
视频地址	光盘\视频\第 4 章\创建脚本链接.swf
源文件地址	光盘\源文件\第 4 章\4-8.html

01 执行 "文件>打开" 命令，打开页面 "光盘\源文件\第 4 章\4-8.html"，选中页面底部的 "关闭" 图像。

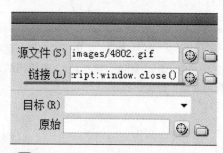

02 在 "属性" 面板上的 "链接" 文本框中输入 JavaScript 脚本链接代码 "JavaScript: window.close()"。

```
<body>
<div id="box">
  <div id="bottom">关闭该广告窗口<a href=
"JavaScript:window.close()"><img src=
"images/4802.gif" width="37" height="11" /></a>
</div>
</div>
</body>
</html>
```

03 选中设置脚本链接的图像，转换到代码视图中，可以看到加入脚本链接的代码。

04 执行 "文件>保存" 命令，保存该页面，在浏览器中预览页面，可以看到该弹出页面的效果。

05 单击设置脚本链接的图像，浏览器会弹出提示对话框，单击"是"按钮即可关闭窗口。

操作小贴士：

　　在该案例中，我们为图像设置的是一个关闭窗口的 JavaScript 脚本代码，当用户单击该图像时，就会执行该 JavaScript 脚本代码，从而关闭该浏览器窗口。

自测29　创建锚记链接

　　当一个网站的页面高度过高时，访问者如果想要得到某个信息，则要耗费很长时间去寻找，锚记链接的应用就会避免这些麻烦，接下来我们就通过一个页面的制作学习锚记链接的创建方法。

使用到的技术	命名锚记、设置锚记链接
学习时间	10 分钟
视频地址	光盘\视频\第 4 章\创建锚记链接.swf
源文件地址	光盘\源文件\第 4 章\4-9.html

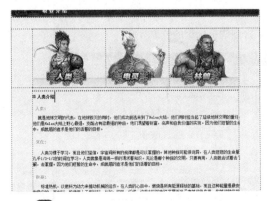

01 执行"文件>打开"命令，打开页面"光盘\源文件\第 4 章\4-9.html"，将光标移至

02 单击"插入"面板上"常用"选项卡中的"命名锚记"按钮。

"人类介绍"文字后。

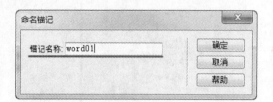

03 弹出"命名锚记"对话框，在该对话框中对锚记名称进行设置。

04 单击"确定"按钮，即可在光标所在位置插入一个锚记标记。

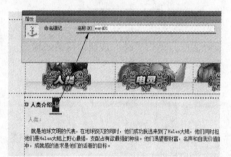

05 选中刚插入的锚记图标，在"属性"面板上可对锚记的名称进行修改。

06 使用相同的方法，在页面上其他需要插入锚记的位置插入锚记标记。

07 选中页面顶部需要链接到 word01 锚记的图像。

08 在"属性"面板上的"链接"文本框中输入"#"号和锚记的名称，即可将该图像链接到锚记标记的位置。

09 使用相同的方法，将其他图像链接到相应的锚记标记，执行"文件>保存"命令，保存页

面，在浏览器中预览该页面，单击某个图像，则页面会自动跳转到相应的位置。

操作小贴士：

在为锚记命名时，应该注意遵守以下规则：锚记名称可以是中文、英文和数字的组合，但锚记名称不能以数字开头，并且锚记名称中不能含有空格。

如果在 Dreamweaver 设计视图中看不到插入的锚记标记，可以执行"查看>可视化助理>不可见元素"命令，选中该选项，即可在 Dreamweaver 设计视图中看到锚记标记。在页面中插入的锚记标记，在浏览器中浏览页面时是不可见的。

如果要链接到同一文件夹内其他文档页面中的锚记，可以在"链接"文本框中输入"文件名#锚记名"。例如需要链接到 4-8.html 页面中的 a1 锚记，可以设置"链接"为4-8.html#a1。

第14个小时：特殊的网页超链接

在网页中使用超链接除了可以实现文件之间的正常跳转外，还可以实现文件下载链接、图像映射等其他形式的链接，下面我们就来向大家介绍这些链接方式。

▲*4.11* 文件下载链接

链接到下载文件的方法和链接到网页的方法完全一样。当被链接的文件是 exe 文件或 zip 文件等浏览器不支持的类型时，这些文件会被下载，这就是网上下载的方法。例如要给页面中的下载文字或图像添加链接，希望用户单击文字或图像后下载相关的文件，这时只需要将文字或图像选中，直接链接到相关的压缩文件就可以了。

执行"文件>打开"命令，打开页面"光盘\源文件\第 4 章\410-1.html"，选中"客户端下载"图像，如图 4-38 所示。单击"属性"面板上的"链接"文本框后的"浏览文件"按钮🗁，弹出"选择文件"对话框，选择需要链接到的下载文件，如图 4-39 所示。

图 4-38　选中图像　　　　　　　　图 4-39　选择需要下载的文件

单击"确定"按钮，完成链接文件的选择，在"属性"面板上的"链接"文本框中可以看到所要链接下载的文件名称，如图 4-40 所示。保存页面，在浏览器中预览页面，单击页面中的图像链接，弹出

"文件下载"对话框，如图 4-41 所示。

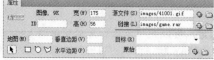

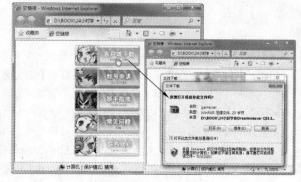

图 4-40 文件下载链接　　　　　　　　　图 4-41 单击文件下载链接效果

▲*4.12* 超链接属性控制

每个网页都是由超链接串连而成，无论是从首页到每一个频道，还是进入到其他网站，都是由链接完成页面跳转的。CSS 对于链接的样式控制是通过伪类来实现的，在 CSS 中提供了 4 个伪类，用于对链接样式进行控制，每个伪类用于控制链接在一种状态下的样式。根据访问者的操作，可以进行以下 4 种状态的样式设置：

a:link	未被访问过的链接；
a:active	光标单击的链接；
a:hover	光标经过的链接；
a:visited	已经访问过的链接；

1. a:link

这种伪类链接应用于链接未被访问过的样式，在很多链接应用中，都会直接使用 a{}这样的样式，这种方法与 a:link 在功能上有什么区别？下面来实际操作一下。

HTML 代码如下：

```
<a href="#">杭州儿童食用含碘盐平均智商提高</a>
<a>北京推行公交"让座日"活动</a>
```

CSS 样式表代码如下：

```
a:link {
    color:#00F;              /*蓝色*/
}
a {
    color:#FC3;              /*黄色*/
}
```

效果如图 4-42 所示，在预览效果中，使用 a {}的显示为黄色，而使用 a:link {}的显示为蓝色，也就是说，a:link{}只对代码中有 href=" "的对象产生影响，即拥有实际链接地址的对象，而对直接用 a 对象嵌套的内容不会发生实际效果。

2. a:active

这种伪类链接应用于链接对象在被用户激活时的样式。在实际应用中，这种伪类链接状态很少使用，且对于无 href 属性的 a 对象，此伪类不发生作用。:active 状态可以和:link 及 :visited 状态同时发生。

CSS 样式代码如下：

```
a {
    color:#00F;
}
a:active {
    color:#F00;
}
```

效果如图 4-43 所示，在预览效果中初始文字为蓝色，当光标单击链接而且还没有释放之前，链接文字呈现出 a:active 中定义的红色。

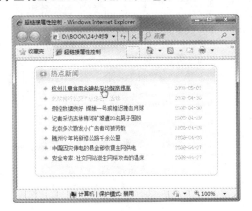

图 4-42   超链接预览效果 1

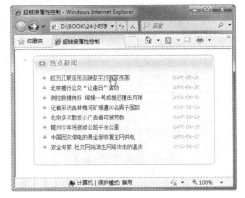

图 4-43   超链接预览效果 2

3. a:hover

这种伪类链接用来设置对象在光标经过或停留时的样式，该状态是非常实用的状态之一，当光标指向链接时，改变其颜色或改变下画线状态，这些效果都可以通过 a:hover 状态控制实现，且对于无 href 属性的 a 对象，此伪类不发生作用。下面来实际操作。

接上段代码：

```
a:hover {
    color:#FF0;
}
```

效果如图 4-44 所示，在预览效果中，当光标经过或停留链接区域时，文字颜色由蓝色变成了黄色。

4. a:visited

它能够帮助我们设置被访问后的样式，对于浏览器而言，每一个链接被访问之后，在浏览器内部会做一个特定的标记，这个标记能够被 CSS 识别，a:visiteb 就是能够针对浏览器检测已经被访问后的链接进行样式设计。通过 a:visited 的样式设置，通常能够使访问过的链接呈现为较淡颜色，或删除线的形式，能够做到提示用户该链接已经被点击过。通过以下的 CSS 代码，能够做到使访问后的链接呈现灰色，并呈现删除线标记：

```
a:link{
    text-decoration: none;
}
a:visited{
    color: #999;
    text-decoration: line-through; /*删除线*/
}
```

效果如图 4-45 所示，在预览效果中，被访问过的链接文本变成了灰色，并添加了删除线。

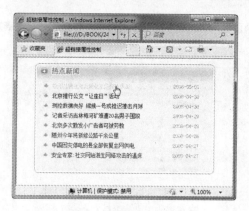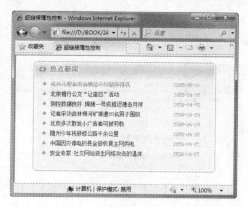

图 4-44　超链接预览效果 1　　　　　　　　　图 4-45　超链接预览效果 2

🎬 创建图像热点链接.swf

🖼 4-10.html

🎬 制作用户注册页面.swf

🖼 4-6.html

学习了创建文件下载链接的方法后，我们就能够实现网页中的下载文件处理了！对于超链接属性的控制是文字超链接中非常重要的内容，通过对超链接属性的控制，可以实现不同的文字链接效果，使得文字链接效果更加丰富。

接下来我们通过两个小案例的制作，一起学习一下图像热点链接的创建方法，以及旅游类网站页面的制作。

自测30 创建图像热点链接

不仅可以将整张图像作为链接的载体，还可以将图像的某一部分设为链接，这要通过设置图像映射来实现。热点链接的原理就是利用 HTML 语言在图片上定义一定形状的区域，然后给这些区域加上链接，这些区域称为热点。本实例我们就来一起来学习如何为图像添加热点链接。

使用到的技术	热点工具、设置热点链接
学习时间	10 分钟
视频地址	光盘\视频\第 4 章\创建图像热点链接.swf
源文件地址	光盘\源文件\第 4 章\4-10.html

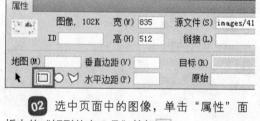

01 执行"文件>打开"命令，打开页面"光盘\源文件\第 4 章\4-10.html"。

02 选中页面中的图像，单击"属性"面板中的"矩形热点工具"按钮□。

03 将光标移至图像上适当的位置，按下鼠标左键在图像上拖动鼠标，绘制一个矩形。

04 松开鼠标左键弹出提示对话框，单击"确定"按钮，即可在图像上绘制一个矩形热点区域。

05 单击"属性"面板上的"指针热点工

06 使用相同的方法，可以使用其他的热

具"按钮 ，选中刚绘制的矩形热点区域，在 "属性"面板上对相关属性进行设置。

点形状工具，在图像中绘制不同的热点区域，并分别对其相关属性进行设置。

07 执行"文件>保存"命令，保存页面，在浏览器中预览该页面，单击图像中的热点区域可以在新窗口中打开其链接的页面。

操作小贴士：

图像映射就是一张图片上多个不同的区域拥有不同的链接地址。

在"属性"面板中单击"指针热点工具"按钮 ，可以在图像上移动热点的位置，改变热点的大小和形状。还可以在"属性"面板中单击"椭圆形热点工具"按钮 和"多边形热点工具"按钮 ，以创建椭圆形和多变形的热点区域。

自测31 制作旅游网站页面

本实例设计制作一个旅游网站页面，页面清晰整洁、大方得体，通过方正的布局，清晰地表达出页面的主题内容，并通过碧海蓝天的 Flash 动画，表现出风景的优美以及旅游带给人们心情的放松。在本实例的制作过程中，我们共同学习 Div+CSS 布局制作网页的方法，以及页面中超链接的设置方法。

使用到的技术	Div+CSS 布局页面、设置文字链接、设置图像链接
学习时间	20 分钟
视频地址	光盘\视频\第 4 章\制作旅游网站页面.swf
源文件地址	光盘\源文件\第 4 章\4-11.html

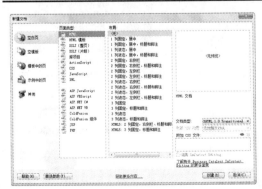

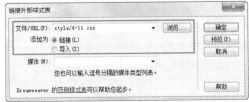

01 执行"文件>新建"命令，新建一个 HTML 页面，将该页面保存为"光盘\源文件\第 4 章\4-11.html"。

02 新建 CSS 样式表文件，将其保存为 "光盘\源文件\第 4 章\style\4-11.css"。返回 4-11.html 页面中，链接刚创建的外部 CSS 样式表文件。

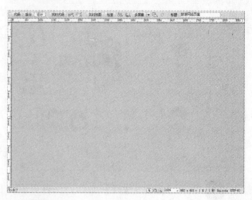

```
* {
    margin: 0px;
    padding: 0px;
    border: 0px;
}
body {
    font-family: 宋体;
    font-size: 12px;
    color: #575757;
    line-height: 20px;
    background-color: #C1C1C1;
}
```

03 切换到 4-11.css 文件中，创建一个名为*的通配符 CSS 规则，再创建一个名为 body 的标签 CSS 规则。

04 返回 4-11.html 页面中，可以看到页面的背景效果。

```
#box {
    width: 1000px;
    height: 100%;
    overflow: hidden;
    margin: 0px auto 10px auto;
}
```

```
#top {
    width: 1000px;
    height: 188px;
}
```

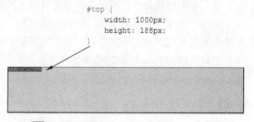

05 在页面中插入一个名为 box 的 Div，切换到 4-11.css 文件中，创建名为#box 的 CSS 规则。

06 将光标移至名为 box 的 Div 中，删除多余文字，在该 Div 中插入一个名为 top 的 Div，切换到 4-11.css 文件中，创建名为#top 的 CSS 规则。

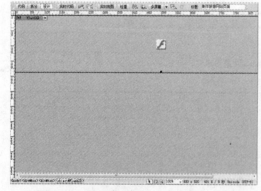

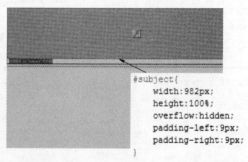

```
#subject{
    width:982px;
    height:100%;
    overflow:hidden;
    padding-left:9px;
    padding-right:9px;
}
```

07 将光标移至名为 top 的 Div 中，删除多余文字，插入 Flash 动画"光盘\源文件\第 4 章\images\41101.swf"。

08 在名为 top 的 Div 后插入名为 subject 的 Div，切换到 4-11.css 中，创建名为#subject 的 CSS 规则。

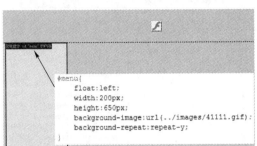

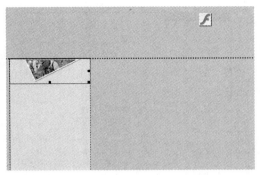

09 将光标移至名为 subject 的 Div 中，删除多余文字，插入名为 menu 的 Div，切换到 4-11.css 中，创建名为#menu 的 CSS 规则。

10 将光标移至名为 menu 的 Div 中，删除多余文字，插入图像"光盘\源文件\第 4 章\images\41102.gif"。

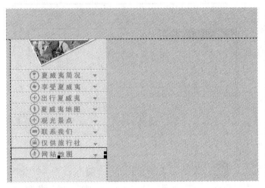

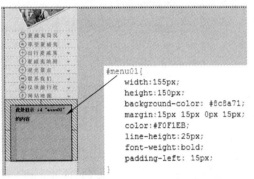

11 将光标移至刚插入的图像后，使用相同的方法，依次插入相应的图像。

12 .将光标移至最后一张图像后，插入名为 menu01 的 Div，切换到 4-11.css 中，创建名为#menu01 的 CSS 规则。

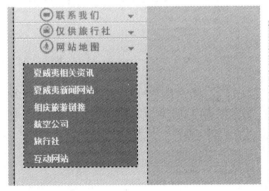

13 光标移至名为 menu01 的 Div 中，将多余文字删除，输入相应的文字。

14 在名为 menu 的 Div 后插入名为 right 的 Div，切换到 4-11.css 中，创建名为#right 的 CSS 规则。

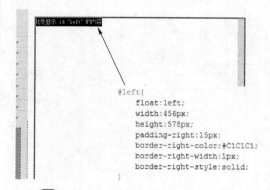

```
#left{
    float:left;
    width:456px;
    height:578px;
    padding-right:15px;
    border-right-color:#C1C1C1;
    border-right-width:1px;
    border-right-style:solid;
}
```

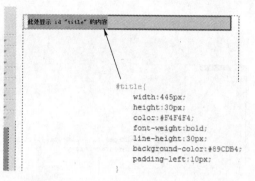

```
#title{
    width:445px;
    height:30px;
    color:#F4F4F4;
    font-weight:bold;
    line-height:30px;
    background-color:#89CDB4;
    padding-left:10px;
}
```

15 将光标移至名为 right 的 Div 中，删除多余文字，插入名为 left 的 Div，切换到 4-11.css 中，创建名为#left 的 CSS 规则。

16 将光标移至名为 left 的 Div 中，删除多余文字，插入名为 title 的 Div，切换到 4-11.css 中，创建名为#title 的 CSS 规则。

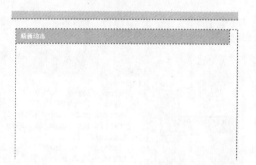

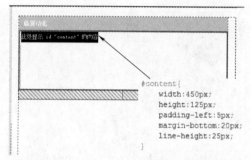

```
#content{
    width:450px;
    height:125px;
    padding-left:5px;
    margin-bottom:20px;
    line-height:25px;
}
```

17 将光标移至名为 title 的 Div 中，删除多余文字，输入相应的文字。

18 在名为 title 的 Div 后插入名为 content 的 Div，切换到 4-11.css 中，创建名为#content 的 CSS 规则。

```
.font{
    color:#000;
}
```

19 将光标移至名为 content 的 Div 中，删除多余文字，输入相应的文字。

20 切换到 4-11.css 文件中，创建名为.font 的 CSS 规则，返回到 4-11.html 页面中，为相应的文字应用该样式。

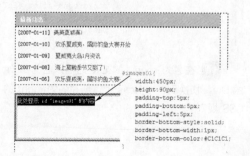

```
#images01{
    width:450px;
    height:90px;
    padding-top:5px;
    padding-bottom:5px;
    padding-left:5px;
    border-bottom-style:solid;
    border-bottom-width:1px;
    border-bottom-color:#C1C1C1;
}
```

21 在名为 content 的 Div 后插入名为 images01 的 Div，切换到 4-11.css 文件中，创建名为#images01 的 CSS 规则。

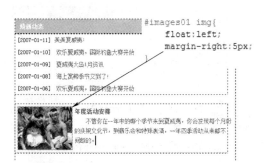

22 将光标移至名为 images01 的 Div 中，将多余文字删除，插入图像"光盘\源文件\第 4 章\images\41112.gif"。

23 切换到 4-11.css 文件中，创建名为# images01 img 的 CSS 规则,返回到 4-11.html 页面中，将光标移至图像后，输入相应的文字。

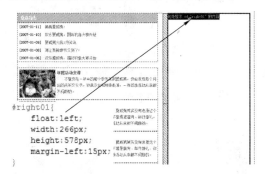

24 使用相同制作方法，完成其他部分内容的制作。

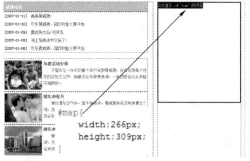

25 在名为 left 的 Div 后插入名为 right01 的 Div，切换到 4-11.css 文件中，创建名为#right01 的 CSS 规则。

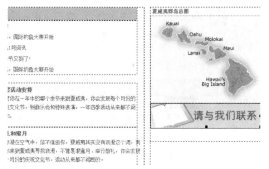

26 将光标移至名为 right01 的 Div 中，删除多余文字，插入名为 map 的 Div，切换到 4-11.css 文件中，创建名为#map 的 CSS 规则。

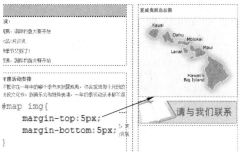

27 将光标移至名为 map 的 Div 中，删除多余文字，插入相应的图像。

28 切换到 4-11.css 文件中，创建名为 #map img 的 CSS 规则，返回 4-11.html 页面中，可以看到图像效果。

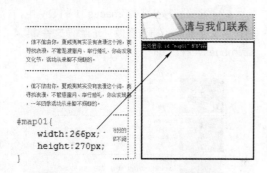

```
#map01{
    width:266px;
    height:270px;
}
```

29 在名为 map 的 Div 后插入名为 map01 的 Div，切换到 4-11.css 文件中，创建名为 #map01 的 CSS 规则。

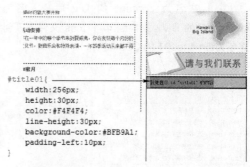

```
#title01{
    width:256px;
    height:30px;
    color:#F4F4F4;
    line-height:30px;
    background-color:#BFB9A1;
    padding-left:10px;
}
```

30 将光标移至名为 map01 的 Div 中，删除多余文字，插入名为 title01 的 Div，切换到 4-11.css 文件中，创建名为#title01 的 CSS 规则。

31 将光标移至名为 title01 的 Div 中，删除多余文字，输入相应的文字。

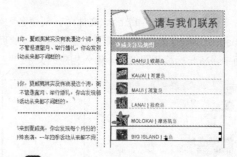

32 将光标移至名为 title01 的 Div 后，依次插入相应的图像。

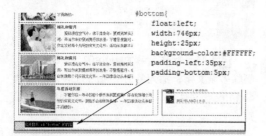

```
#bottom{
    float:left;
    width:746px;
    height:25px;
    background-color:#FFFFFF;
    padding-left:35px;
    padding-bottom:5px;
}
```

33 在名为 subject 的 Div 结束标签之前插入名为 bottom 的 Div，切换到 4-11.css 文件中，创建名为#bottom 的 CSS 规则。

34 将光标移至名为 bottom 的 Div 中，删除多余文字，插入相应的图像。

```
.link1:link {
    color:#575757;
    text-decoration:none;
}
.link1:active {
    color:#F00;
    text-decoration:none;
}
.link1:hover {
    color:#00F;
    text-decoration:underline;
}
.link1:visited {
    color:#575757;
    text-decoration:none;
}
```

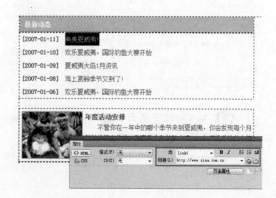

35 切换到 4-11.css 文件中，创建一个文字超链接的 CSS 规则。

36 回到 4-11.html 页面中，选中需要设置超链接的文字，在"属性"面板上对链接文本框进行设置，在"类"的下拉列表中应用定义的 CSS 样式。

最新动态

[2007-01-11] 美美夏威夷！

[2007-01-10] 欢乐夏威夷，国际钓鱼大赛开始

[2007-01-09] 夏威夷大岛1月资讯

[2007-01-08] 海上赏鲸季节又到了！

[2007-01-06] 欢乐夏威夷，国际钓鱼大赛开始

37 使用相同的方法，对其他需要设置超链接的文字设置超链接。

38 选中"请与我们联系"图像，在"属性"面板上的"链接"对话框中输入 E-mail 链接 mailto:xxx@163.com。

39 完成该旅游网站页面的设计制作，执行"文件>保存"命令，保存页面，在浏览器中预览页面，可以看到页面的效果。

操作小贴士：

除了可以在"属性"面板上设置链接外，单击"插入"面板上的"常用"选项卡中的"超级链接"按钮，弹出"超级链接"对话框，在该对话框中同样可以设置链接。

自我评价

通过本章的学习，我们终于掌握了网页中表单的制作方法，以及网页链接的设置，掌握了相关的知识，接下来就是通过大量的练习，不断提高自己，这样才能够在工作中熟练应用。

总结扩展

　　本章主要介绍了有关表单以及表单元素的相关知识，通过实例的制作，使读者能够更加容易掌握各种表单的制作方法，并且还介绍了有关网页超链接的创建和设置方法，具体的要求如下：

	了解	理解	精通
什么是表单	√		
表单元素		√	
插入表单域及属性设置	√		
各种表单元素的应用			√
了解链接路径	√		
文字链接和图像链接			√
其他特殊链接			√
超链接属性控制		√	

　　通过本章的学习，大家是不是已经掌握了网页中各种表单元素的应用呢？是不是已经能够熟练制作各种不同类型的表单页面？是不是能够熟练在网页中创建各种形式的链接？这些知识都是网页制作中非常重要的内容，大家一定要多多练习，熟练掌握这些内容。在下一章中，我们将要学习到网页中多媒体和行为的应用。

第 5 章

缤纷网页

——在网页中插入多媒体并应用行为

　　看到声色俱佳的网站页面，你是不是也会动心呢？本章我们就一起学习如何在网页中插入各种类型的多媒体，以及为网页添加行为的方法。通过本章的学习，我们就能够轻松的制作出视觉效果和动感效果俱佳的网站页面了。

　　现在，我们就一起开始学习如何在网页中插入多媒体并应用行为吧！

学习目的：	掌握在网页中插入各种多媒体的方法，掌握网页常用行为的添加和设置
知识点：	插入 Flash 动画、插入其他多媒体、添加行为等
学习时间：	3 小时

 ## 在网页中都可以插入哪些多媒体内容呢?

    随着因特网的快速发展,普通的文字、图像的网站页面已经不能满足浏览者对页面美观和互动性的需求,所以在网页中应用的多媒体内容也越来越多。在网页中除了可以使用文字和图像元素表达信息外,还可以在网页中插入 Flash 动画、FLV 视频、声音、视频、Shockwave 动画等内容,从而丰富网页的效果,使得页面更加精彩。

精美的网页设计作品

表单是如何实现信息交互的

Flash CS5.5 是 Adobe 公司推出的最新版本的 Flash 软件，利用它可以制作出文件体积小、效果精美的矢量动画。Flash 动画是目前网络上最流行、最实用的动画格式，在网页设计制作过程中会使用到大的 Flash。

什么是内部链接

在网页中适当运用多媒体内容，可以增强页面的视觉效果，并且能够更好地突出主题内容，吸引浏览者的目光。但如果网页中使用的多媒体过多、过杂，反而会给浏览者一种杂乱的感觉，影响浏览者对信息的查找。

什么是外部链接

行为是由事件和该事件触发的动作组成的。动作是由预先编写好的 JavaScript 代码组成的，这些代码可以执行特定的任务，如播放声音、弹出窗口等，设计时可以将行为放置在网页文档中，以允许浏览者与网页本身进行交互，从而以多种方式更改页面或触发某任务的执行。

第15个小时：在网页中插入Flash

现在的网站页面上非常流行的元素就是 Flash 动画，使用 Flash 软件制作的动画，不但效果华丽，而且文件的占用体积较小，下面我们将向大家介绍如何在网页中插入 Flash 动画和 FLV 视频。

▲5.1 插入 Flash 动画

如今的网络世界中，Flash 动画广泛存在，因为 Flash 动画的动态效果特别强，比静态的图片更能够吸引人们的注意力，几乎每一个网站页面都会有 Flash 动画，接下来我们就向大家讲解怎样在网页中插入 Flash 动画。

执行"文件>打开"命令，打开页面"光盘\源文件\第 5 章\51-1.html"，如图 5-1 所示。将光标移至页面中，单击"插入"面板上的"媒体"按钮旁的倒三角按钮，在弹出的菜单中选择 SWF 选项，如图 5-2 所示。

图 5-1　打开页面　　　　　　　　　　　　　　　　图 5-2　选择 SWF 选项

弹出"选择 SWF"对话框，选择"光盘\源文件\第 5 章\images\open.swf"，如图 5-3 所示。单击"确定"按钮，弹出"对象标签辅助功能属性"对话框，如图 5-4 所示。

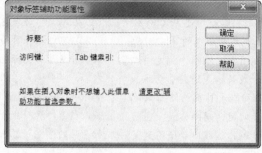

图 5-3　"选择 SWF"对话框　　　　　　图 5-4　"对象标签辅助功能属性"对话框

　　单击"取消"按钮，即可将 Flash 动画插入到页面中，如图 5-5 所示。在页面中插入 Flash 动画，执行"文件>保存"命令在浏览器中预览动画效果，如图 5-6 所示。

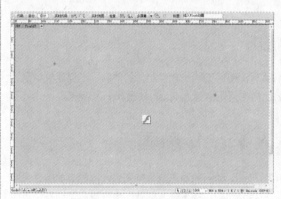

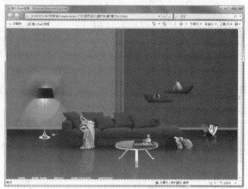

图 5-5　插入 Flash 动画　　　　　　　图 5-6　在浏览器中预览 Flash 动画效果

▲*5.2* Flash 动画属性设置

　　选中在页面中插入的 Flash 动画，打开"属性"面板，即可对 Flash 动画的相关属性进行设置，如图 5-7 所示。

图 5-7　Flash 动画"属性"面板

➤ 循环：选中该复选框时，Flash 动画将循环播放且不停止，当取消选中该选项复选框时，Flash 动画在播放一遍后将停止播放。默认情况下，该复选框为选中状态。

➤ 自动播放：选中该选项复选框时，当该页面加载完成后，Flash 将自动播放，取消选中该复选框时，将不会自动播放 Flash 动画。默认情况下，该复选框为选中状态。

➤ 垂直边距：通过在该文本框中输入数值，可以控制 Flash 动画是上方与其上面其他页面元素、Flash 动画是下方与其下面其他页面元素之间的距离。

➤ 水平边距：通过在该文本框中输入数值，可以控制 Flash 动画的左方与其左边其他页面元素、

Flash 动画的右方与其右边其他页面元素之间的距离。

➢ 品质：通过该选项可以控制 Flash 动画在网页中播放的观赏效果，设置越高，播放的效果就越好，在该选项的下拉菜单中包含了 4 个选项，如图 5-8 所示。

选择"低品质"选项则优先显示播放速度；选择"自动低品质"选项则优先显示播放速度，如果有需要还可以改善画面效果；选择"高品质"选项则与"低品质"相反，优先显示画面效果；选择"自动高品质"选项，则同时优先显示播放速度和画面效果，如果有可能，会因为播放速度影响画面效果。

➢ 比例：通过该选项可以控制 Flash 动画显示画面的比例，在该选项的下拉菜单中包含了 3 个选项，如图 5-9 所示。

选择"默认（全部显示）"选项，则 Flash 动画会在页面中全部显示，各部分的比例将不会改变；选择"无边框"选项，则在某些情况下 Flash 动画在页面中显示不出左右两边的部分内容；选择"严格匹配"选项，则 Flash 动画在页面中仍然会全部显示，但各部分的比例可能会有所改变。

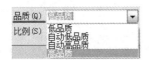

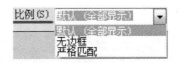

图 5-8 "品质"选项　　　　　　　　图 5-9 "比例"选项

➢ 对齐：该选项用来设置 Flash 动画的对齐方式，在该选项的下拉菜单中包含了 10 个选项，如图 5-10 所示。

➢ Wmode 该选项用来设置 Flash 动画能否显示出页面的背景，在该选项的下拉菜单中包含了 3 个选项，如图 5-11 所示。

图 5-10 "对齐"选项　　　　　　　　图 5-11 "Wmode"选项

➢ "播放"按钮：在 Dreamweaver 中选中需要播放的 Flash 动画，单击"属性"面板上的"播放"按钮，即可在 Dreamweaver 中直接预览该 Flash 动画的效果，如图 5-12 所示。

➢ "参数"按钮：在 Dreamweaver 中选中 Flash 动画，单击"属性"面板中的"参数"按钮，弹出"参数"对话框，在该对话框中可以设置需要传递给 Flash 动画的附加参数，如图 5-13 所示。

图 5-12 在 Dreamweaver 中预览 Flash 动画效果　　　　图 5-13 "参数"对话框

➤ 背景颜色：该选项是用来设置 Flash 动画的背景颜色，当 Flash 动画在页面中还未显示的时候，即显示设置的背景颜色。

➤ "编辑"按钮：在 Dreamweaver 中选中需要编辑的 Flash 动画，单击"属性"面板上的"编辑"按钮，即可打开 Flash 软件对该 Flash 动画进行编辑。

▲5.3 插入 FLV 视频

使用 Dreamweaver CS5.5，可以很方便地在网页中插入 FLV 视频文件，下面我们将向大家讲解如何在网页中插入 FLV 视频文件。

打开 Dreamweaver CS5.5，新建一个空白页面，如图 5-14 所示。执行"文件>另存为"命令，弹出"另存为"对话框，对网页的保存路径和文件名进行设置，单击"保存"按钮即可保存该页面，如图 5-15 所示。

图 5-14　新建空白页面　　　　　　　　　　图 5-15　"另存为"对话框

将光标移至页面中，单击"插入"面板上的"媒体"按钮旁的倒三角按钮，在弹出的菜单中选择 FLV 选项，如图 5-16 所示，弹出"插入 FLV"对话框，如图 5-17 所示。

图 5-16　选择 FLV 选项　　　　　　　　　图 5-17　"插入 FLV"对话框

➤ 视频类型：该选项用来设置插入到网页中的 FLV 视频的类型，在该选项的下拉菜单中包含了 2 个选项，如图 5-18 所示。

如果选择"累进式下载视频"选项，则将 FLV 视频文件下载到浏览者的硬盘上再进行播放，但允许边下载边播放；如果选择"流视频"选项，则先对 FLV 视频进行流式处理，然后在可以确保一段视频流畅播放的很短的缓冲时间后，再在网页上播放该视频。

➢ URL：该文本框用来指定 FLV 视频文件的绝对路径或相对路径，如果要指定相对路径的 FLV 视频文件，则单击"浏览"按钮来插入 FLV 视频文件即可，如果要指定绝对路径的 FLV 视频文件，则直接输入 FLV 视频文件的 URL 地址即可。

➢ 外观：该选项用来设置 FLV 视频组件的外观，当选择某个选项时，则显示相对应的外观效果，在该选项的下拉菜单中包含了 9 个选项，如图 5-19 所示。

图 5-18　"视频类型"选项　　　　　　　　　　図 5-19　"外观"选项

➢ 宽度和高度：该选项是通过在文本框中输入数值来设置 FLV 视频文件的宽度和高度，单击"检测大小"按钮，可以自动检测 FLV 视频文件的准确宽度和高度。

➢ 自动播放：该复选框是用来设置用户在打开页面时是否自动播放该 FLV 视频。

➢ 自动重新播放：该复选框是用来设置 FLV 视频文件播放完成后是否自动返回到起始位置。

单击 URL 文本框后的"浏览"按钮，弹出"选择 FLV"对话框，选择"光盘\源文件\第 5 章 \images\movie.flv"，如图 5-20 所示。单击"确定"按钮，对其余选项进行设置，如图 5-21 所示。

图 5-20　"选择 FLV"对话框　　　　　　　　　図 5-21　"插入 FLV"对话框

单击"确定"按钮，即可在页面中插入 FLV 视频，如图 5-22 所示。保存页面，在浏览器中看到插入到网页中的 FLV 视频的效果，如图 5-23 所示。

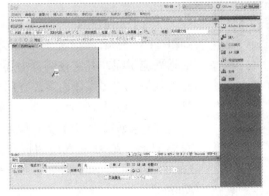

图 5-22　插入 FLV 视频　　　　　　　　　　図 5-23　在浏览器中预览 FLV 视频

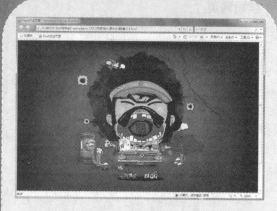

制作 Flash 欢迎页面.swf

5-1.html

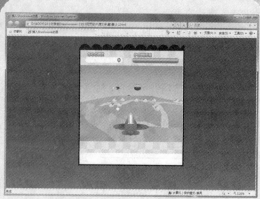

在网页中插入 Shockwave 动画.swf

5-2.html

使用 Applet 实现图像特效.swf

5-3.html

自我检测

学习了如何在网页中插入 Flash 动画和 FLV 视频，是不是对多媒体网页更感兴趣了呢？其实在网页中还可以插入其他一些多媒体内容，在后面的时间中我们会慢慢学习。

接下来通过 3 个有关多媒体网页的小案例，练习一下在网页中插入 Flash 动画、Shockwave 动画和 Applet。

自测32 制作 Flash 欢迎页面

随着人们对网页形式、互动效果的要求越来越高，Flash 动画在网页中的应用越来越广泛，很多个人网站或企业网站都会将网站的欢迎页面制作成 Flash 动画的形式，这样既可以吸引浏览者的眼光，又能够更好地表现网站的主题内容，本实例将一起制作一个 Flash 欢迎页面。

使用到的技术	插入 Flash 动画
学习时间	10 分钟
视频地址	光盘\视频\第 5 章\制作 Flash 欢迎页面.swf
源文件地址	光盘\源文件\第 5 章\5-1.html

01 执行"文件>新建"命令，新建一个 HTML 页面，将该页面保存为"光盘\源文件\第 5 章\5-1.html"。

02 新建 CSS 样式表文件，将其保存为"光盘\源文件\第 5 章\style\5-1.css"。返回 5-1.html 页面中，链接刚创建的外部 CSS 样式表文件。

```
* {
    margin: 0px;
    padding: 0px;
}
body {
    font-family: Arial, Helvetica, sans-serif;
    font-size: 12px;
    color: #FFFFFF;
    background-color: #000000;
}
```

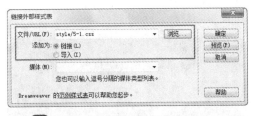

03 切换到 5-1.css 文件中，创建一个名为 * 的通配符 CSS 规则，再创建一个名为 body 的标签 CSS 规则。

04 返回 5-1.html 页面中，可以看到页面的背景效果。

```
#flash {
    width: 1024px;
    height: 768px;
    margin: 0px auto;
}
```

05 单击"插入"面板上的"插入 Div 标签"按钮，在页面中插入一个名为 Flash 的 Div。

06 切换到 5-1.css 文件中，创建名为 #flash 的 CSS 规则。

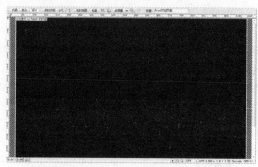 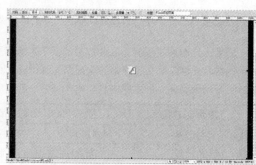

07 返回 5-1.html 页面中，可以看到名为 flash 的 Div 的效果。

08 将光标移至名为 flash 的 Div 中，删除多余文字，插入 Flash 动画"光盘\源文件\第 5 章\images\index.swf"。

09 选中刚插入的 Flash 动画，单击"属性"面板上的"播放"按钮，可以在 Dreamweaver 的设计视图中预览 Flash 动画效果。

10 完成 Flash 欢迎页的制作，执行"文件 >保存"命令，保存页面，在浏览器中预览页面，可以看到页面的效果。

操作小贴士：

在网页中插入 Flash 动画时，会弹出"对象标签辅助功能属性"对话框，用于设置媒体对象辅助功能选项，屏幕阅读器会朗读该对象的标题。在"标题"文本框中输入媒体对象的标题。在"访问键"文本框中输入等效的键盘键（一个字母），用以在浏览器中选择该对象。这使得站点访问者可以使用 Ctrl 键 (Windows) 和 Access 键来访问该对象。

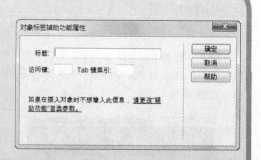

如果输入 B 作为快捷键，则使用 Ctrl+B 组合键在浏览器中选择该对象。在"Tab 键索引"文本框中输入一个数字，以指定该对象的 Tab 键顺序。 当页面上有其他链接和对象，并且需要用户用 Tab 键以特定顺序通过这些对象时，设置 Tab 键顺序就会非常有用。如果为一个对象设置 Tab 键顺序，则一定要为所有对象设置 Tab 键顺序。

自测33　在网页中插入 Shockwave 动画

Shockwave 动画也是网页中一种交互多媒体动画形式，是一种经过压缩的动画格式，播放 Shockwave 动画必须在计算机中安装 Adobe Shockwave Player 插件。本实例我们就来一起练习如何在网页中插入 Shockwave 动画。

使用到的技术	插入 Shockwave 动画
学习时间	10 分钟
视频地址	光盘\视频\第 5 章\在网页中插入 Shockwave 动画.swf
源文件地址	光盘\源文件\第 5 章\5-2.html

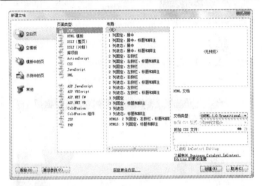

01 执行"文件>新建"命令，新建一个 HTML 页面，将该页面保存为"光盘\源文件\第 5 章\5-2.html"。

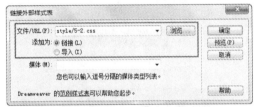

02 新建 CSS 样式表文件，将其保存为"光盘\源文件\第 5 章\style\5-2.css"。返回 5-2.html 页面中，链接刚创建的外部 CSS 样式表文件。

```
* {
    margin: 0px;
    padding: 0px;
    border: 0px;
}
body {
    font-size: 12px;
    color: #FFFFFF;
    background-image: url(../images/5201.gif);
    background-repeat: repeat-x;
}
```

03 切换到 5-2.css 文件中，创建一个名为 *的通配符 CSS 规则，再创建一个名为 body 的标签 CSS 规则。

04 返回 5-2.html 页面中，可以看到页面的背景效果。

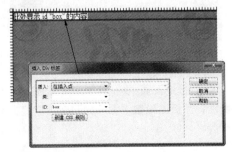

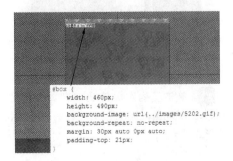

```
#box {
    width: 460px;
    height: 490px;
    background-image: url(../images/5202.gif);
    background-repeat: no-repeat;
    margin: 30px auto 0px auto;
    padding-top: 21px;
}
```

- - -

05 单击"插入"面板上的"插入 Div 标签"按钮，在页面中插入一个名为 box 的 Div。

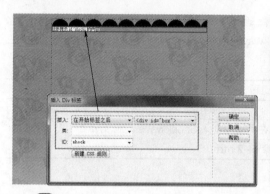

06 切换到 5-2.css 文件中，创建名为 #box 的 CSS 规则。

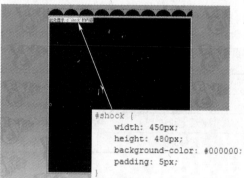

```
#shock {
    width: 450px;
    height: 480px;
    background-color: #000000;
    padding: 5px;
}
```

07 将光标移至名为 box 的 Div 中，删除多余文字，在该 Div 中插入一个名为 shock 的 Div。

08 切换到 5-2.css 文件中，创建名为 #shock 的 CSS 规则。

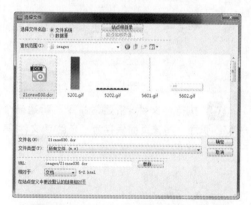

09 将光标移至名为 shock 的 Div 中，删除多余文字，单击"插入"面板上的"媒体"按钮旁的下三角按钮，在弹出的菜单中选择 Shockwave 选项。

10 弹出"选择文件"对话框，在该对话框中选择需要插入的 Shockwave 动画文件。

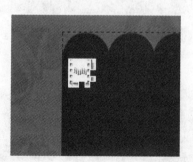

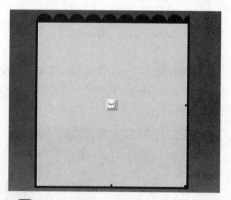

11 单击"确定"按钮，在页面中插入 Shockwave 动画，Shockwave 在设计视图中以图标形式显示。

12 选中页面中的 Shockwave 图标，在"属性"面板上设置"宽"为 450，"高"为 480。

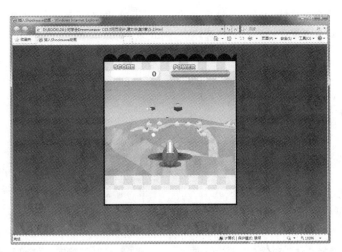

13 执行"文件>保存"命令，保存页面，在浏览器中预览页面，可以看到页面中插入的 Shockwave 动画效果。

操作小贴士：

播放 Shockwave 影片必须使用相应的播放器，在 Netscape Navigator 中，可以通过插件来实现，在 Internet Explorer 中，则是通过 ActiveX 控件来实现。

浏览 Shockwave 动画需要计算机中安装有 Adobe Shockwave Player 插件，如果用户是第一次预览 Shockwave 动画，则浏览器将会提示用户安装 Shockwave Player 插件，安装完成后，就可以预览到 Shockwave 动画的效果了。

自测34　使用 Applet 实现图像特效

Java 是由 Sun Microsystems 公司开发的，它试图在因特网上建立一种可以在任意平台、任意机器上运行的程序（Applet），从而实现多种平台之间的交互操作。本实例我们就通过在网页中插入 Applet 小程序，实现一个图像的特殊效果。

使用到的技术	插入 Applet
学习时间	10 分钟
视频地址	光盘\视频\第 5 章\使用 Applet 实现图像特效.swf
源文件地址	光盘\源文件\第 5 章\5-3.html

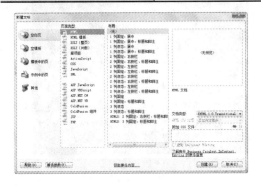

01 执行"文件>新建"命令，新建一个 HTML 页面，将该页面保存为"光盘\源文件\第 5 章\5-3.html"。

02 单击"插入"面板上的"媒体"按钮旁的小三角，从弹出的菜单中选择 APPLET 选项。

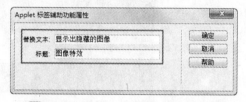

03 弹出"选择文件"对话框，选择需要插入的 Applet 程序，这里选择"光盘\源文件\第 5 章\Twopic.class"。

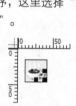

04 单击"确定"按钮，弹出"Applet 标签辅助功能属性"对话框，进行相应的设置。

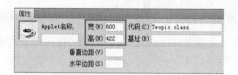

05 单击"确定"按钮，在页面中插入 Applet 占位符。

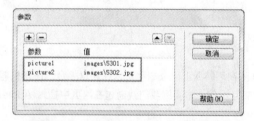

06 选中页面中的 Applet 占位符，在"属性"面板上设置"宽"为600，"高"为422。

07 单击"属性"面板上的"参数"按钮，弹出"参数"对话框，进行相应的设置。

08 单击"确定"按钮，完成"参数"对话框的设置。

09 执行"文件>保存"命令，保存页面，在浏览器中预览页面，在图像上拖动鼠标可以看到 Applet 小程序的效果。

操作小贴士：

当用户使用 Windows XP 系统时，常常会遇到利用 Applet 制作的小程序无法显示的情况。这是因为 Windows XP 系统中并不提供 Java 插件。所以安装 Windows XP 的用户必须下载安装 Java 虚拟机的插件，才能正常浏览使用 Applet 小程序的页面。

第16个小时：在网页中插入其他多媒体

在网页中除了可以插入 Flash 动画和 FLV 视频外，还可以插入其他一些多媒体内容，例如背景音乐、普通视频等，下面我们将为大家做进一步的介绍。

▲*5.4* 网页中支持的音频

在网页中插入背景音乐是增强网页吸引力的一个重要方法之一，一段恰当的音乐能为网页增分不少，网页中支持的音频有很多种，下面我们来向大家一一介绍。

➤ MP3 格式：是 MPEG–Audio Layer–3 的简写，该格式对声音文件进行了"流式"处理，即可不用等到文件全部下载完成也可以收听该文件，它是一种压缩格式的声音，声音品质非常好。

➤ RP 和 Real Audio、RA 或 RAM 格式：该格式的声音文件的大小比 MP3 格式小，压缩程度非常高，全部的声音文件都可以在合理的时间范围内下载。若用户下载并安装了 RealPlayer 辅助应用程序，即可以在文件没有下载完成时收听该文件。

➤ WAV 格式：是 Waveform Extension 的简写，该格式的声音文件可以被大部分浏览器支持，不需要插件，也可以使用 CD 和磁带来录制声音，声音质量比较高，但文件尺寸通常比较大。

➤ AIF 或 AIFF 格式：是 Audio InterchangeFile Format 的简写，该格式的声音文件与 WAV 差不多，声音质量比较高。

➤ MIDI 或 MID 格式：是 Musical Instrument Digital Interface 的简写，该格式的声音文件也同 WAV 格式相似，可以被大部分浏览器支持且不需要插件，但不能被录制，声音品质非常好，但根据不同的声卡，声音效果也不相同。

▲*5.5* 网页中支持的视频

视频文件与音频文件唯一不同的是：一个是让浏览者直接观看到，一个是通过声音传递到浏览者的耳朵中，网页支持的视频格式也有很多。

➤ AVI 格式：是一种 Microsoft Windows 操作系统使用的多媒体文件格式。

➤ MOV 格式：是 Apple 公司推广的一种多媒体文件格式。

➤ WMV 格式：是 Windows Media Player 所使用的多媒体文件格式。

➤ RM 格式：是 Real 公司推广的一种多媒体文件格式，也是网络传播中应用范围最广的格式之一，具有很好的压缩比率。

➤ MPEG 或 MPG 格式：译为"运动图像专家组"，是一种压缩比率比较大的活动图像和声音的视频压缩标准，也是 VCD 光盘所使用的标准。

▲*5.6* 了解 ActiveX

ActiveX 控件只在 Internet Explorer 浏览器中运行，它是可以充当浏览器插件的可重复使用的组件，类似微型的应用程序，下面我们就来向大家介绍一下 Dreamweaver CS5.5 中的 ActiveX 控件。

将光标移至页面中需要插入 ActiveX 控件的地方，单击"插入"面板上的"媒体"按钮旁的倒三角按钮，在弹出的菜单中选择 ActiveX 选项，如图 5-24 所示。弹出"对象标签辅助功能属性"对话框，如图 5-25 所示。

图 5-24　选择 ActiveX 选项　　　　图 5-25　"对象标签辅助功能属性"对话框

单击"取消"按钮，即可在页面中插入 ActiveX 控件，其在设计视图页面中以图标显示，如图 5-26 所示。选中页面中的 ActiveX 控件，打开"属性"面板对其相关属性进行设置，如图 5-27 所示。

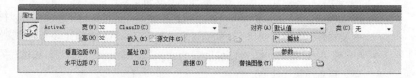

图 5-26　插入 ActiveX 控件　　　　图 5-27　ActiveX"属性"面板

➢ ActiveX：通过在该文本框中进行输入来设置选中的 ActiveX 控件的名称。

➢ "宽"和"高"：输入数值来设置 ActiveX 控件的大小，单位是像素。

➢ "垂直边距"：通过在该文本框中输入数值来控制 ActiveX 控件的上方与其上面其他页面元素、ActiveX 控件的下方与其下面其他页面元素之间的距离。

➢ "水平边距"：通过在该文本框中输入数值来控制 ActiveX 控件的左方与其左边其他页面元素、ActiveX 控件的右方与其右边其他页面元素之间的距离。

➢ ClassID：该选项为浏览器标示 ActiveX 控件，可输入或选择一个值。在加载页面时，浏览器使用该类 ID 来确定与该页面关联的 ActiveX 空间所需的 ActiveX 控件的位置。如果浏览器未找到指定的 ActiveX 控件，则它将尝试从"基址"指定的位置中下载它。

➢ "嵌入"：勾选"嵌入"复选框，则把 ActiveX 控件同时也设置成插件，可以被 Netscape Communicator 浏览器所支持，Dreamweaver CS5.5 将把用户在 ActiveX 控件属性输入的值同样分配给 Netscape Communicator 插件；勾选了"嵌入"复选框后，还可以在后面的"源文件"文本框中设置用于插件的数据文件，如果没有加以设置，那么 Dreamweaver CS5.5 将根据已输入的 ActiveX 属性的值来确定该值。

➤ "基址"：该文本框是用来设置包含该 ActiveX 控件的路径。若浏览者未安装 ActiveX 控件，则浏览器就从这个路径下载该控件；若没有对"基址"文本框进行设置，同时浏览者也未安装 ActiveX 控件，则浏览器将无法显示该 ActiveX 控件。

➤ ID：该文本框是用来设置选中的 ActiveX 控件的 ID 编号。

➤ "数据"：该文本框是用来为选中的 ActiveX 控件指定数据文件的。

➤ "播放"：单击"播放"按钮，即可在 Dreamweaver CS5.5 设计视图窗口中直接预览该 ActiveX 控件的效果，同时"播放"按钮会自动转换成"停止"按钮，当单击"停止"按钮时，则停止该 ActiveX 控件的预览。

➤ "参数"：单击"参数"按钮，会弹出"参数"对话框，参数由"命名"和"值"两部分组成，对参数进行设置可以对该 ActiveX 控件进行初始化。

➤ "替换图像"：该文本框用来设置该 ActiveX 控件的替换图像，当该 ActiveX 控件无法显示时，将由这个图像来替换其进行显示。

5

 制作有背景音乐的网页.swf

5-4.html

 制作视频页面.swf

5-5.html

 制作食品类网站页面.swf

5-6.html

自我
检测

　　在前面一段时间中已经共同学习了网页所支持的音频格式以及视频格式，现在是不是已经跃跃欲试了呢！

　　接下来我们通过 3 个有关多媒体网页案例，一起练习如何在网页中添加背景音乐，在网页中插入视频，以及多媒体网页的制作。

自测35 制作有背景音乐的网页

为网页添加背景音乐有两种方式，一种是在网页中嵌入音频，在页面中嵌入音频可以在页面上显示播放器的外观，包括播放、暂停、停止、音量及声音文件的开始和结束等控制按钮。另一种是直接在页面中添加相应的代码，实现背景音乐的效果。

使用到的技术	嵌入音频、添加背景音乐
学习时间	10 分钟
视频地址	光盘\视频\第 5 章\制作有背景音乐的网页.swf
源文件地址	光盘\源文件\第 5 章\5-4.html

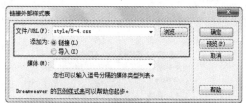

01 执行"文件>新建"命令，新建一个 HTML 页面，将该页面保存为"光盘\源文件\第 5 章\5-4.html"。

02 新建 CSS 样式表文件，将其保存为"光盘\源文件\第 5 章\style\5-4.css"。返回 5-4.html 页面中，链接刚创建的外部 CSS 样式表文件。

```
* {
    margin: 0px;
    padding: 0px;
    border: 0px;
}
body {
    font-family: 宋体;
    font-size: 12px;
    color: #666666;
    line-height: 20px;
}
```

03 切换到 5-4.css 文件中，创建一个名为 *的通配符 CSS 规则，再创建一个名为 body 的标签 CSS 规则。

04 返回 5-4.html 页面中，单击"插入"面板上的"插入 Div 标签"按钮，在页面中插入一个名为 Flash 的 Div。

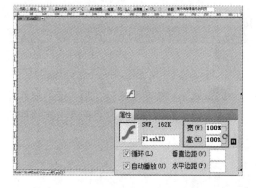

05 将光标移至名为 Flash 的 Div 中，删除多余文字，插入 Flash 动画"光盘\源文件\第 5 章\images\ind.swf"。

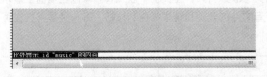

07 在名为 Flash 的 Div 之后插入名为 music 的 Div。

09 将光标移至名为 music 的 Div 中，删除多余文字，单击"插入"面板上的"媒体"按钮旁的下三角按钮，在弹出的菜单中选择"插件"选项。

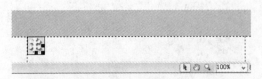

11 单击"确定"按钮，插入后的插件并不会在设计视图中显示内容，而是显示插件的图标。

06 选中刚插入的 Flash 动画，在"属性"面板上设置其"宽"为 100%，"高"为 100%。

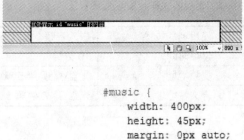

```
#music {
    width: 400px;
    height: 45px;
    margin: 0px auto;
}
```

08 切换到 5-4.css 文件中，创建名为 #music 的 CSS 规则。

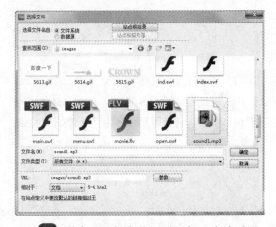

10 弹出"选择文件"对话框，在该对话框中选择需要嵌入到网页中的音频文件。

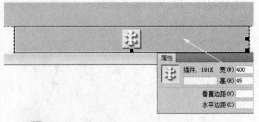

12 选中刚插入的插件图标，在"属性"面板中修改插件的"宽"为 400，"高"为 45。

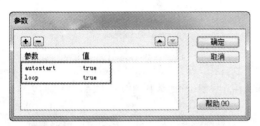

13 单击"属性"面板上的"参数"按钮，弹出"参数"对话框，添加相应的参数设置。

14 单击"确定"按钮，完成"参数"对话框的设置。保存页面，在浏览器中预览页面，可以看到嵌入音乐的效果。

```
37   <script type="text/javascript">
38   swfobject.registerObject("FlashID");
39   </script>
40
41   </body>
42   </html>
```

15 除了可以嵌入音乐，还可以添加背景音乐。返回设计视图，将名为 music 的 Div 删除。

16 转换到代码视图中，将光标定位在 `<body>` 与 `</body>` 标签之间。

```
<script type="text/javascript">
swfobject.registerObject("FlashID");
</script>
<bgsound src="images/sound1.mp3" />
</body>
</html>
```

```
<script type="text/javascript">
swfobject.registerObject("FlashID");
</script>
<bgsound src="images/sound1.mp3" loop="true" />
</body>
</html>
```

17 在"光盘\源文件\第5章\images"目录下提供了 sound1.mp3 文件，在光标所处位置输入代码`<bgsound src="images/sound1.mp3" />`。

18 如果希望循环播放页面中的背景音乐，只需加入循环代码 loop="true"即可。

19 执行"文件>保存"命令，保存页面，在浏览器中预览页面，可以听到页面中美妙的背景音乐，并且在页面中看不到嵌入音乐的播放条。

操作小贴士：

在"参数"对话框中可以为插件添加相应的参数设置。设置 autostart 参数的值为 true，则在打开网页的时候就会自动播放所嵌入的音乐文件。设置 loop 参数的值为 true，则在网页中将循环播放所嵌入的音乐文件。

链接的声音文件可以是相对地址的文件，也可以是绝对地址的文件，用户可以根据需要决定声音文件的路径地址，但是通常都是使用同一站点下的相对地址路径，这样可以防止页面上传到网络上出现错误。

自测36　制作视频页面

在网页中不仅可以添加背景音乐，还可以向网页中插入视频文件，前面已经介绍了在网页中插入FLV 格式的视频文件，本实例我们将一起学习如何在网页中插入其他格式的视频文件。

使用到的技术	插入视频
学习时间	10 分钟
视频地址	光盘\视频\第 5 章\制作视频页面.swf
源文件地址	光盘\源文件\第 5 章\5-5.html

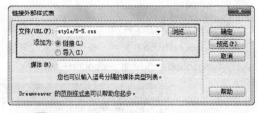

01 执行"文件>新建"命令，新建一个HTML 页面，将该页面保存为"光盘\源文件\第 5 章\5-5.html"。

02 新建 CSS 样式表文件，将其保存为"光盘\源文件\第 5 章\style\5-5.css"。返回 5-5.html 页面中，链接刚创建的外部 CSS 样式表文件。

```
* {
    margin: 0px;
    padding: 0px;
    border: 0px;
}
body {
    font-family: 宋体;
    font-size: 12px;
    color: #666666;
    line-height: 20px;
}
```

03 切换到 5-5.css 文件中，创建一个名为 *的通配符 CSS 规则，再创建一个名为 body 的标签 CSS 规则。

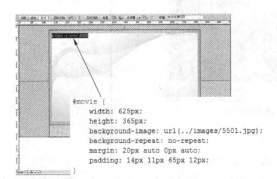

```
#movie {
    width: 625px;
    height: 365px;
    background-image: url(../images/5501.jpg);
    background-repeat: no-repeat;
    margin: 20px auto 0px auto;
    padding: 14px 11px 65px 12px;
}
```

05 切换到 5-5.css 文件中，创建名为 #movie 的 CSS 规则。

04 返回 5-5.html 页面中，单击"插入"面板上的"插入 Div 标签"按钮，在页面中插入一个名为 movie 的 Div。

06 将光标移至页面中名为 movie 的 Div 中，删除多余文字，单击"插入"面板上的"媒体"按钮旁的倒三角按钮，在弹出的菜单中选择"插件"选项。

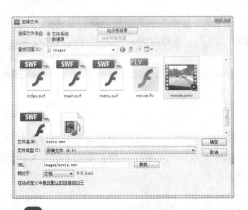

07 弹出"选择文件"对话框，选择"光盘 \源文件\第 5 章\images\ movie.wmv"。

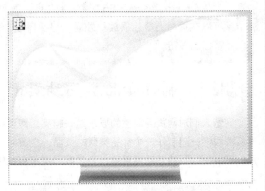

08 单击"确定"按钮，插入后的插件并不会在设计视图中显示内容，而是显示插件的图标。

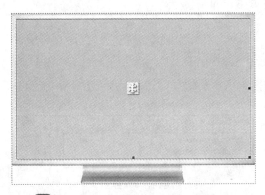

09 选中刚插入的插件图标，在"属性"面板中设置其"宽"为 625，"高"为 365。

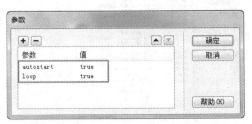

10 单击"属性"面板上的"参数"按钮，弹出"参数"对话框，添加相应的参数设置。

11 单击"确定"按钮，完成"参数"对话框的设置。执行"文件>保存"命令，保存页面，在浏览器中预览页面，可以看到视频播放的效果。

操作小贴士：

在 Dreamweaver CS5.5 中，制作网页时可以将视频直接插入到页面中，在页面中插入视频可以在页面上显示播放器外观，包括播放、暂停、停止、音量及声音文件的开始点和结束点等控制按钮。

自测37 制作食品类网站页面

随着人们对网页互动性的要求越来越高，网页中的 Flash 动画等多媒体内容的运用也越来越广泛，本实例我们一起制作一个食品类网站页面，在该网页中运用了大量的 Flash 动画，通过 Flash 动画的运用，可以使网页的互动性更强，更加吸引浏览者的注意。

使用到的技术	Div+CSS 布局、插入 Flash 动画、设置 Flash 属性
学习时间	20 分钟
视频地址	光盘\视频\第 5 章\制作食品类网站页面.swf
源文件地址	光盘\源文件\第 5 章\5-6.html

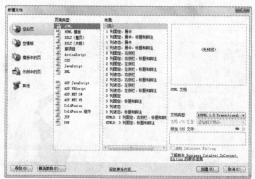

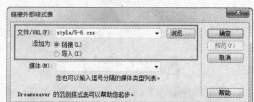

01 执行"文件>新建"命令，新建一个 HTML 页面，将该页面保存为"光盘\源文件\第 5 章\5-6.html"。

```
* {
    margin: 0px;
    padding: 0px;
    border: 0px;
}
body {
    font-family: 宋体;
    font-size: 12px;
    color: #999999;
    line-height: 20px;
    background-image: url(../images/5601.gif);
    background-repeat: repeat-x;
}
```

03 切换到 5-6.css 文件中，创建一个名为 *的通配符 CSS 规则，再创建一个名为 body 的标签 CSS 规则。

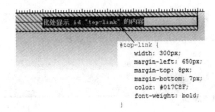

```
#box {
    width: 950px;
    height: auto;
}
```

05 在页面中插入一个名为 box 的 Div，切换到 5-6.css 文件中，创建名为#box 的 CSS 规则。

07 将光标移至名为 top-link 的 Div 中，删除多余文字，输入相应的文字。

```
#top-link span {
    margin-left: 10px;
    margin-right: 10px;
}
```

登录 | 首页 | 邮件 | 站点地图 | 英文版

09 切换到 5-6.css 文件中，创建名为 #top-link span 的 CSS 规则。返回设计页面，可以看到页面效果。

02 新建 CSS 样式表文件，将其保存为"光盘\源文件\第 5 章\style\5-6.css"。返回 5-6.html 页面中，链接刚创建的外部 CSS 样式表文件。

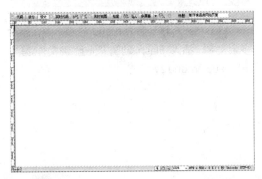

04 返回 5-6.html 页面中，可以看到页面的背景效果。

此处显示 id "top-link" 的内容

```
#top-link {
    width: 300px;
    margin-left: 650px;
    margin-top: 8px;
    margin-bottom: 7px;
    color: #017C8F;
    font-weight: bold;
}
```

06 将光标移至名为 box 的 Div 中，删除多余文字，在该 Div 插入一个名为 top-link 的 Div，切换到 5-6.css 文件中，创建名为#top-link 的 CSS 规则。

```
<div id="box">
  <div id="top-link">登录<span>|</span>首页<span>|</span>邮件
<span>|</span>站点地图<span>|</span>英文版</div>
</div>
```

08 转换到代码视图中，在该 Div 的文字中添加相应的<span>标签。

```
#menu {
    width: 950px;
    height: 95px;
}
```

10 在名为 top-link 的 Div 之后插入名为 menu 的 Div，切换到 5-6.css 文件中，创建名为#menu 的 CSS 规则。

11 将光标移至名为 menu 的 Div 中，删除多余文字，插入 Flash 动画"光盘\源文件\第 5 章\images\menu.swf"。

12 选中刚插入的 Flash 动画，在"属性"面板上设置其 Wmode 属性为"透明"。

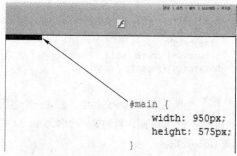

13 单击文档"工具"栏上的"实时视图"按钮，可以预览 Flash 动画的效果。

14 退出实时视图，在名为 menu 的 Div 之后插入名为 main 的 Div，切换到 5-6.css 文件中，创建名为#main 的 CSS 规则。

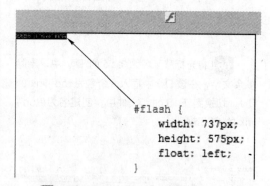

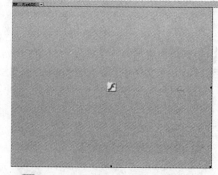

15 将光标移至名为 main 的 Div 中，删除多余文字，在该 Div 中插入一个名为 Flash 的 Div，切换到 5-6.css 文件中，创建名为#flash 的 CSS 规则。

16 将光标移至名为 Flash 的 Div 中，删除多余文字，插入 Flash 动画"光盘\源文件\第 3 章\images\main.swf"。

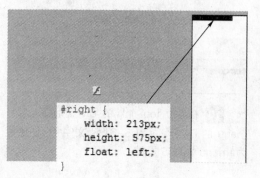

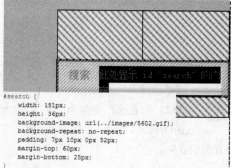

17 在名为 Flash 的 Div 之后插入名为 right 的 Div，切换到 5-6.css 文件中，创建名为#right 的 CSS 规则。

18 将光标移至名为 right 的 Div 中，删除多余文字，在该 Div 中插入名为 search 的 Div，切换到 5-6.css 文件中，创建名为#search 的 CSS 规则。

19 将光标移至名为 search 的 Div 中，删除多余文字，单击"插入"面板上的"表单"选项卡中的"表单"按钮，插入表单域。

20 将光标移至表单域中，单击"插入"面板上的"表单"选项卡中的"文本字段"按钮，弹出"输入标签辅助功能属性"对话框，进行设置。

```
#text {
    width: 115px;
    border: 1px solid #bcdae3;
}
```

21 单击"确定"按钮，插入文本字段。切换到 5-6.css 文件中，创建名为#text 的 CSS 规则。

22 将光标移至文本字段之前，单击"插入"面板上的"表单"选项卡中的"图像域"按钮，弹出"输入标签辅助功能属性"对话框，进行设置。

```
#button {
    float: right;
    margin-right: 5px;
}
```

```
#news-title {
    width: 203px;
    height: 17px;
    background-image: url(../images/5604.gif);
    background-repeat: no-repeat;
    background-position: 10px center;
    text-align: right;
    padding-right: 10px;
    padding-top: 10px;
}
```

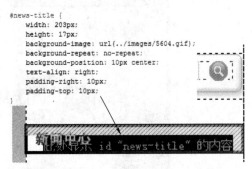

23 单击"确定"按钮，插入图像域。切换到 5-6.css 文件中，创建名为#button 的 CSS 规则。

24 在名为 search 的 Div 之后插入名为 news-title 的 Div，切换到 5-6.css 文件中，创建名为#news-title 的 CSS 规则。

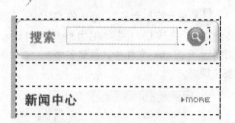

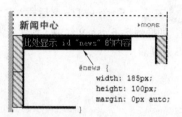

```
#news {
    width: 185px;
    height: 100px;
    margin: 0px auto;
}
```

25 将光标移至名为 news-title 的 Div 中，删除多余文字，插入图像"光盘\源文件\第 5 章\images\5605.gif"。

26 在名为 news-title 的 Div 之后插入名为 news 的 Div，切换到 5-6.css 文件中，创建名为#news 的 CSS 规则。

```
#news li {
    list-style-type: none;
    background-image: url(../images/5606.gif);
    background-repeat: no-repeat;
    background-position: left center;
    padding-left: 10px;
}
```

27 将光标移至名为 news 的 Div 中，删除多余文字，输入相应的文字，并创建项目列表。

28 切换到 5-6.css 文件中，创建名为 #news li 的 CSS 规则。

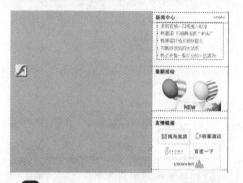

29 使用相同的方法，可以完成右侧页面内容的制作。

30 使用相同的制作方法，可以完成页面版底信息部分内容的制作。

31 完成该食品网站页面的制作，执行"文件>保存"命令，保存页面，在浏览器中预览页面，可以看到页面的效果。

操作小贴士：

在网页中除了可以使用文字和图像元素表达信息外，还可以在网页中插入 Flash 动画、声音、视频等内容，从而丰富网页的效果，使得页面更加精彩。

第17个小时：在网页中应用行为

行为是 Dreamweaver CS5.5 中一种强大的功能，它能使事件与动作结合，从而制作出许多非常炫目华丽的网页交互效果，接下来我们就来为大家进行细致讲解。

▲5.7 事件和动作

打开 Dreamweaver CS5.5，执行"窗口>标签检查器"命令或者按快捷键 F9，打开"标签检查器"面板，如图 5-28 所示。单击该面板上的"添加行为"按钮 ✚，在弹出的菜单中列举了 Dreamweaver CS5.5 中预设的行为，如图 5-29 所示。

图 5-28 "标签检查器"面板

图 5-29 预设的行为

1. 事件

事件实际上是浏览器生成的消息，指示该页面中在浏览时执行某种操作，例如当浏览者将鼠标指针移动到某个链接上时，浏览器为该链接生成一个 onMouseOver 事件（鼠标经过），然后查看是否存在为链接在该事件时浏览器应该调用的 JavaScript 代码。而每个页面元素所能发生的事件不尽相同，例如页面文档本身能发生的 onLoad（页面被打开时的事件）和 onUnload（页面被关闭时的事件）。

2. 动作

动作只有在某个事件发生时才被执行。例如可以设置当鼠标移动到某超链接上时，执行一个动作使浏览器状态栏出现一行文字。

行为可以附加到整个文档中，还可以附加到链接、表单、图像和其他元素中，也可以为每个事件指定多个动作，动作会按照"标签检查器"面板中的显示顺序发生。

▲*5.8* 为网页添加行为

要添加一个行为，先要确定对网页的哪一个具体页面元素添加这个行为，然后执行"窗口>行为"命令，打开"标签检查器"面板，单击"添加行为"按钮 ➕，在弹出的菜单中可以选择需要添加的动作，如图 5-30 所示。

单击一个动作后，会弹出该动作的设置对话框，在其中可以对这个动作的参数进行设置，参数设置完成后，单击对话框中的"确定"按钮完成动作的添加，在"标签检查器"面板中便可以看到添加的动作，如图 5-31 所示。

在动作添加完成后，会自动添加一个触发事件，在该事件上单击变可以进行编辑，如图 5-32 所示。在"动作"处双击弹出该动作的设置对话框，可以对该动作的属性重新进行设置。

图 5-30　"添加行为"菜单

图 5-31　添加行为

图 5-32　编辑已添加的行为

在"行为"窗口中单击一项行为的动作部分，会再次弹出动作菜单，可以对客户端动作进行重新设置。在"行为"窗口中选中一项行为，并单击"删除事件"按钮 ➖，可以删除客户端行为。

▲*5.9* 设 置 文 本

通过设置文本的行为可以为选中的对象替换文本，该行为包含了 4 个选项，分别是"设置容器的文本"、"设置文本域文字"、"设置框架文本"和"设置状态栏文本"，下面我们就一一为大家进行介绍。

1. 设置容器的文本

该行为可以将页面上已有容器（即包含文本或者其他元素的任何元素）的内容和格式替换为指定的内容，该内容也包括任何有效的 HTML 源代码。

在页面中选中某个对象，单击"标签检查器"面板上的"添加行为"按钮 ➕，在弹出的菜单中选择"设置文本>设置容器的文本"选项，弹出"设置容器的文本"对话框，如图 5-33 所示。

➤ "容器"：在该选项的下拉表中列举了该页面中可以包含的文本或者其他元素的任何元素。

➤ "新建 HTML"：可以在该文本框中输入容器中需要显示的相关内容。

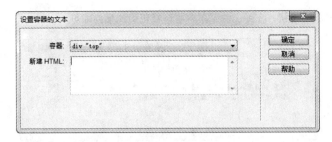

图 5-33 "设置容器的文本"对话框

单击"确定"按钮，完成对"设置容器的文本"对话框的设置。在"行为"面板中确认激活该行为的动作是否正确，若不正确，则单击"扩展"按钮，在弹出的菜单中再选择正确的事件即可。

2. 设置文本域文字

通过使用"设置文本域文字"行为，可使用指定的内容替换表单文本域的内容。如果需要为页面添加该行为，则页面中必须有文本域，否则无法添加该行为。

3. 设置框架文本

该行为用于包含有框架结构的页面，能够变换框架的文本、替换框架的内容和转变框架的显示。

在页面中选中某个对象，单击"标签检查器"面板上的"添加行为"按钮 ➕，在弹出的菜单中选择"设置文本>设置框架文本"选项，弹出"设置框架文本"对话框，如图 5-34 所示。

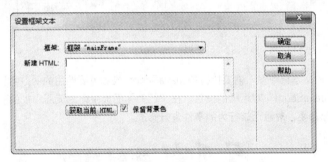

图 5-34 "设置框架文本"对话框

> "框架"：在该选项的下拉菜单中可以选择显示设置文本的框架。
> "新建 HTML"：可以在该文本框中输入选定框架中显示的 HTML 代码。
> "获取当前 HTML"：单击该按钮，可以在窗口中显示框架中<body>标记之间的代码。
> "保留背景色"：勾选该复选框，可以保留框架中原本的背景颜色。

单击"确定"按钮，完成该对话框的设置，在"行为"面板上确认激活该行为的动作是否正确，若不正确，则单击"扩展"按钮，在弹出的菜单中再选择正确的事件即可。

4. 设置状态栏文本

该行为可以在浏览器左下方的状态栏上显示一些文本信息，像一般的提示链接内容、显示欢迎信息等效果，都可以通过对该行为的设置来实现。

选中页面的<body>标签，单击"标签检查器"面板中的"添加行为"按钮 ➕，在弹出的菜单选项中选择"设置文本>设置状态栏文本"选项，弹出"设置状态栏文本"对话框，如图 5-35 所示，可以在"消息"文本框中输入要在浏览器状态栏上显示的信息。

单击"确定"按钮，完成该对话框的设置，在"行为"面板上确认激活该行为的动作是否正确，若不正确，则单击"扩展"按钮，在弹出的菜单中再选择正确的事件即可。

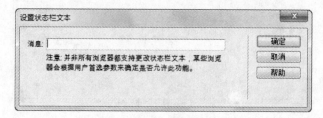

图 5-35 "设置状态栏文本"对话框

▲ *5.10* 调用 JavaScript

当某个鼠标事件发生时，则可以指定调用某个 JavaScript 函数。

在页面中选中某个对象，单击"标签检查器"面板中的"添加行为"按钮 <mark>+</mark>，在弹出的菜单选项中选择"调用 JavaScript"选项，弹出"调用 JavaScript"对话框，如图 5-36 所示。

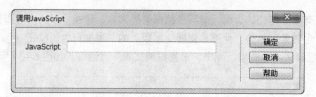

图 5-36 "调用 JavaScript"对话框

在 JavaScript 的文本框中输入需要执行的 JavaScript 或者需要调用的函数名称，单击"确定"按钮，完成对"调用 JavaScript"对话框的设置。在"行为"面板中即生成所添加的"调用 JavaScript"行为，可以根据实际需要，对激活该行为的事件进行修改。

▲ *5.11* 转到 URL

使用"转到 URL"行为可以丰富打开链接的事件及效果。通常网页上的链接只有单击才能够打开，使用"转到 URL"行为后可以使用不同的事件打开链接，同时该行为还可以实现一些特殊的打开链接方式。例如，在页面中一次性打开多个链接，当鼠标经过对象上方的时候打开链接等。

在页面中选中某个对象，单击"标签检查器"面板上的"添加行为"按钮 <mark>+</mark>，在弹出的菜单中选择"转到 URL"选项，弹出"转到 URL"对话框，如图 5-37 所示。

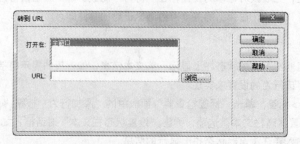

图 5-37 "转到 URL"对话框

在"转到 URL"对话框中的"打开在"列表框中选择打开链接的窗口。在 URL 文本框中输入链接文件的地址，也可以单击"浏览"按钮，在本地硬盘中找到链接的文件。

单击"确定"按钮，完成"转到 URL"对话框的设置，在"行为"面板上可以设置合适的激活该行为的事件。

▲*5.12* 预先载入图像

该行为可以将页面中必须由于某个动作才能加以显示的图片预先就载入进来，从而使得图片的显示效果非常自然、平滑。

在页面中选中某个对象，单击"标签检查器"面板上的"添加行为"按钮 ➕，在弹出的菜单中选择"预先载入图像"选项，弹出"预先载入图像"对话框，如图 5-38 所示。

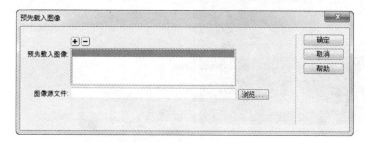

图 5-38 "预先载入图像"对话框

在该对话框中单击"浏览"按钮，对需要预先载入的图像进行选择，单击对话框中的"添加项"按钮 ➕，则可以继续添加需要预先载入的图像。单击"确定"按钮，完成"预先载入图像"对话框的设置，在"行为"面板上可以对激活该行为的事件加以修改。

5

弹出信息.swf

5-7.html

打开浏览器窗口.swf

5-8.html

检查表单.swf

5-9.html

制作餐饮类网站页面.swf

5-10.html

自我检测

了解了 Dreamweaver CS5.5 中有关行为的相关知识后，是不是对行为有所了解了呢？是不是也能够自己动手为网页添加一些实用的行为效果了呢？

接下来我们通过 4 个有关行为应用的小实例，练习一下在网页中添加行为及设置的方法，轻松掌握如何为网页添加特效。

自测38 弹出信息

"弹出信息"行为会在某处事件发生时，弹出一个对话框，提示用户一些信息，这个对话框只有一个按钮，即"确定"按钮。本实例我们就一起为一个网页添加"弹出信息"行为，可以了解到添加行为的方法。

使用到的技术	"弹出信息"行为
学习时间	5 分钟
视频地址	光盘\视频\第 5 章\弹出信息.swf
源文件地址	光盘\源文件\第 5 章\5-7.html

01 执行"文件>打开"命令，打开页面"光盘\素材\第 5 章\5-7.html"。选中页面中的 Flash 动画，单击"属性"面板上的"播放"按钮。

02 在"状态"栏上的标签选择器中单击<body>标签，以选中<body>标签。

03 单击"标签检查器"中的"添加行为"按钮 ，从弹出的菜单中选择"弹出信息"选项，弹出"弹出信息"对话框。

04 在"弹出信息"对话框中的"消息"文本框中输入弹出信息内容。

```
<script type="text/javascript">
function MM_popupMsg(msg) { //v1.0
  alert(msg);
}
</script>
</head>
<body onload="MM_popupMsg('Hello, 欢迎来到本公司网站！')">
```

05 单击"确定"按钮，完成"弹出信息"对话框的设置，在"行为"窗口中将触发该行为的事件修改为 onLoad。

06 切换到"代码视图"，在<body>标记上可以看到刚刚添加的弹出信息行为。

07 执行"文件>保存"命令，保存页面，在浏览器中预览页面，在页面刚载入时，可以看到弹出信息行为的效果。

操作小贴士：

在动作菜单中不能单击菜单中呈灰色显示的动作，这些动作呈灰色显示的原因可能是当前页面中不存在该动作所需要的对象。

添加行为的任何时候都要遵循以下3个步骤：（1）选择对象→（2）添加动作→（3）设置事件。

自测39　打开浏览器窗口

使用"打开浏览器窗口"行为可以在打开一个页面时，同时在一个新的窗口中打开指定的 URL。可以指定新窗口的属性（包括其大小）、特性（它是否可以调整大小、是否具有菜单条等）和名称。例如，可以使用此行为在访问者单击缩略图时，在一个单独的窗口中打一个较大的图像；使用此行为，可以使新窗口与该图像恰好一样大。

使用到的技术	"打开浏览器窗口"行为
学习时间	10 分钟
视频地址	光盘\视频\第 5 章\打开浏览器窗口.swf
源文件地址	光盘\源文件\第 5 章\5-8.html

01 执行 "文件>打开" 命令, 打开页面 "光盘\素材\第 5 章\5-8.html"。选中页面中 的 Flash 动画, 单击 "属性" 面板上的 "播 放" 按钮。

02 选中<body>标签, 单击 "行为" 窗口 中的 "添加行为" 按钮, 在弹出的菜单中选择 "打开浏览器窗口" 选项, 弹出 "打开浏览器窗口" 对话框。

03 在 "打开浏览器窗口" 对话框中可以设置弹出窗口的相关信息。

04 在 "弹出信息" 对话框中的 "消息" 文本框中输入弹出信息内容。

```
<script type="text/javascript">
function MM_openBrWindow(theURL,winName,features) { //v2.0
    window.open(theURL,winName,features);
}
</script>
</head>
<body onload="MM_openBrWindow('http://www.163.com','网易','width=600,height=400')">
```

05 切换到 "代码视图", 在<body>标记上可以看到刚刚添加的打开浏览器窗口行为。

06 执行 "文件>保存" 命令，保存页面，在浏览器中预览页面，当页面打开时，会自动弹出设置好的浏览器窗口。

操作小贴士：

在 "打开浏览器窗口" 对话框中可以对所要打开的浏览器窗品的相关属性进行设置：

➤ "要显示的 URL"：设置在新开的浏览器窗口中显示的页面，可以是相对路径的地址，也可以是绝对路径的地址。

➤ "窗口宽度" 和 "窗口高度"：可以用来设置弹出的浏览器窗口的大小。

➤ "属性"：在该选项中可以选择是否在弹出的窗口中显示 "导航工具栏"、"地址工具栏"、"状态栏" 和 "菜单条"。"需要时使用滚动条" 用来指定在内容超出可视区域时显示滚动条。"调整大小手柄" 用来指定用户应该能够调整窗口的大小。

➤ "窗口名称"：用来设置新浏览器窗口的名称。

自测40 检查表单

在网上浏览时，经常会填写这样或那样的表单，提交表单后，一般都会有程序自动校验表单的内容是否合法。在 Dreamweaver CS5.5 中，通过添加行为就可以轻松实现检查表单的功能，下面让我们一起动手试试吧！

使用到的技术	"检查表单" 行为
学习时间	10 分钟
视频地址	光盘\视频\第 5 章\检查表单.swf
源文件地址	光盘\源文件\第 5 章\5-8.html

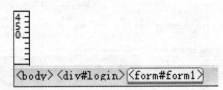

01 执行 "文件>打开" 命令，打开页面 "光盘\素材\第 5 章\5-8.html"。

02 在标签选择器中选中<form#form1>标签，"检查表单" 行为主要是针对<form>标签添加的。

03 单击"标签检查器"面板中的"添加行为"按钮，在弹出的菜单中选择"检查表单"命令，弹出"检查表单"对话框。

04 首先设置 uname 的值是必须的，并且 uname 的值只能接受电子邮件地址。

05 选择 upass，设置其值是必须的，并且 upass 的值必须是数字。

06 单击"确定"按钮，在"行为"窗口中将触发事件修改为 onSubmit，意思为当浏览者单击表单的提交按钮时，行为会检查表单的有效性。

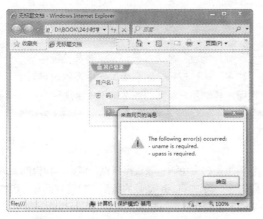

07 保存页面。在浏览器中预览页面，当用户不输入信息，直接单击提交表单按钮后，浏览器会弹出警告对话框。

08 转换到代码视图中，找到弹出警告对话框中的提示英文字段。

```
<script type="text/javascript">
function MM_validateForm() { //v4.0
  if (document.getElementById){
    var i,p,q,nm,test,num,min,max,errors='',args=MM_validateForm.arguments;
    for (i=0; i<(args.length-2); i+=3) { test=args[i+2]; val=document.getElementById(args[i]);
      if (val) { nm=val.name; if ((val=val.value)!="") {
        if (test.indexOf('isEmail')!=-1) { p=val.indexOf('@');
          if (p<1 || p==(val.length-1)) errors+='- '+nm+' 必须是一个E-Mail地址.\n';
        } else if (test!='R') { num = parseFloat(val);
          if (isNaN(val)) errors+='- '+nm+' 必须是数字格式.\n';
          if (test.indexOf('inRange') != -1) { p=test.indexOf(':');
            min=test.substring(8,p); max=test.substring(p+1);
            if (num<min || max<num) errors+='- '+nm+' must contain a number between '+min+' and '+max+'.\n';
      } } } else if (test.charAt(0) == 'R') errors += '- '+nm+' 为必须填写项目.\n'; }
    } if (errors) alert('出现错误:\n'+errors);
    document.MM_returnValue = (errors == '');
} }
</script>
```

09 在代码视图中，将提示信息的英文内容修改为中文内容，这样便可以在弹出的提示对话框中显示出中文了。

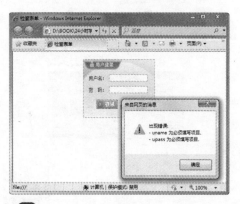 

10 执行"文件>保存"命令，保存页面，在浏览器中预览页面，测试验证表单的行为，可以看到提示对话框中的提示文字内容已经变成了中文。

操作小贴士：

在"检查表单"对话框中可以对相关的参数进行设置：

➤ "域"：在该列表中选择需要检查的文本域。

➤ "值"：在该选项中选择浏览者是否必须填写此项，勾选"必须的"复选框，则设置此选项为必填项目。

➤ "可接受"：在该选项组中设置用户填写内容的要求。勾选"任何东西"单选按钮，则对用户填写的内容不做限制。勾选"电子邮件地址"单选按钮，浏览器会检查用户填写的内容中是否有"@"符号。勾选"数字"单选按钮，则要求用户填写的内容只能为数字。勾选"数字从...到..."单选按钮，将对用户填写的数字范围做出规定。

自测41　制作餐饮类网站页面

本实例设计制作一个餐饮类网站页面，运用绿色作为页面的主色调，表现出自然、健康、积极向上，正好与茶给人们的印象相吻合，更加贴近该网站的主题内容。通过 Flash 动画的运用，使网站具有一定的动感效果，并为页面添加了"状态栏文本"的行为效果，下面就让我们一起来完成该网站页面的制作吧。

使用到的技术	Div+CSS 布局、插入 Flash 动画、添加行为
学习时间	20 分钟
视频地址	光盘\视频\第 5 章\制作餐饮类网站页面.swf
源文件地址	光盘\源文件\第 5 章\5-10.html

 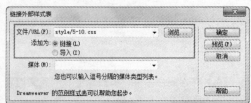

01 执行"文件>新建"命令，新建一个 HTML 页面，将该页面保存为"光盘\源文件\第 5 章\5-10.html"。

```
* {
    margin: 0px;
    padding: 0px;
    border: 0px;
}
body {
    font-family: 宋体;
    font-size: 12px;
    color: #575757;
    line-height: 25px;
    background-image: url(../images/51001.gif);
    background-repeat: repeat-x;
}
```

03 切换到 5-10.css 文件中，创建一个名为*的通配符 CSS 规则，再创建一个名为 body 的标签 CSS 规则。

```
#box {
    width: 960px;
    height: 757px;
    background-image: url(../images/51002.gif);
    background-repeat: no-repeat;
    padding-left: 20px;
}
```

05 在页面中插入一个名为 box 的 Div，切换到 5-10.css 文件中，创建名为#box 的 CSS 规则。

```
#top {
    width: 240px;
    height: 142px;
    background-image: url(../images/51004.jpg);
    background-repeat: no-repeat;
    padding-left: 690px;
    padding-top: 20px;
}
```

07 将光标移至名为 main 的 Div 中，删除多余文字，在该 Div 中插入名为 top 的 Div，切换到 5-10.css 文件中，创建名为#top 的 CSS 规则。

02 新建 CSS 样式表文件，将其保存为"光盘\源文件\第 5 章\style\5-10.css"。返回 5-10.html 页面中，链接刚创建的外部 CSS 样式表文件。

04 返回 5-10.html 页面中，可以看到页面的背景效果。

```
#main {
    width: 940px;
    height: 757px;
    background-color: #FFFFFF;
    background-image: url(../images/51003.gif);
    background-repeat: no-repeat;
    background-position: right top;
    padding-right: 20px;
}
```

06 将光标移至名为 box 的 Div 中，删除多余文字，在该 Div 中插入一个名为 main 的 Div，切换到 5-10.css 文件中，创建名为#main 的 CSS 规则。

- 设为首页
- 创业加盟
- 客服中心

08 将光标移至名为 top 的 Div 中，删除多余文字，输入相应的段落文字，并创建项目列表。

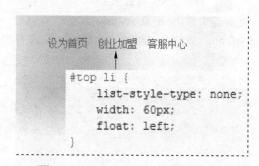

```
.link1 {
    background-image: url(../images/51005.gif);
    background-repeat: no-repeat;
    background-position: left center;
    padding-left: 20px;
}
.link2 {
    background-image: url(../images/51006.gif);
    background-repeat: no-repeat;
    background-position: left center;
    padding-left: 20px;
}
.link3 {
    background-image: url(../images/51007.gif);
    background-repeat: no-repeat;
    background-position: left center;
    padding-left: 20px;
}
```

```
#top li {
    list-style-type: none;
    width: 60px;
    float: left;
}
```

09 切换到 5-10.css 文件中，创建名为 #top li 的 CSS 规则。返回设计页面，可以看到页面效果。

10 切换到 5-10.css 文件中，分别创建名为.link1、.link2 和.link3 的 CSS 规则。

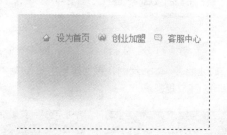

11 选择"设为首页"文字，在"属性"面板上的"类"下拉列表中选择 link1 样式应用。

12 使用相同的方法，为其他两个文字应用相应的 CSS 样式。

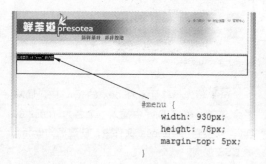

```
#menu {
    width: 930px;
    height: 78px;
    margin-top: 5px;
}
```

```
#login {
    width: 222px;
    height: 65px;
    background-image: url(../images/51008.jpg);
    background-repeat: no-repeat;
    padding-top: 8px;
    padding-left: 58px;
    float: left;
}
```

13 在名为 top 的 Div 之后插入名为 menu 的 Div，切换到 5-10.css 文件中，创建名为 #menu 的 CSS 规则。

14 将光标移至名为 menu 的 Div 中，删除多余文字，在该 Div 中插入名为 login 的 Div，切换到 5-10.css 文件中，创建名为#login 的 CSS 规则。

```
#menu-flash {
    width: 650px;
    height: 78px;
    background-image: url(../images/51010.gif);
    background-repeat: repeat-x;
    float: left;
}
```

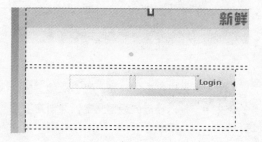

15 根据前面所讲解的表单的制作方法，可以完成该部分登录表单的制作。

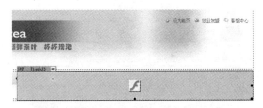

16 在名为 login 的 Div 之后插入名为 menu-flash 的 Div，切换到 5-10.css 文件中，创建名为#menu-flash 的 CSS 规则。

17 将光标移至名为 menu-flash 的 Div 中，删除多余文字，插入 Flash 动画"光盘\源文件\第 5 章\images\ flash-menu.swf"。

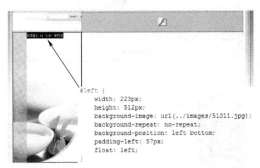

18 选中刚插入的 Flash 动画，在"属性"面板上设置其 Wmode 属性为"透明"。

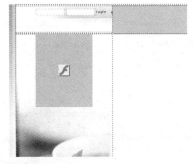

19 在名为 menu 的 Div 之后插入名为 left 的 Div，切换到 5-10.css 文件中，创建名为#left 的 CSS 规则。

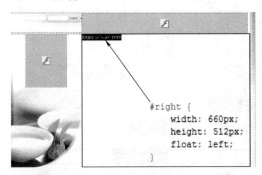

20 将光标移至名为 left 的 Div 中，删除多余文字，插入 Flash 动画"光盘\源文件\第 5 章\images\show.swf"

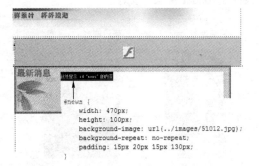

21 在名为 left 的 Div 之后插入名为 right 的 Div，切换到 5-10.css 文件中，创建名为#right 的 CSS 规则。

22 将光标移至名为 right 的 Div 中，删除多余文字，在该 Div 中插入名为 news 的 Div，切换到 5-10.css 文件中，创建名为#news 的 CSS 规则。

```
#news li {
    list-style-type: none;
    display: block;
    line-height: 24px;
    border-bottom: dashed 1px #CCCCCC;
    background-image: url(../images/51013.gif);
    background-repeat: no-repeat;
    background-position: left center;
    padding-left: 15px;
}
```

23 将光标移至名为 news 的 Div 中，删除多余文字，输入相应的段落文本并创建项目列表。

24 切换到 5-10.css 文件中，创建名为 #news li 的 CSS 规则。

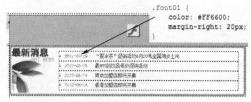

25 返回到设计页面中，可以看到新闻列表的效果。

26 切换到 5-10.css 文件中，创建名为.font01 的 CSS 规则，返回设计页面，选中相应的文字，应用刚创建的样式。

```css
#product {
    width: 200px;
    height: 205px;
    margin-top: 25px;
    margin-bottom: 40px;
    background-image: url(../images/51014.gif);
    background-repeat: no-repeat;
    border-right: dashed 1px #CCCCCC;
    padding-top: 58px;
    float: left;
}
```

27 在名为 news 的 Div 之后插入名为 product 的 Div，切换到 5-10.css 文件中，创建名为#product 的 CSS 规则。

28 将光标移至名为 product 的 Div 中，删除多余文字，插入图像"光盘\源文件\第 5 章 \images\51015.gif"。

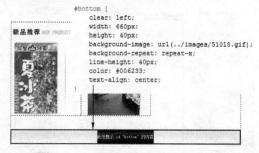

29 在名为 product 的 Div 之后插入名为 hot 的 Div。使用相同的方法，可以完成该 Div 的制作。

30 在名为 hot 的 Div 之后插入名为 bottom 的 Div，切换到 5-10.css 文件中，创建名为#bottom 的 CSS 规则。

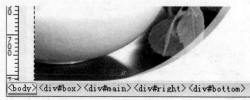

31 将光标移至名为 bottom 的 Div 中，删除多余文字，输入相应的文字。

32 在标签选择器中选择<body>标签。

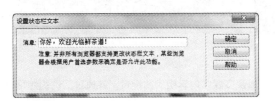

33 单击"行为"窗口中的"添加行为"按钮，从弹出的菜单中选择"设置文本>设置状态栏文本"选项，弹出"设置状态栏文本"对话框。

34 单击"确定"近钮，在"行为"窗口中设置其触发事件为 onLoad。

35 完成该餐饮类网站页面的制作，执行"文件>保存"命令，保存页面，在浏览器中预览页面，可以看到页面的效果。

操作小贴士：

　　使用行为，可以使网页具有一定的动感效果，这些动感效果是在客户端实现的。在 Dreamweaver 中插入客户端行为，实际上是 Dreamweaver 自动给网页添加一些预设好的 JavaScript 脚本代码，这些代码能够实现动感的页面效果。

　　学习了如何在网页中插入各种多媒体内容，以及如何为网页添加行为，接下来我们还需要花一些时间多多练习，这样有助于我们更好地掌握所学习的内容。

总结扩展

本章主要介绍了如何在网页中插入各种多媒体，以及多媒体内容相应的设置，并通过实例的练习，使读者能够更加轻松地理解和应用。具体要求如下：

	了解	理解	精通
插入 Flash 动画			√
设置 Flash 动画属性			√
插入 FLV 视频		√	
插入 Shockwave 动画	√		
插入 Applet	√		
网页中支持的音频格式	√		
网页中支持的视频格式	√		
为网页添加背景音乐			√
在网页中插入视频			√
事件和动作是什么		√	
如何为网页添加行为			√

通过本章的学习，你是否已经掌握了在网页中插入各种多媒体内容的方法呢？并且对于 Dreamweaver 中的行为效果是不是也应用自如了？这些都是在网页设计制作过程中，需要经常用到的一些知识，如果还不是很清楚，就多练习练习吧！在下一章中，我们将要一起学习有关框架、模板和库的相关知识，让我们一起继续前进吧！

第 6 章

以一敌百

——使用框架、模板和库

丰富多彩的网站页面就相当于一个装修华丽的橱窗，好像能感受到里面摆满了很多漂亮的饰品、看到那些非常精美的网站页面，你会不会也有一点心动？本章我们就为大家带来了制作网站页面的一种省时又省力的好方法，那就是运用 Dreamweaver 中模板和库的功能，将制作好的网页创建成模板或存储成库文件，就可以轻松完成大量页面的制作了。

接下来的时间我们给大家详细介绍关于框架、模板和库的使用。

学习目的:	掌握框架结构、模板和库的使用方法
知识点:	插入框架、创建模板、新建库项等
学习时间:	4小时

mini Catalogue

ALWAYS WITH THE MINIGOLD

BEAUTIFUL BRIDE IN THE WORLD

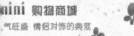

mini 购物商城

气旺盛 情侣对饰的典范

- 男戒/女戒
- 情侣戒/结婚戒
- 吊坠/项链
- 手链/脚链
- Best Seller

PPL SHOP

STAR OF SOUTH AFRICA 南非之星

钻石DIY

MBC 美丽的代言

DIY 订制 >>

如何订制 >>

mini 资讯

- Mini买钻石，资金安全有保障
- Mini钻石美女盛宴惊艳星城车
- 车守刚：用钻石闪耀人生
- 开展网上支付推广活动
- mini钻石机构长沙会所体验活

mini 最新产品　　　　　　　　　▸ more

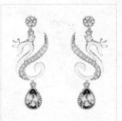

mini 媒体

最佳富有创意的开业活

行为艺术的表现

点击查看更多信息

点击进入

怎样才能更好、更快地完成大量页面的制作呢？

　　"网站"在现今社会已经不是一个新鲜词了，在众多企业或者个人网站日渐增多的时代，这样的现象给网站设计制作者带来了很大的工作量，一个网站的每一个页面都要花费精力一步一步制作，无疑很耗费时间和精力，然而框架、模板和库的出现就大大提高了网站设计制作者的工作效率，通过 Dreamweaver 中的这些功能，网页制作的速度和效率都得以很大的提升。

精美的网页设计作品

什么是框架

框架是一个出现比较早的 HTML 对象，是一种能够使两个或多个网页通过多种类型区域的划分，最终显示在同一个窗口的网页结构。在早期，框架技术大多运用于网页导航，每个区域显示不同的网页，其特点是各个框架之间独立存在、无干扰。

为什么要使用模板和库

当设计制作整个网站的页面时，其中每个页面都有相类似的部分，比如导航、提示信息等，如果每一个页面相同的部分还要一遍一遍重复制作的话，就大大降低了网页设计制作者的工作效率，而使用模板和库的功能，就能够省去这些精力和时间。

模板和库的区别是什么

在 Dreamweaver 中，模板和库都是为提高制作网页的工作效率而存在的，它们的区别就在于模板存储的是一个网站页面的整体布局结构，而库文件存储的是网站页面中局部的对象，是整体与部分的区别。

第18个小时：框架页面

在网页中，框架的作用是将浏览器的窗口划分为多个部分进行显示，每个部分显示不同的网页元素，在模板出现之前，框架因为它的结构清晰、框架之间独立性强的特性，在页面导航中一直是普遍应用的。

▲6.1 了解框架

框架结构是使用两个或者两个以上的网页通过对其进行多种类型的划分，并最终显示在一个浏览器窗口中的网页构造，多用于比较固定的导航栏。

1. 框架的组成部分

框架结构是由框架和框架集组成的。

➤ 框架：浏览器窗口中的另一个组成部分，其可以显示与窗口中内容无关的网页文件。
➤ 框架集：将一个浏览器窗口运用几行几列的方式划分成多个组成部分，每个部分的内容显示不同的网页元素。

如图 6-1 所示的就是一个框架结构的页面，不同的部分显示不同的网页文件。

图 6-1 使用了框架结构的页面

2. 框架结构的优点

在网页中应用框架结构可以避免很多不必要的麻烦，同时也很方便用户的访问，下面我们向大家介绍框架结构的优点。

➢ 网站整体风格比较容易统一

每一个网站的页面都有属于自己的一套风格，而每一个网站也不会只有一个页面，如果想要每个页面都保持一样的风格构造，则可以使用框架结构将一些相同的内容单独做成一个页面，并作为框架中的一部分供每个页面使用。

➢ 方便用户的浏览

一般公用的框架内容都会一直固定在窗口的某个位置，且不会随着浏览器窗口的滚动而移动位置，方便用户能够随时单击并跳转去访问其他的页面。

➢ 方便对网页进行修改

一般的网站每隔一段时间就需要进行一次更新，如果逐个页面修改，工作量难免会很大，如果使用框架结构，则只需要修改公用框架里面的内容就可以将其他页面内容一次性同时更新。

3. 框架结构的缺点

框架结构在网页中的应用并不是十全十美的，在方便使用的同时也有不尽如人意的地方。

➢ 页面的排版达不到绝对精确

在使用框架结构对网页的内容进行排版时，对于对齐等属性设置要想达到绝对的精确，则会有些难度。

➢ 对网页的下载速度有影响

使用框架结构的网站页面，用户在浏览时网页的下载速度也许会稍微有些慢。

➢ 有些浏览器对框架结构的网页并不支持

有些早期的浏览器和一些特定的浏览器有可能不支持框架结构的网页。

▲*6.2* 插入预定义框架集

Dreamweaver CS5.5 为用户提供了许多创建框架集的方法，其中预定义框架集的存在可以为用户省去自己建立框架集的麻烦，可以直接使用定义好的框架集。

打开 Dreamweaver CS5.5，打开"插入"面板，如图 6-2 所示。切换到"布局"选项卡，单击"框架"按钮旁边的倒三角按钮，在弹出的菜单中选择相应的选项，如图 6-3 所示。

图 6-2 "插入"面板

图 6-3 选择"左侧框架"选项

选择"左侧框架"选项后，会弹出"框架标签辅助功能属性"对话框，单击"确定"按钮，即可插入预定义框架集，页面的效果如图 6-4 所示。执行"窗口>框架"命令，打开"框架"面板，可以在

"框架"面板中看到刚插入的框架集，如图6-5所示。

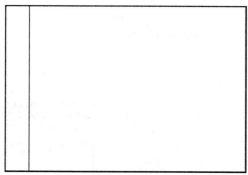

图6-4 框架集效果

图6-5 "框架"面板

▲6.3 手动设计框架集

当 Dreamweaver CS5.5 中预定义的框架集不能够满足用户的需要时，用户还可以自己手动设计框架集。

打开 Dreamweaver CS5.5，如图6-6所示。执行"查看>可视化助理>框架边框"命令，如图6-7所示。

图6-6 执行命令前

图6-7 执行命令后

将鼠标放在框架的水平边框上，当鼠标变成双向箭头时，单击鼠标不放即可拖曳出一条水平的框架边框，如图6-8所示。将鼠标放在框架的垂直边框上，当鼠标变成双向箭头时，单击鼠标不放既可拖曳出一条垂直的框架边框，如图6-9所示。

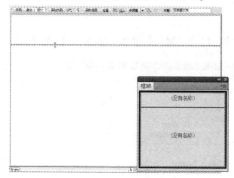

图6-8 拖曳出水平框架边框

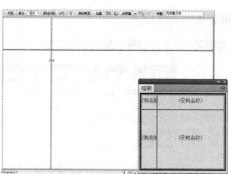

图6-9 拖曳出垂直框架边框

将鼠标放在页面的一个角上，当鼠标变成十字箭头时，单击鼠标不放即可将页面一次性划分成 4 个框架，如图 6-10 所示。

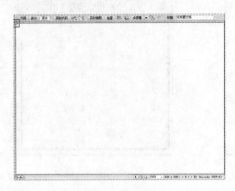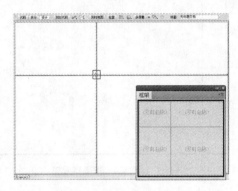

图 6-10　划分成 4 个框架

在划分好的框架上选中某个框架，如图 6-11 所示。单击鼠标不放进行拖曳，可划分出更多嵌套的框架，如图 6-12 所示。

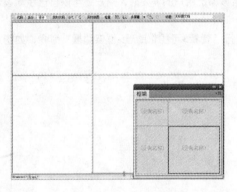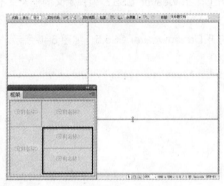

图 6-11　选中某个框架　　　　　　图 6-12　拖曳出嵌套框架

▲*6.4*　框架集与框架的属性设置

在建立好框架或框架集之后，还可以通过"属性"面板对框架或者框架集进行修改和调整，下面我们就向大家介绍怎样通过"属性"面板的设置对框架或框架集进行调整。

1. 框架集的属性设置

选中建立好的整个框架集，执行"窗口>属性"命令，打开"属性"面板，如图 6-13 所示。

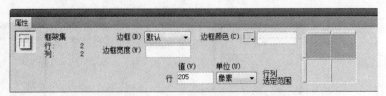

图 6-13　框架集的"属性"面板

➢ 框架集：在框架集信息区域显示的是当前整个框架的构造。
➢ 边框：用来设置框架是否有边框，在该选项的下拉菜单中包含了 3 个选项，如图 6-14 所示。如果选择"是"则有边框，若选择"否"则无边框，若选择"默认"则由浏览器决定是否有边框。
➢ 边框宽度：通过在文本框中输入数值来设置框架边框的宽度。
➢ 边框颜色：用来设置框架中边框的颜色，用户可以自行输入颜色值进行设置，也可以单击颜色框，打开拾色器进行设置，如图 6-15 所示。

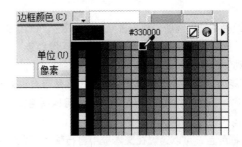

图 6-14 "边框"下拉菜单   图 6-15 "拾色器"面板

➢ 设置框架结构的拆分比例：可以在"属性"面板最右侧的框中选择需要设置的框架，选择后会在"值"和"单位"两个选项中出现该框架所对应的属性值，如果在"属性"面板中选择的框架是上下拆分，则显示"行"项的数值，如图 6-16 所示；如果是左右拆分，则显示"列"项的数值，如图 6-17 所示。"值"选项对于"行"指的是高度，对于"列"指的是宽度，且可以在"单位"选项的下拉菜单中对"值"的单位进行设置。

图 6-16 显示"行"项的数据   图 6-17 显示"列"项的数据

2. 框架的属性设置

在"框架"面板中选中需要进行设置的框架，在"属性"面板中可以对该框架属性进行设置，如图 6-18 所示。

图 6-18 框架的"属性"面板

➢ 框架名称：通过该文本框可以为选中的框架命名。
➢ 源文件：该文本框中显示的是该框架中插入的框架网页的路径，页面未保存时使用的是绝对路径，保存之后使用的是相对路径。
➢ 边框：用来设置框架是否显示边框，在该选项的下拉菜单中包含了 3 个选项，如图 6-19 所示。

➤ 滚动：用来设置当框架中的内容过多而超出框架的范围时是否出现滚动条，在该选项的下拉菜单中包含了 4 个选项，如图 6-20 所示。

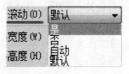

图 6-19　"边框"下拉菜单　　　　　　　　图 6-20　"滚动"下拉菜单

如果选择"是"选项，则一直显示滚动条；如果选择"否"选项，则不显示滚动条；如果选择"自动"选项，则只在框架内容超出范围时才显示滚动条；如果选择"默认"选项，在大多数浏览器中则相当于"自动"选项。

➤ 不能调整大小：该复选框是用来设置是否允许访问者调整框架的边框，如果不勾选该复选框，则访问者使用浏览器浏览网页时，可以调整框架的大小；如果勾选了该复选框，则访问者就不可以调整框架的大小。

➤ 边框颜色：可以通过在文本框中自行输入颜色值来设置该框架的边框颜色，也可以单击颜色框打开拾色器对颜色进行设置。

➤ 边界宽度：可以通过在该文本框中输入数值来设置框架的左面边框、右面边框与框架中的内容之间空白区域的大小。

➤ 边界高度：可以通过在该文本框中输入数值来设置框架的上面边框、下面边框与框架中的内容之间空白区域的大小。

▲6.5　设置无框架内容

虽然框架结构是比较早的导航技术，可仍然避免不了有些浏览器还是无法显示框架中的内容，使用 <noframes> 和 </noframes> 标记可以解决这个问题，当浏览器显示不了框架集文件时，就会检索到 <noframes> 标记，并显示出标记内容。

打开 Dreamweaver CS5.5，建立一个框架集，如图 6-21 所示。执行"修改>框架集>编辑无框架内容"命令，即可在页面中编辑无框架内容了，页面效果如图 6-22 所示。

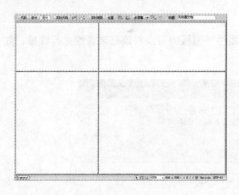

图 6-21　建立框架集　　　　　　　　　　图 6-22　设置无框架内容

完成无框架内容的编辑后，再次执行"修改>框架集>编辑无框架内容"命令，即可退出编辑无框架内容的状态。

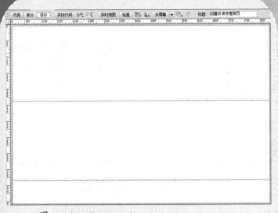

🎬 创建框架页面并保存.swf

📷 6-1.html

🎬 制作框架页面.swf

📷 6-1.html

🎬 制作 IFrame 框架页面.swf

📷 6-3.html

自我检测

　　在前面一段时间中，我们已经共同学习了有关框架的相关知识，也掌握了框架的创建方法以及属性设置，那么就让我们一起动手练习吧！

　　接下来通过几个有关框架的网页案例的制作，可以使我们在实际操作中更容易掌握框架以及 IFrame 框架的创建及设置方法。

自测42　创建框架页面并保存

　　框架主要包括两个部分，一个是框架集，另一个就是框架。在制作框架页面之前，首先需要创建框架集并设置好各个框架，对所有的框架页面进行保存。本实例将学习如何创建框架集和保存框架页面。

使用到的技术	创建框架页面、保存框架页面、设置框架属性
学习时间	10 分钟
视频地址	光盘\视频\第 6 章\创建框架页面并保存.swf
源文件地址	光盘\源文件\第 6 章\6-1.html

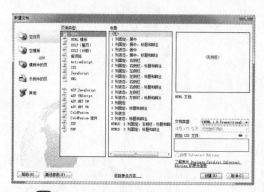

01 执行"文件>新建"命令，弹出"新建文档"对话框，新建 HTML 页面。

02 单击"插入"面板上"布局"选项卡中的"框架"按钮，在弹出的菜单中选择"上方和下方框架"选项。

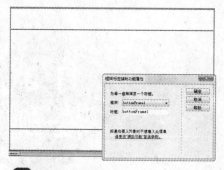

03 弹出"框架标签辅助功能属性"对话框，单击"确定"按钮，即可在页面中插入框架集。

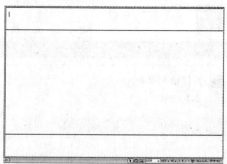

04 将光标放置在上方框架页面中，执行"文件>框架另存为"命令，将其保存为"光盘\源文件\第 6 章\top.html"。

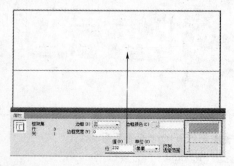

05 依次将中间和下方的框架页面、整个框架集保存为 main.html、bottom.html 和 6-1.html，在"文件"面板中可以查看保存的页面。

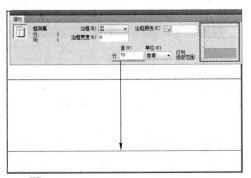

07 在"属性"面板上选中底部的框架页面，设置"行"为 62 像素。

06 选中页面中的整个框架集，在"属性"面板上选中顶部的框架页面，设置"行"为 232 像素。

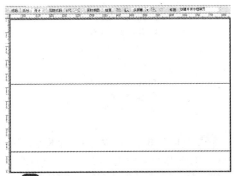

08 执行"文件>保存框架页"命令，保存该框架集，完成框架页面的创建和保存。

操作小贴士：

在 Dreamweaver 中，当在"框架"下拉列表中选择了一种框架时，会弹出"框架标签辅助功能属性"对话框，在该对话框中可以为每个框架指定一个标题，如果要插入框架时不需要弹出该对话框，可以在"首选参数"对话框中选择"分类"列表中的"辅助功能"进行设置。

自测43 制作框架页面

在上一个案例中我们已经创建了框架页面，接下来就一起动手来制作整个框架页面吧。在制作框架页面的过程中，通常我们是分别制作各个框架页面，最后再返回到框架集页面中进行设置和查看整个页面的效果。

使用到的技术	使用 Div+CSS 制作框架页面、显示框架边框
学习时间	20 分钟
视频地址	光盘\视频\第 6 章\制作框架页面.swf
源文件地址	光盘\源文件\第 6 章\6-1.html

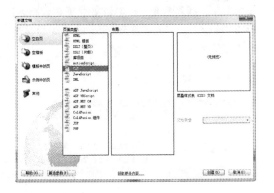

01 接上一个案例，执行"文件>新建"命令，新建一个外部 CSS 样式表文件，将其保存为"光盘\源文件\第 6 章\style\6-2.css"。

```
*{
        margin: 0px;
        padding: 0px;
        border: 0px;
}
body{
        font-family:"宋体";
        font-size:12px;
        color:#575757;
}
```

03 切换到 6-2.css 文件中，创建名为*的通配符 CSS 规则和名为 body 的标签 CSS 规则。

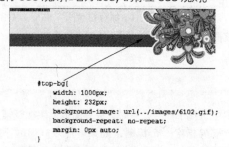

```
#top-bg{
        width: 1000px;
        height: 232px;
        background-image: url(../images/6102.gif);
        background-repeat: no-repeat;
        margin: 0px auto;
}
```

05 将光标移至名为 top 的 Div 中，删除多余文字，在该 Div 中插入名为 top-bg 的 Div，切换到 6-2.css 文件中，创建名为#top-bg 的 CSS 规则。

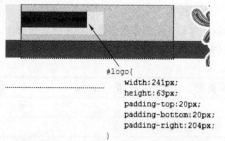

```
#logo{
        width:241px;
        height:63px;
        padding-top:20px;
        padding-bottom:20px;
        padding-right:204px;
}
```

07 将光标移至名为 menu 的 Div 中，删除多余文字，在该 Div 中插入名为 logo 的 Div，切换到 6-2.css 文件中，创建名为#logo 的 CSS 规则。

```
    <div id="menu">
        <div id="logo"><img src="images/6103.gif"
    width="241" height="63" /></div>
        首页<span>|</span>新闻<span>|</span>活动<span>|</span>音乐<span>|</span>影视<span>|</span>社区<span>|</span>论坛<span>|</span>充值</div>
    </div>
</div>
</body>
</html>
```

02 打开"文件"面板，双击 top.html 页面，打开该页面，链接刚创建的外部 CSS 样式表文件。

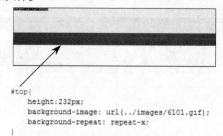

```
#top{
        height:232px;
        background-image: url(../images/6101.gif);
        background-repeat: repeat-x;
}
```

04 在页面中插入名为 top 的 Div，切换到 6-2.css 文件中，创建名为#top 的 CSS 规则。

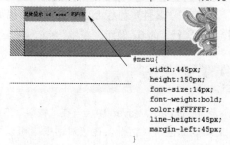

```
#menu{
        width:445px;
        height:150px;
        font-size:14px;
        font-weight:bold;
        color:#FFFFFF;
        line-height:45px;
        margin-left:45px;
}
```

06 将光标移至名为 top-bg 的 Div 中，删除多余文字，在该 Div 中插入名为 menu 的 Div，切换到 6-2.css 文件中，创建名为#menu 的 CSS 规则。

08 将光标移至名为 logo 的 Div 中，删除多余文字，插入图像"光盘\源文件\第 6 章\images\6103.gif"。将光标移至 logo 的 Div 后，输入相应的文字。

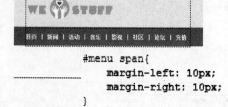

```
#menu span{
        margin-left: 10px;
        margin-right: 10px;
}
```

09 切换到代码视图，为文字添加<span></span>标签。

10 切换到 6-2.css 文件中，创建名为 #menu span 的 CSS 规则，可以看到文字的效果。

11 执行"文件>保存"命令，保存该页面，完成顶部框架页面的制作。

```
#bottom{
    color:#FFFFFF;
    width:100%;
    height:70px;
    background-color:#db0066;
}
```

12 在"文件"面板中双击打开 bottom.html 页面，并链接外部 CSS 样式表"光盘\源文件\第 6 章\style\6-2.css"。

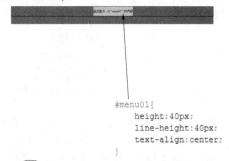

```
#menu01{
    height:40px;
    line-height:40px;
    text-align:center;
}
```

13 在页面中插入名为 bottom 的 Div，切换到 6-2.css 文件中，创建名为#bottom 的 CSS 规则。

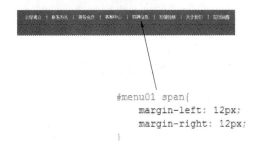

14 将光标移至名为 bottom 的 Div 中，删除多余文字，在该 Div 中插入名为 menu01 的 Div，切换到 6-2.css 文件中，创建名为 #menu01 的 CSS 规则。

```
<body>
<div id="bottom">
    <div id="menu01">公司简介<span>|</span>联系方法
<span>|</span>商务合作<span>|</span>客服中心<span>
|</span>招聘信息<span>|</span>友情链接<span>|</
span>关于我们<span>|</span>在线销售</div>
</div>
</body>
</html>
```

15 将光标移至名为 menu01 的 Div 中，删除多余文字，输入相应的文字。

```
#menu01 span{
    margin-left: 12px;
    margin-right: 12px;
}
```

16 切换到代码视图，为文字添加<span></span>标签。

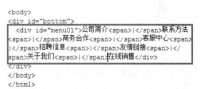

17 切换到 6-2.css 文件中，创建名为 #menu01 span 的 CSS 规则，返回到 6-1.html 页面中，可以看到文字的效果。

19 在"文件"面板中双击打开 main.html 页面，并链接外部 CSS 样式表"光盘\源文件\第 6 章\style\6-2.css"。

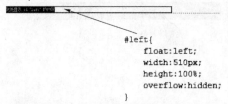

```
#left{
    float:left;
    width:510px;
    height:100%;
    overflow:hidden;
}
```

21 将光标移至名为 main 的 Div 中，删除多余文字，在该 Div 中插入名为 left 的 Div，切换到 6-2.css 文件中，创建名为#left 的 CSS 规则。

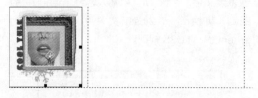

23 将光标移至名为 pic1 的 Div 中，删除多余文字，插入图像"光盘\源文件\第 6 章\images\6104.gif"。

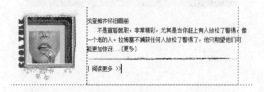

18 使用相同的制作方法，可以完成 bottom.html 页面的制作，保存该页面，完成底部框架页面的制作。

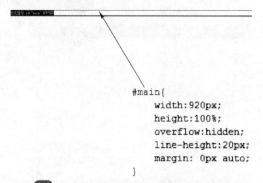

```
#main{
    width:920px;
    height:100%;
    overflow:hidden;
    line-height:20px;
    margin: 0px auto;
}
```

20 在页面中插入名为 main 的 Div，切换到 6-2.css 文件中，创建名为#main 的 CSS 规则。

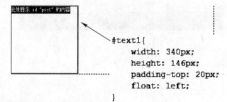

```
#text1{
    width: 340px;
    height: 146px;
    padding-top: 20px;
    float: left;
}
```

22 将光标移至名为 left 的 Div 中，删除多余文字，在该 Div 中插入名为 pic1 的 Div，切换到 6-2.css 文件中，创建名为# pic1 的 CSS 规则。

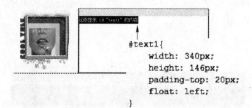

```
#text1{
    width: 340px;
    height: 146px;
    padding-top: 20px;
    float: left;
}
```

24 在名为 pic1 的 Div 之后插入名为 text1 的 Div，切换到 6-2.css 文件中，创建名为#text 的 CSS 规则。

```
.font{
    font-size: 14px;
    color: #db0066;
    font-weight: bold;
}
.font01{
    color: #db0066;
}
.font02{
    color: #db0066;
    font-weight: bold;
    float: right;
}
#text1 img{
    margin-top: 8px;
    margin-bottom: 8px;
}
```

25 将光标移至名为 text1 的 Div 中，删除多余文字，输入文字并插入相应的图像。

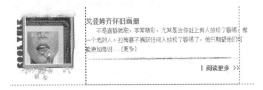

26 切换到 6-2.css 文件中，创建名为.font、.font01、.font02 和#text img 的 CSS 规则。

27 返回到页面中，选中需要设置的文字，在"属性"面板上"类"的下拉列表中应用相应的 CSS 样式。

```
#right{
    float:left;
    width:360px;
    height:100%;
    overflow:hidden;
    margin-left:50px;
}
```

28 使用相同的方法，完成其他部分内容的制作。

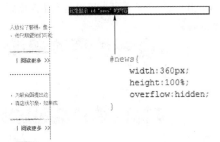

```
#news{
    width:360px;
    height:100%;
    overflow:hidden;
}
```

29 在名为 left 的 Div 之后插入名为 right 的 Div，切换到 6-2.css 文件中，创建名为#right 的 CSS 规则。

30 将光标移至名为 right 的 Div 中，删除多余文字，在该 Div 中插入名为 news 的 Div，切换到 6-2.css 文件中，创建名为#news 的 CSS 规则。

```
#news img{
    margin:7px 4px 7px 4px;
}
```

31 将光标移至名为 news 的 Div 中，删除多余文字，插入相应的图像并输入文字。

32 切换到 6-2.css 文件中，创建名为#news img 的 CSS 规则，可以看到页面的效果。

33 使用相同的制作方法，可以完成页面中其他部分内容的制作。

34 执行"文件>保存"命令，保存该页面，完成中间框架页面的制作。

35 完成所有框架页面的制作，切换到 6-1.html 框架集页面，可以看到整个框架集页面的效果。

36 单击"文档"工具栏上的"可视化助理"按钮，在弹出的菜单中勾选"框架边框"选项，即可显示框架的边框。

37 保存所有的框架页面，在浏览器中预览整个框架页面，可以看到框架页面的效果。

操作小贴士：

在"文件"菜单下，Dreamweaver 提供了 3 个与框架有关的保存命令，分别是"保存框架页"、"框架集另存为"和"保存全部"，其中"保存框架页"命令是用于保存框架文件的，"框架集另存为"命令为保存框架集文件。"保存全部"命令是将页面中包括的所有框架集、框架文件一同保存。

如果希望只单独保存某框架页面，那么只需将光标置于该框架中，再执行"文件>保存框架"命令即可。

新建(N)...	Ctrl+N
打开(O)...	Ctrl+O
在 Bridge 中浏览(B)...	Ctrl+Alt+O
打开最近的文件(T)	▶
在框架中打开(F)...	Ctrl+Shift+O
关闭(C)	Ctrl+W
全部关闭(E)	Ctrl+Shift+W
共享我的屏幕(M)...	
保存框架页(S)	Ctrl+S
框架集另存为(A)...	Ctrl+Shift+S
保存全部(L)	
保存所有相关文件(R)	

自测44 制作IFrame框架页面

IFrame 框架是一种特殊的框架技术，利用 IFrame 框架，可以比框架更加容易地控制网站的内容，由于 Dreamweaver 中并没有提供 IFrame 框架的可视化制作方案，因此需要书写一些页面的源代码，本实例我们就带领大家共同完成一个 IFrame 框架页面的制作。

使用到的技术	Div+CSS 布局、插入 IFrame 框架、设置 IFrame 框架属性
学习时间	20 分钟
视频地址	光盘\视频\第 6 章\制作 IFrame 框架页面.swf
源文件地址	光盘\源文件\第 6 章\6-3.html

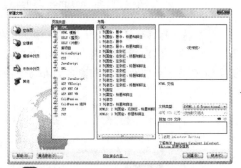

01 执行"文件>新建"命令，新建一个 HTML 页面，将该页面保存为"光盘\源文件\第 6 章\6-3.html"。

```
* {
    margin: 0px;
    padding: 0px;
    border: 0px;
}
body {
    font-family: 宋体;
    font-size: 12px;
    color: #575757;
    line-height: 20px;
}
```

02 新建 CSS 样式表文件，将其保存为"光盘\源文件\第 6 章\style\6-3.css"。返回 6-3.html 页面中，链接刚创建的外部 CSS 样式表文件。

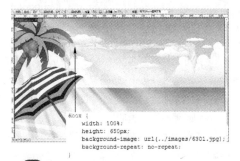

03 切换到 6-3.css 文件中，创建一个名为 *的通配符 CSS 规则，再创建一个名为 body 的标签 CSS 规则。

```
#left {
    width: 270px;
    height: 650px;
    float: left;
}
```

04 返回 6-3.html 页面中，在页面中插入一个名为 box 的 Div，切换到 6-3.css 文件中，创建名为#box 的 CSS 规则。

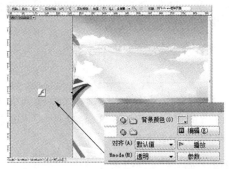

05 将光标移至名为 box 的 Div 中，删除多余文字，在该 Div 中插入一个名为 left 的 Div，切换到 6-3.css 文件中，创建名为#left 的 CSS 规则。

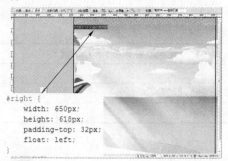

07 在名为 left 的 Div 之后插入名为 right 的 Div，切换到 6-3.css 文件中，创建名为#right 的 CSS 规则。

09 将光标移至名为 menu 的 Div 中，删除多余文字，插入 Flash 动画 "光盘\源文件\第 6 章\images\top-menu.swf"，设置该 flash 动画的 Wmode 属性为 "透明"。

11 在名为 box 的 Div 之后插入名为 bottom 的 Div，切换到 6-3.css 文件中，创建名为#bottom 的 CSS 规则。

06 将光标移至名为 left 的 Div 中，删除多余文字，插入 Flash 动画 "光盘\源文件\第 6 章\images\left.swf"，设置该 Flash 动画的 Wmode 属性为 "透明"。

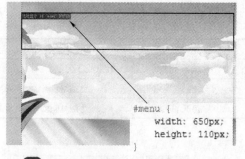

08 将光标移至名为 right 的 Div 中，删除多余文字，在该 Div 中插入名为 menu 的 Div，切换到 6-3.css 文件中，创建名为#menu 的 CSS 规则。

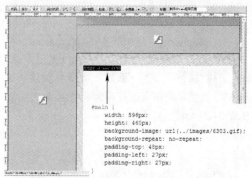

10 在名为 menu 的 Div 之后插入名为 main 的 Div，切换到 6-3.css 文件中，创建名为#main 的 CSS 规则。

12 将光标移至名为 bottom 的 Div 中，删除多余文字，插入图像 "光盘\源文件\第 6 章\images\6304.gif"。

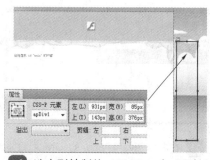

13 单击"插入"面板上的"布局"选项卡中的"绘制 AP Div"按钮,在页面中绘制一个 AP Div。

14 选中刚绘制的 AP Div,在"属性"面板中对相关属性进行设置。

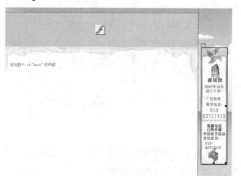

15 将光标移至 AP Div 中,插入图像"光盘\源文件\第 6 章\images\6305.gif"。

16 执行"文件>保存"命令,保存页面,在浏览器中预览页面。

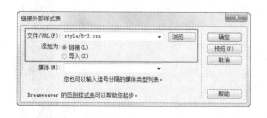

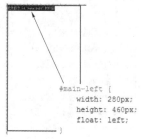

17 新建一个 HTML 文件,保存为"光盘\源文件\第 6 章\3-main.html"。链接外部 CSS 样式文件"光盘\源文件\第 6 章\style\6-3.css"。

18 在页面中插入一个名为 main-left 的 Div,切换到 6-3.css 文件中,创建名为#main-left 的 CSS 规则。

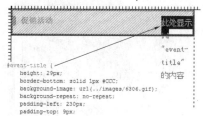

19 将光标移至名为 main-left 的 Div 中,删除多余文字,在该 Div 中插入名为 event-title 的 Div,切换到 6-3.css 文件中,创建名为 #event-title 的 CSS 规则。

20 将光标移至名为 event-title 的 Div 中,删除多余文字,插入图像"光盘\源文件\第 6 章\images\6307.gif"。

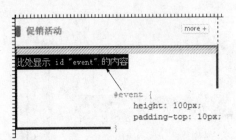

#event {
    height: 100px;
    padding-top: 10px;
}

21 在名为 event-title 的 Div 之后插入名为 event 的 Div，切换到 6-3.css 文件中，创建名为#event 的 CSS 规则。

#event img {
    float: left;
    margin-right: 5px;
}

23 切换到 6-3.css 文件中，创建名为 #event img 的 CSS 规则。

25 返回 6-3.html 页面中，将光标移至名为 main 的 Div 中，删除多余文字，单击"插入"面板上"布局"选项卡中的 IFRAME 按钮。

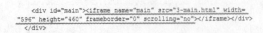

```
<div id="main"><iframe name="main" src="3-main.html" width=
"596" height="460" frameborder="0" scrolling="no"></iframe></div>
</div>
```

27 转换到代码视图中，在<iframe>标签中添加相应的属性设置代码。

22 将光标移至名为 event 的 Div 中，删除多余文字，插入图像并输入相应的图像。

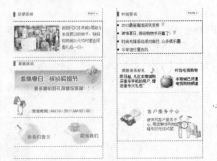

24 使用相同的制作方法，可以插入其他 Div，并完成其他内容的制作。

26 在页面中插入一个浮动框架，这时页面会自动转换到拆分模式，并在代码中生成出 <iframe></iframe>标签。

28 返回设计视图，可以看到页面中 IFrame 框架的效果。

29 完成该 IFrame 框架页面的制作,执行"文件>保存"命令,保存页面,在浏览器中预览页面,可以看到页面的效果。

操作小贴士:

> <iframe>为 IFrame 框架的标记,src 属性代表在这个 IFrame 框架中显示的页面,name 属性为 IFrame 框架的名称,width 属性为 IFrame 框架的宽度,height 属性为 IFrame 框架的高度,scrolling 属性为 IFrame 框架滚动条是否显示,frameborder 属性为 IFrame 框架边框显示属性。
>
> IFrame 框架的高度除了可以设置为固定值以外,还可以设置为自适应高度,只需要将 height 属性设置删除,添加 onload="this.height=this.Document.body.scrollHeight"代码。

第19个小时:创建模板

Dreamweaver CS5.5 中的模板是为了提高设计者创建网站的工作效率和网页更新的速度而存在的,下面我们就来为大家介绍一下模板的创建与使用。

▲6.6 模 板

在 Dreamweaver CS5.5 中,模板是指将之前制作过的网站页面的整体布局结构制作成模板。

模板是一种比较特殊的文档页面,可以用来设计制作大部分布局相类似的页面,当再次用到相似布局的网页时,就可以在模板中直接拿来使用,不用再花费精力去制作了,用户可以创建基于模板的页面,这样的话该页面就继承了所用的模板的布局了。

▲ *6.7* 模板的特点

模板功能的出现给网站设计制作者提供了很大的发挥空间，也给网站页面管理方面减少了许多工作量。

➤ 模板的整体一致性

当使用模板制作的网页需要进行修改时，只要对一个模板进行修改，则其他的页面就会随之进行更新，它们之间共同的内容也能够保持完全的一致，这是模板最强大的功能之一，模板的这个特性对于一些大型的网站很是适用。

➤ 模板页面基本结构的确定性

模板能够确定页面的基本结构，其中包含了文本、图像、页面布局、样式和可编辑区域等对象。

当将一个页面作为模板时，Dreamweaver CS5.5 会自动锁定其中的大部分区域，模板的设计者可以自行定义模板页面中的哪些区域是可编辑的，但在基于模板的文档中，模板的用户只能在设计者定义的可编辑区域中进行修改，锁定的区域则无法进行任何修改操作。

▲ *6.8* 创 建 模 板

在 Dreamweaver CS5.5 中，用户有两种方法可以创建模板。一种是将现有的网页文件另存为模板，然后根据需要再进行修改；另一种是直接新建一个空白模板，再在其中插入需要显示的文档内容。模板实际上也是一种文档，它的扩展名为.dwt，存放在根目录下的 Templates 文件夹中，如果该 Templates 文件夹在站点中尚不存在，Dreamweaver 将在保存新建模板时自动将其创建。

执行"文件>打开"命令，打开一个制作好的页面"光盘\源文件\第 6 章\68-1.html"，效果如图6-23 所示。执行"文件>另存为模板"命令，或者单击"插入"面板中的"模板"按钮，在弹出的菜单中选择"创建模板"选项，如图 6-24 所示。

弹出"另存模板"对话框，如图 6-25 所示。单击"保存"按钮，弹出提示对话框，提示是否更新页面中的链接，如图 6-26 所示。

图 6-23 打开页面

图 6-24 创建模板

图 6-25　"另存模板"对话框　　　　　　图 6-26　提示对话框

　　单击"否"按钮，将"光盘/源文件/第 6 章"中的 images 和 style 文件夹复制到 Templates 文件夹中，完成另存为模板的操作。模板文件即被保存在站点的 Templates 文件夹中，如图 6-27 所示。

　　完成模板的创建后，可以看到刚刚打开的文件 68-1.html 的扩展名变为了.dwt，如图 6-28 所示，该文件的扩展名也就是网页模板文件的扩展名。

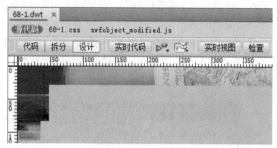

图 6-27　模板文件夹　　　　　　　　　图 6-28　模板文件扩展名

▲6.9　定义可编辑区域

　　在创建一个新的模板时，需要定义可编辑区域，可编辑区域主要是控制模板页面中的哪些区域可以编辑，哪些区域不可以编辑，下面我们就来为大家详细介绍一下可编辑区域是怎么定义的。

　　打开刚创建的模板页面"光盘\源文件\Templates\68-1.dwt"，选中页面中名为 news-list 的 Div，如图 6-29 所示。单击"插入"面板上的"创建模板"按钮旁的向下箭头，在弹出的菜单中选择"可编辑区域"选项，如图 6-30 所示。

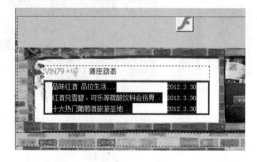

图 6-29　选中需要设置为可编辑区域的 Div　　　图 6-30　选择"可编辑区域"选项

　　弹出"新建可编辑区域"对话框，在"名称"文本框 中输入该区域的名称，如图 6-31 所示。单击"确定"按钮,可编辑区域即被插入到模板页面中,如图 6-32 所示。

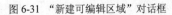

图 6-31 "新建可编辑区域"对话框   图 6-32 插入可编辑区域

▲6.10 定义可选区域

在模板中定义了可选区域后,用户则无法在这些区域中进行编辑,但用户可以根据自己的意愿选择显示或者隐藏这些区域。

继续在模板页面 68-1.dwt 中进行操作,在页面中选中名为 top-link 的 Div,如图 6-33 所示。单击"插入"面板上的"创建模板"按钮旁的向下箭头,在弹出的菜单中选择"可选区域"选项,如图 6-34 所示。

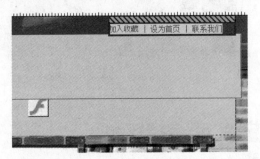

图 6-33 选中页面中相应的内容   图 6-34 选择"可选区域"选项

弹出"新建可选区域"对话框,如图 6-35 所示。通常采用默认设置,单击"确定"按钮,完成"新建可选区域"对话框的设置,在模板页面中定义可选区域,如图 6-36 所示。

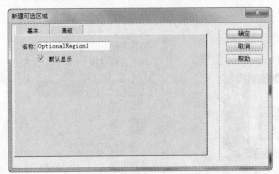

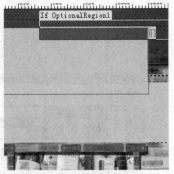

图 6-35 "新建可选区域"对话框   图 6-36 定义可选区域

▲6.11 定义可编辑可选区域

如果将模板中的某一部分定义为可编辑可选区域，则该部分的内容可以进行编辑，并且可以在基于模板的页面中设置显示或者隐藏。

继续在模板页面 68-1.dwt 中进行操作，在页面中选中名为 contact 的 Div，如图 6-37 所示。单击"插入"面板上的"创建模板"按钮旁的向下箭头，在弹出的菜单中选择"可编辑可选区域"选项，如图 6-38 所示。

图 6-37　选中需要定义的区域　　　　　图 6-38　选择"可编辑可选区域"选项

弹出"新建可选区域"对话框，如图 6-39 所示。单击"确定"按钮，完成"新建可选区域"对话框的设置，在页面中定义可编辑可选区域，如图 6-40 所示。

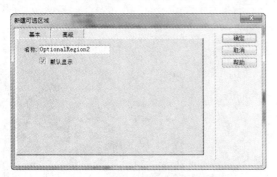

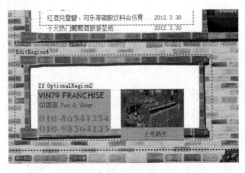

图 6-39　"新建可选区域"对话框　　　　　图 6-40　定义可编辑可选区域

▲6.12 定义重复区域

重复区域是可以根据需要在基于模板的页面中复制任意次数的模板部分。重复区域通常用于表格，但是也可以为其他页面元素定义重复区域。

使用重复区域，用户可以通过重复特定项目来控制页面布局，例如目录项，说明布局或者重复数据行（如项目列表）。重复区域可以使用重复区域和重复表格两种重复区域模板对象。

重复区域不是可编辑区域，如果需要使重复区域中的内容可编辑，必须在重复区域内插入可编辑区域。

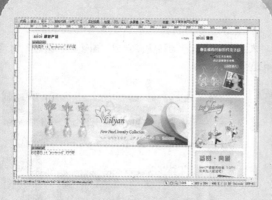

制作模板页面.swf

6-4.html

创建可编辑区域.swf

6-4.html

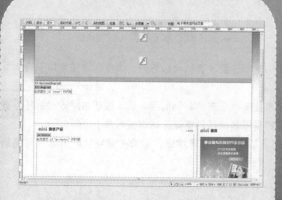

创建可选区域.swf

6-4.html

自我检测

了解了有关模板的特点，以及在 **Dreamweaver** 中创建模板页面和在模板页面中创建各种不同功能区域的方法，你是不是也想自己动手试试呢？

接下来就一起动手完成一个模板页面的创建，并在该模板页面中定义可编辑区域和可选区域。

自测45 制作模板页面

接下来我们制作一个电子商务类网站页面，我们将使用 Dreamweaver 中的模板功能制作该网站页面，首先需要创建模板，并完成模板页面的制作。

使用到的技术	创建模板、Div+CSS 布局
学习时间	20 分钟
视频地址	光盘\视频\第 6 章\制作模板页面.swf
源文件地址	光盘\源文件\ Templates \6-4.dwt

01 执行"文件>新建"命令，弹出"新建文档"对话框，选择"空模板"选项，并选择其他相应的选项。

02 单击"创建"按钮，创建一个 HTML 模板页面，执行"文件>保存"命令，弹出提示对话框，提示页面中没有定义可编辑区域。

03 单击"确定"按钮，弹出"另存模板"对话框，并进行设置，单击"确定"按钮，保存模板。

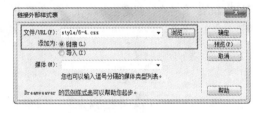

04 新建一个 CSS 样式表文件，将其保存为"光盘\源文件\Templates\style\ 6-4.css"。返回模板页面中，链接刚创建的 CSS 样式表。

```
* {
    margin: 0px;
    padding: 0px;
    border: 0px;
}
body {
    font-family: 宋体;
    font-size: 12px;
    color: #333;
    line-height: 20px;
    background-image: url(../images/6401.jpg);
    background-repeat: repeat-x;
    background-position: 0px 74px;
}
```

05 切换到 6-4.css 文件中，创建一个名为 *的通配符 CSS 规则，再创建一个名为 body 的标签 CSS 规则。

06 返回 6-4.dwt 模板页面中，可以看到页面的背景效果。

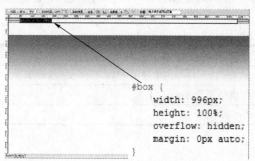

```
#box {
    width: 996px;
    height: 100%;
    overflow: hidden;
    margin: 0px auto;
}
```

```
#top {
    height: 74px;
}
```

07 在页面中插入名为 box 的 Div，切换到 6-4.css 文件中，创建名为#box 的 CSS 规则。

08 将光标移至名为 box 的 Div 中，删除多余文字，在该 Div 中插入名为 top 的 Div，切换到 6-4.css 文件中，创建名为#top 的 CSS 规则。

```
#logo {
    width: 736px;
    height: 74px;
    float: left;
}
```

09 将光标移至名为 top 的 Div 中，删除多余文字，在该 Div 中插入名为 logo 的 Div，切换到 6-4.css 文件中，创建名为#logo 的 CSS 规则。

10 将光标移至名为 logo 的 Div 中，删除多余文字，插入图像"光盘\源文件\第 6 章\Templates \images\6402.gif"。

```
#top-link {
    width: 260px;
    float: left;
    margin-top: 50px;
    line-height: 24px;
}
```

```
#main-bg {
    height: 100%;
    overflow: hidden;
    background-image: url(../images/6403.jpg);
    background-repeat: no-repeat;
    padding-left: 46px;
    padding-right: 46px;
}
```

11 在名为 logo 的 Div 之后插入名为 top-link 的 Div，切换到 6-4.css 文件中，创建名为 #top-link 的 CSS 规则。将该 Div 中多余文字删除，输入相应文字。

12 在名为 top 的 Div 之后插入名为 main-bg 的 Div，切换到 6-4.css 文件中，创建名为 #main-bg 的 CSS 规则。

```
#banner {
    height: 150px;
    background-color: #C29B60;
    background-image: url(../images/6404.jpg);
    background-repeat: no-repeat;
}
```

13 将光标移至名为 main-bg 的 Div 中，删除多余文字，在该 Div 中插入一个名为 menu 的 Div，将该 Div 中多余文字删除，插入相应的 Flash 动画。

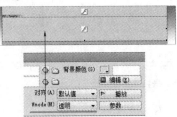

14 在名为 menu 的 Div 之后插入名为 banner 的 Div，切换到 6-4.css 文件中，创建名为#banner 的 CSS 规则。

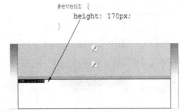

15 将光标移至名为 banner 的 Div 中，删除多余文字，在该 Div 中插入 Flash 动画 "光盘\源文件\ Templates \images\banner.swf"，设置其 Wmode 属性为 "透明"。

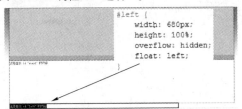

16 在名为 banner 的 Div 之后插入名为 event 的 Div，切换到 6-4.css 文件中，创建名为#event 的 CSS 规则。

17 在名为 event 的 Div 之后插入一个名为 left 的 Div，切换到 6-4.css 文件中，创建名为 #left 的 CSS 规则。

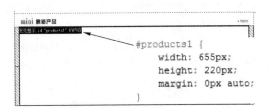

18 将光标移至名为 left 的 Div 中，删除多余文字，插入图像 "光盘\源文件\ Templates \images\6405.gif"。

19 将光标移至刚插入的 Div 之后，插入名为 products1 的 Div，切换到 6-4.css 文件中，创建名为#products1 的 CSS 规则。

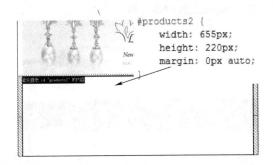

20 在名为 products1 的 Div 之后插入名为 pic1 的 Div，切换到 6-4.css 文件中，创建名为 #pic1 的 CSS 规则。将 pic1 的 Div 中多余文字删除，插入图像。

21 使用相同的方法，在名为 pic1 的 Div 之后插入名为 products2 的 Div，并设置相应的 CSS 样式。

```
#left-bottom1 {
    width: 422px;
    height: 27px;
    background-image: url(../images/6407.jpg);
    background-repeat: no-repeat;
    padding-top: 38px;
    margin: 10px auto 10px auto;
    text-align: center;
}
```

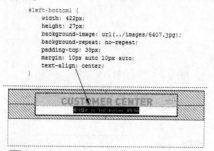

22 在名为 products2 的 Div 之后插入名为 left-bottom 的 Div，切换到 6-4.css 文件中，创建名为#left-bottom 的 CSS 规则。

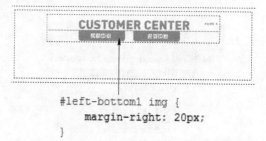

```
#left-bottom1 img {
    margin-right: 20px;
}
```

23 将光标移至名为 left-bottom 的 Div 中，在该 Div 中插入名为 left-bottom1 的 Div，切换到 6-4.css 文件中，创建名为 #left-bottom1 的 CSS 规则。

24 将光标移至对名为 left-bottom1 的 Div 中，删除多余文字，插入相应的图像。切换到 6-4.css 文件中，创建名为#left-bottom1 img 的 CSS 规则。

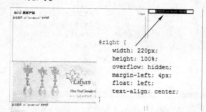

```
#right {
    width: 220px;
    height: 100%;
    overflow: hidden;
    margin-left: 4px;
    float: left;
    text-align: center;
}
```

25 使用相同的方法，可以完成该部分内容的制作。

26 在名为 left 的 Div 之后插入名为 right 的 Div，切换到 6-4.css 文件中，创建名为#right 的 CSS 规则。

```
#bottom {
    width: 100%;
    height: 120px;
    background-color: #8f6046;
    margin-top: 10px;
}
```

27 使用相同的制作方法，可以完成该部分内容的制作。

```
#bottom-link {
    width: 904px;
    height: 40px;
    background-color: #464646;
    line-height: 40px;
    color: #FFF;
    text-align: center;
    margin: 0px auto;
}
```

28 在名为 box 的 Div 之后插入名为 bottom 的 Div，切换到 6-4.css 文件中，创建名为#bottom 的 CSS 规则。

29 将光标移至名为 bottom 的 Div 中，删除多余文字，在该 Div 中插入一个名为 bottom-link 的 Div，切换到 6-4.css 文件中，创建名为 #bottom-link 的 CSS 规则。

30 将光标移至名为 bottom-link 的 Div 中，删除多余文字，输入相应的文字。

31 使用相同的制作方法，可以完成页面版底信息部分内容的制作。

32 完成该模板页面的制作，执行"文件>保存"命令，保存模板页面，在"实时视图"中预览模板页面效果。

操作小贴士：

在 Dreamweaver 中，不要将模板文件移动到 Templates 文件夹外，不要将其他非模板文件存放在 Templates 文件夹中，同样也不要将 Templates 文件夹移动到本地根目录外，因为这些操作都会引起模板路径错误。

网页模板文件是无法在浏览器中预览的，但是可以在 Dreamweaver 中的实时视图中进行预览，如果用户需要预览所制作的网页模板效果，可以单击"选项"工具栏上的"实时视图"按钮，在实时视图中进行预览。

自测46 创建可编辑区域

前面已经完成了模板页面的制作，但在模板中并没有定义任何的可编辑区域，这样的话模板页面基本等于没有什么功能，在本实例我们就来为模板页面定义可编辑区域。

使用到的技术	创建可编辑区域
学习时间	5 分钟
视频地址	光盘\视频\第 6 章\创建可编辑区域.swf
源文件地址	光盘\源文件\ Templates \6-4.dwt

01 执行 "文件>打开" 命令，打开模板页面 "光盘\源文件\ Templates \6-4.dwt"。

02 将光标移至名为 products1 的 Div 中，选中相应的文字，单击 "插入" 面板上的 "模板" 按钮旁的三角形按钮，在弹出的菜单中选择 "可编辑区域" 选项。

03 弹出 "新建可编辑区域" 对话框，设置 "名称" 为 products1。

04 单击 "确定" 按钮，完成 "新建可编辑区域" 对话框的设置，即可定义可编辑区域。

05 使用相同的方法，选中名为 products2 的 Div 中的文字内容，创建可编辑区域。

06 完成模板页面中可编辑区域的设置。

操作小贴士：

可编辑区域在模板页面中由高亮显示的矩形边框围绕，区域左上角的选项卡会显示该区域的名称，在为可编辑区域命名时，不能使用某些特殊字符，如单引号 "'" 等。

如果需要删除某个可编辑区域和其内容时，可以选择需要删除的可编辑区域后，按键盘上的 Delete 键，即可将选中的可编辑区域删除。

自测47 创建可选区域

完成了可编辑区域的创建，接下来还可以在模板页面中创建可选区域以及可编辑可选区域，这样我们就可以控制基于该模板的页面中某些部分的显示与隐藏了。

使用到的技术	创建可选区域、创建可编辑可选区域
学习时间	5 分钟
视频地址	光盘\视频\第 6 章\创建可选区域.swf
源文件地址	光盘\源文件\ Templates \6-4.dwt

01 执行"文件>打开"命令，打开模板页面"光盘\源文件\Templates\6-4.dwt"。

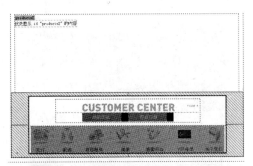

02 选中页面中名为 left-bottom 的 Div，我们需要将该部分设置为可选区域。

03 单击"插入"面板上的"常用"选项卡中的"创建模板"按钮旁的三角，在弹出的菜单中选择"可选区域"选项。

04 弹出"新建可选区域"对话框，默认显示"基本"选项卡。

05 单击"高级"按钮，可以切换到"高级"选项卡中，可以对高级选项进行设置。

06 默认设置，单击"确定"按钮，即可在页面中创建可选区域。

07 将光标移至名为 event 的 Div 中，选中相应的文字，单击"插入"面板上的"常用"选项卡中的"创建模板"按钮旁的三角，在弹出的菜单中选择"可编辑的可选区域"选项。

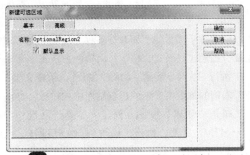

08 弹出"新建可选区域"对话框，默认设置。

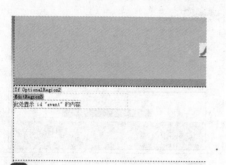

09 单击"确定"按钮，在页面中创建可编辑可选区域。

10 完成页面中可选区域和可编辑可选区域的创建。

操作小贴士：

在"新建可选区域"对话框中，各选项的说明如下：

➤ 名称：在该文本框中可以输入该可选区域的名称。

➤ 默认显示：勾选该选项后，则该可选区域在默认情况下将在基于模板的页面中显示。

➤ 使用参数：选择该选项后，可以选择要将所选内容链接到的现有参数，如果要链接可选区域参数，可以勾选该单选按钮。

输入表达式：选择该选项后，在该文本中可以输入表达式，如果要编写模板表达式来制作可选区域的显示，可以勾选该单选的按钮。

第20个小时：创建基于模板的页

在 Dreamweaver 中创建新页面时，如果在"新建文档"对话框中单击"模板中的页"标签，即可选择模板，创建基于选中的模板创建的页面。下面来学习模板的具体应用方法。

▲*6.13* 创建基于模板的页

创建基于模板的页面有很多种方法，例如可以使用"资源"面板或者"新建文档"对话框。在这里主要介绍通过"新建文档"对话框的方法来创建基于模板的页面。

执行"文件>新建"命令，弹出"新建文档"对话框，在左侧选择"模板中的页"选项，在"站点"右侧的列表中显示的是该站点中的模板，如图 6-41 所示。

单击"创建"按钮，创建一个基于所选中模板的页面。还可以执行"文件>新建"命令，新建一个 HTML 文件，执行"修改>模板>应用模板到页"命令，弹出"选择模板"对话框，如图 6-42 所示。

单击"确定"按钮，便可以将选择的模板应用到刚刚创建的 HTML 页面中，执行"文件>保存"命令，将页面保存为"光盘\源文件\第 6 章\613-1.html"，效果如图 6-43 所示。在浏览器中预览该页面，可以看到页面的效果，如图 6-44 所示。

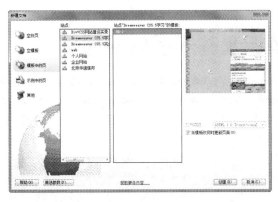

图 6-41 "新建文档"对话框   图 6-42 "选择模板"对话框

图 6-43 页面效果   图 6-44 预览页面效果

在 Dreamweaver 中，基于模板的页面，在设计视图中页面的四周会出现黄色边框，并且在窗口右上角显示模板的名称。在该页面中只有编辑区域的内容能够被编辑，可编辑区域外的内容被锁定，无法编辑。

▲6.14 删除页面中所使用的模板

如果不希望对基于模板的页面进行更新，可以执行"修改>模板>从模板中分离"命令，如图 6-45 所示。模板生成的页面即可脱离模板，成为普通的网页，这时页面右上角上的模板名称与页面中的模板元素名称便会消失，如图 6-46 所示。

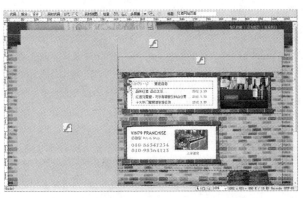

图 6-45 选择"从模板中分离"命令   图 6-46 从模板分离后页面效果

▲ *6.15* 更新模板及基于模板的网页

执行"文件>打开"命令，打开制作好的模板页面"光盘\源文件\Templates\15-1-2.dwt"，在模板页面中进行修改，修改后执行"文件>保存"命令，弹出"更新模板"对话框，如图 6-47 所示。单击"更新"按钮，弹出"更新页面"对话框，会显示更新的结果，如图 6-48 所示，单击"关闭"按钮，便可以完成页面的更新。

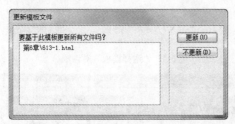

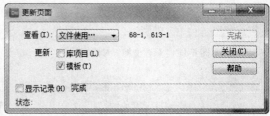

图 6-47 "更新模板文件"对话框   图 6-48 "更新页面"对话框

在"查看"下拉列表框中可以选择"整个站点"、"文件使用"和"已选文件"3 种选项。

在"更新"选项中可以选择"库项目"和"模板"2 种选项，可以制作更新的类型。勾选"显示记录"选项后，则会在更新之后显示更新记录。

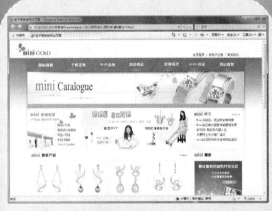

🎬 创建基于模板页面.swf

📷 6-7.html

🎬 完成模板页面的制作.swf

📷 6-7.html

　　前面一段时间我们也了解了创建基本模板页面的基本方法。

　　接下来我们就接着前面一个小时中创建的模板页面继续制作，创建该模板页面的网页，并完成网页中其他部分内容的制作。

自测48 创建基于模板页面

在前面一个小时的学习中，我们已经完成了模板的创建，并且在模板页面中定义了可编辑区域和可选区域，接下来我们就需要基于该模板创建页面，并完成该页面的制作了。

使用到的技术	创建可选区域、创建可编辑可选区域
学习时间	5 分钟
视频地址	光盘\视频\第 6 章\创建基于模板页面.swf
源文件地址	光盘\源文件\第 6 章\6-7.html

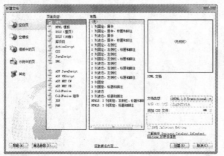 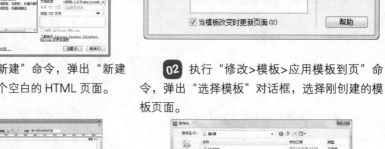

01 执行"文件>新建"命令，弹出"新建文档"对话框，新建一个空白的 HTML 页面。

02 执行"修改>模板>应用模板到页"命令，弹出"选择模板"对话框，选择刚创建的模板页面。

03 单击"选定"按钮，便可以将选择的模板应用到刚刚创建的 HTML 页面中。

04 将该页面保存为"光盘\源文件\第 6 章\6-7.html"。

05 将站点根目录下的模板文件夹 Templates 中该模板文件所使用到的相关素材和 CSS 样式复制到"第 6 章"文件夹的相应位置,完成基本模板页面的创建。

操作小贴士:

在 Dreamweaver 中,基于模板的页面,在设计视图中页面的四周会出现黄色边框,并且在窗口右上角显示模板的名称。在该页面中只有编辑区域的内容能够被编辑,可编辑区域外的内容被锁定,无法编辑。

自测49 完成模板页面的制作

在上一个案例中,我们已经完成了基于模板页面的创建,接下来我们就可以在该页面中的可编辑区域中完成相应内容的制作了。

使用到的技术	Div+CSS 布局
学习时间	20 分钟
视频地址	光盘\视频\第 6 章\完成模板页面的制作.swf
源文件地址	光盘\源文件\第 6 章\6-7.html

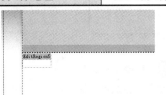

```
#event1 {
    width: 110px;
    height: 110px;
    background-image: url(../images/6424.gif);
    background-repeat: no-repeat;
    padding-left: 116px;
    padding-top: 60px;
    float: left;
}
```

01 接着上一个案例继续制作,将光标移至名为 EditRegion5 的可编辑区域中,删除多余文字。

02 在该可编辑区域中插入名为 event1 的 Div,切换到 6-4.css 文件中,创建名为#event1 的 CSS 规则。

03 返回设计页面中,将光标移至名为 event1 的 Div 中,删除多余文字,输入段落文本并创建项目列表。

04 切换到 6-4.css 文件中,创建名为 #event1 li 的 CSS 规则。

05 在名为 event1 的 Div 之后插入名为 pop 的 Div，切换到 6-4.css 文件中，创建名为 #pop 的 CSS 规则。

```
#news {
    width: 210px;
    height: 130px;
    background-image: url(../images/6426.gif);
    background-repeat: no-repeat;
    padding-left: 11px;
    padding-top: 40px;
    float: left;
}
```

07 在名为 pop 的 Div 之后插入名为 news 的 Div，切换到 6-4.css 文件中，创建名为 #news 的 CSS 规则。

```
#news li {
    list-style-type: none;
    background-image: url(../images/6427.gif);
    background-repeat: no-repeat;
    background-position: left center;
    padding-left: 10px;
}
```

09 切换到 6-4.css 文件中，创建名为 #event1 li 的 CSS 规则。

11 将光标移至名为 cp1 的 Div 中，删除多余文字，插入相应的图像并输入文字。

13 选中相应的文字，在"属性"面板上的 "类"下拉列表中选择 font01 样式应用。

06 将光标移至名为 pop 的 Div 中，删除多余文字，插入图像"光盘\源文件\第 6 章 \images\6425.jpg"。

08 将光标移至名为 news 的 Div 中，删除多余文字，输入段落文字并创建项目列表。

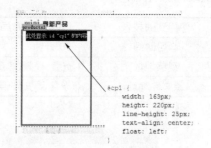

```
#cp1 {
    width: 163px;
    height: 220px;
    line-height: 25px;
    text-align: center;
    float: left;
}
```

10 将光标移至名为 products1 的可编辑区域中，删除多余文字，插入名为 cp1 的 Div，切换到 6-4.css 文件中，创建名为#cp1 的 CSS 规则。

```
#cp1 img {
    margin-top: 7px;
    margin-bottom: 5px;
}
.font01 {
    color: #7D3F04;
}
```

12 切换到 6-4.css 文件中，创建名为 #cp1 img 和名为.font01 的 CSS 规则。

14 使用相同的制作方法，可以完成该部分页面内容的制作。

15 将光标移至名为 products2 的可编辑区域中，删除多余文字，使用相同的制作方法，可以完成该部分内容的制作。

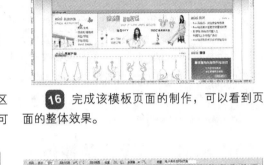

16 完成该模板页面的制作，可以看到页面的整体效果。

17 执行"修改>模板属性"命令，弹出"模板属性"对话，在对话框中设置 Optional Region1 值为"假"。

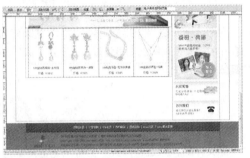

18 单击"确定"按钮，返回页面视图，页面中名称为 OptionalRegion1 的可选区域就会在页面中隐藏。

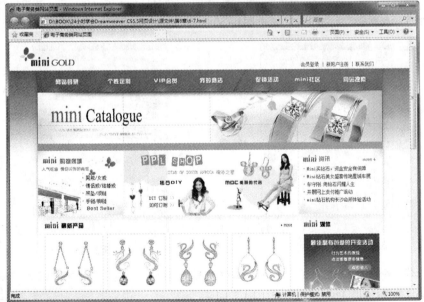

19 完成基于模板页面的制作，执行"文件>保存"命令，保存页面，在浏览器中预览页面，可以看到页面效果。

操作小贴士：

　　在创建模板和创建基于模板的页面时，因为模板文件是存放于站点根目录下的 Templates 文件夹中的，如果模板文件和基于模板的页面存放于站点的不同位置，则一定要注意它们所使用的素材与 CSS 样式必须是同步的，这样才能保证不出现问题。

　　在基于模板的页面中，只有可编辑区域中是可以进行编辑处理的，其他区域都是不可以进行处理的，除非执行"修改>模板>从模板中分离"命令，将其与所关联的模板文件相脱离，成为一个独立的文件。

第21个小时：库项目的使用

　　在 Dreamweaver CS5.5 中，"库"的功能和"模板"的功能差不多，它们都是为了提高动作效率而存在的，其使用特点也很类似，只不过"库"是部分，而"模板"是整体，接下来我们来介绍库项目的具体使用方法。

▲ 6.16 新建库项目

　　库文件的作用是将网页中常常用到的对象转换为库文件，然后作为一个对象插入到其他网页之中。这样就能够通过简单插入操作创建页面内容了。模板使用的是整个网页，而库文件只是网页上的局部内容。

　　执行"窗口>资源"命令，打开"资源"页面，单击面板左侧的"库"按钮 📖 ，在"库"选项中的空白处单击鼠标右键，在弹出的菜单中选择"新建库项"选项，如图 6-49 所示，新建一个库项目，并为新建的库项目重命名为"616-1"，如图 6-50 所示。

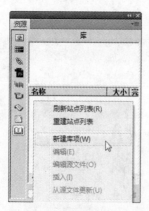

图 6-49　"新建库项"选项

图 6-50　重命名库项目

　　在刚新建的库项目上双击，在 Dreamweaver 中编辑窗口中打开该库项目编辑，如图 6-51 所示。

　　创建库项目与创建模板相似，在创建库项目之后，Dreamweaver 会自动在当前站点的根目录下创建一个名为 Library 的文件夹，将库项目文件放置在该文件夹中。

图 6-51　打开库项目

▲ 6.17 使用库项目

完成了库项目的创建，接下来就可以将库项目插入到相应的网页中去了，这样在整个网站的制作过程中，就可以节省很多的时间。

打开需要插入库项目的文件，将光标置于页面中需要插入库项目的位置，打开"资源"面板，单击"库"按钮，选中刚创建的库项目，单击"插入"按钮，即可在页面中光标所在位置，插入所选择的库项目。

库项目插入到页面后，背景会显示为淡黄色，而且是不可编辑的。在预览页面时，背景色按照实际设置的显示。

▲ 6.18 编辑库项目

如果需要对库项目进行修改，可以打开"资源"面板，在"库"选项中选中需要编辑的库项目，单击"资源"面板上的"编辑"按钮 ，即可打开该库项目并对其进行编辑操作。

▲ 6.19 更新库项目

完成库项目的修改后，执行"文件>保存"命令，保存库项目，会弹出"更新库项目"对话框，询问是否更新站点中使用了库项目的网页文件。单击"更新库项目"对话框中的"更新"按钮后，弹出"更新页面"对话框，显示更新站内使用了该库项目的页面文件。

如果需要将页面中的库项目与源文件分离，可以将该项目选中后，单击"属性"面板中的"从源文件中分离"按钮。

创建库项目 .swf

6-9.lbi

使用 Applet 实现图像特效 .swf

6-10.html

自我检测

在前面一段时间中，我们大致了解了在 **Dreamweaver** 中创建库项目、使用库项目、编辑库项目的操作方法，我们还是通过实例的操作，加深一下对库项目操作的理解吧！

在接下来的时间中，我们就一起完成一个儿童网站页面的制作，在制作过程中，首先创建库项目，并制作出页面的版底，再制作整个页面，在相应的位置插入库项目。

自测50 创建库项目

我们可以将在整个网站的所有页面中都相同的部分创建为库项目，这样在制作每个页面时，将库项目加入到相应的位置即可，既方便又快捷。接下来我们就一起来创建一个库项目，并完成该库项目的制作。

使用到的技术	创建库项目、制作库项目
学习时间	10 分钟
视频地址	光盘\视频\第 6 章\创建库项目.swf
源文件地址	光盘\源文件\ Library\6-9.lbi

01 执行"窗口>资源"命令，打开"资源"面板，单击左侧的"库"按钮 📖 ，切换到"库"选项。

02 在"库"选项的空白处单击鼠标右键，在弹出的菜单中选择"新建库项"选项，并为新建的库项目命令为"6-9"。

03 在新建的库项目上双击，在编辑窗口中打开该库项目。

04 将"光盘/源文件/第 6 章"中的 images 和 style 文件夹复制到 Library 文件夹中。

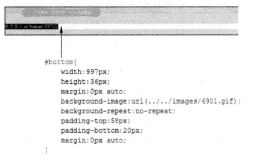

```
#bottom{
    width:997px;
    height:36px;
    margin:0px auto;
    background-image:url(../../images/6901.gif);
    background-repeat:no-repeat;
    padding-top:58px;
    padding-bottom:20px;
    margin:0px auto;
}
```

05 在库项目文件中链接外部样式表"光盘\源文件\Library\ Library\style\ 6-9.css"文件。

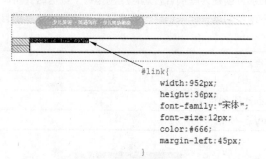

```
#link{
        width:952px;
        height:36px;
        font-family:"宋体";
        font-size:12px;
        color:#666;
        margin-left:45px;
    }
```

06 在页面中插入名为 bottom 的 Div，切换到 6-9.css 文件中，创建名为#bottom 的 CSS 规则。

07 将光标移至名为 bottom 的 Div 中，删除多余文字，在该 Div 中插入名为 link 的 Div，切换到 6-9.css 文件中，创建名为# link 的 CSS 规则。

```
#link span{
        margin-left:10px;
        margin-right:10px;
    }
```

08 将光标移至名为 link 的 Div 中，删除多余文字，输入相应的文字，切换到代码视图，为文字添加<span></span>标签。

09 切换到 6-9.css 文件中，创建名为#link span 的 CSS 规则。

10 执行"文件>保存"命令，保存该库项目，完成库项目的制作。

操作小贴士：

　　创建库项目与创建模板相似，在创建库项目之后，Dreamweaver 会自动在当前站点的根目录下创建一个名为 Library 的文件夹，将库项目文件放置在该文件夹中。

　　在一个制作完成的页面中也可以直接将页面中的某一处内容转换为库项目。首先需要选中页面中需要转换为库项目的内容，然后执行"修改>库>增加对象到库"命令，便可以将选中的内容转换为库项目。

自测51 在网页中插入库项目

　　在前面一个小案例中，我们已经完成了库项目的创建和制作，接下来就可以以将该库项目应用到所需要的网页中了。本实例我们制作一个儿童教育类网站页面，并且在该页面中插入已经制作好的库项目。

使用到的技术	Div+CSS 布局页面、插入库项目、绘制 AP Div
学习时间	20 分钟
视频地址	光盘\视频\第 6 章\在页面中插入库项目.swf
源文件地址	光盘\源文件\第 6 章\6-10.html

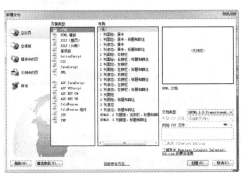

01 执行"文件>新建"命令，新建 HTML 页面，将其保存为"光盘\源文件\第 6 章\6-10.html"。

02 链接外部 CSS 样式表"光盘\源文件\第 6 章\style\6-9.css"。

```
*{
    margin:0px;
    padding:0px;
    border:0px;
}
body{
    font-family:"宋体";
    font-size:12px;
    line-height:23px;
    color:#666;
    background-image:url(../images/6902.jpg);
    background-repeat:repeat;
}
```

03 切换到 6-9.css 文件中，创建名为*的通配符 CSS 规则和名为 body 的标签 CSS 规则。

04 返回到 6-10.html 页面中，可以看到页面的背景效果。

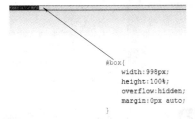

```
#box{
    width:998px;
    height:100%;
    overflow:hidden;
    margin:0px auto;
}
```

```
#menu{
    width:970px;
    height:125px;
    margin:0px auto;
}
```

05 在页面中插入名为 box 的 Div，切换到 6-9.css 文件中，创建名为#box 的 CSS 规则。

06 将光标移至名为 box 的 Div 中，删除多余文字，在该 Div 中插入名为 menu 的 Div，切换到 6-9.css 文件中，创建名为#menu 的 CSS 规则。

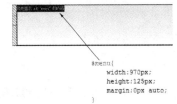

07 将光标移至名为 menu 的 Div 中，删除多余文字，插入 Flash 动画"光盘\源文件\第 6 章\images\6903.swf"。

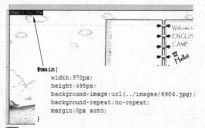

08 选中 Flash 动画，设置"Wmode（M）"属性为"透明"，单击"播放"按钮，预览该动画的效果。

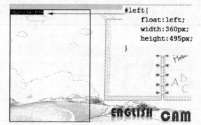

09 在名为 menu 的 Div 之后插入名为 main 的 Div，切换到 6-9.css 文件中，创建名为 #main 的 CSS 规则。

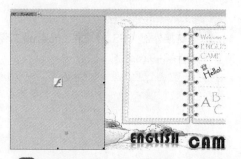

10 将光标移至名为 main 的 Div 中，删除多余文字，在该 Div 中插入名为 left 的 Div，切换到 6-9.css 文件中，创建名为#left 的 CSS 规则。

11 将光标移至名为 left 的 Div 中，删除多余文字，插入 Flash 动画"光盘\源文件\第 6 章\images\6905.swf"。

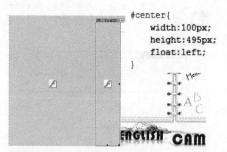

12 选中 Flash 动画，设置"Wmode（M）"属性为"透明"，单击"播放"按钮，预览该动画的效果。

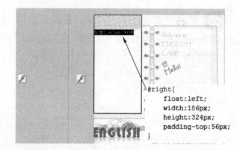

13 使用相同的方法，插入其他 Flash 动画，并对其属性进行相同的设置。

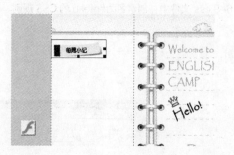

14 在名为 center 的 Div 之后插入名为 right 的 Div，切换到 6-9.css 文件中，创建名为 #right 的 CSS 规则。

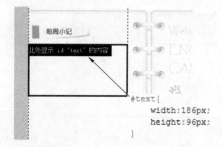

15 将光标移至名为 right 的 Div 中，删除多余文字，插入相应的图像。

16 将光标移至刚插入的图像后，插入名为 text 的 Div，切换到 6-9.css 文件中，创建名为#text 的 CSS 规则。

17 将光标移至名为 text 的 Div 中，删除多余文字，输入段落文本，并创建项目列表。

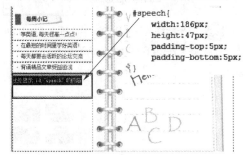

18 切换到 6-9.css 文件中，创建名为#text li 的 CSS 规则。

19 在名为 text 的 Div 之后插入名为 speech 的 Div，切换到 6-9.css 文件中，创建名为#speech 的 CSS 规则。

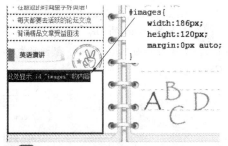

20 将光标移至名为 speech 的 Div 中，删除多余文字，插入相应的图像。

21 在名为 speech 的 Div 之后插入名为 images 的 Div，切换到 6-9.css 文件中，创建名为#images 的 CSS 规则。

22 将光标移至名为 images 的 Div 中，删除多余文字，依次插入相应的图像。

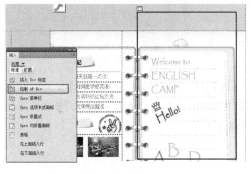

23 切换到 6-9.css 文件中，创建名为 #images img 的 CSS 规则，返回页面中，可以看到图像的效果。

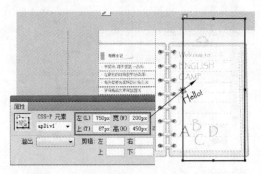

24 单击"插入"面板上"布局"选项卡中的"绘制 AP Div"按钮，在页面中绘制一个 Div。

25 选中刚绘制的 Div，打开"属性"面板，对相关属性进行设置。

26 将光标移至该 AP Div 中，插入 Flash 动画"光盘\源文件\第 6 章\images\6914.swf"。

27 选中刚插入的 Fash 动画，打开"属性"面板，设置"Wmode（M）"属性为"透明"。

28 在名为 main 的 Div 之后插入名为 bot 的 Div，切换到 6-9.css 文件中，创建名为#bot 的 CSS 规则。

29 将光标移至名为 bot 的 Div 中，将多余文字删除，打开"资源"面板，单击"库"按钮。

30 选中刚创建的库项目，单击"插入"按钮，即可将创建好的库项目插入到页面中。

31 完成该儿童网站页面的制作，执行"文件>保存"命令，保存该页面，在浏览器中预览该页面的效果。

操作小贴士：

库项目插入到页面中后，背景会显示为淡黄色，而且是不可编辑的。在预览页面时，背景色按照实际设置显示。

如果需要修改库项目，可以在 Dreamweaver 中打开库项目进行编辑，编辑完成后，保存该库项目，可以同时更新所有使用该库项目的页面。

本章学习的内容比较多，需要熟练掌握 Dreamweaver 中框架、模板和库的应用，还需要我们多花一些时间进行练习，必要的练习可以使我们更好地掌握所学的内容。

总结扩展

本章主要向读者介绍了有关框架、模板和库的相关知识，并通过实例的练习，使读者能够更加容易理解和应用框架、模板和库的功能，制作各种类型的网站页面，具体要求如下：

	了解	理解	精通
了解框架	√		
插入预定义框架集			√
手动设计框架集		√	
框架集和框架的属性设置		√	
设置无框架内容	√		
什么是模板		√	
模板有哪些特点	√		
创建模板			√
定义可编辑区域			√
定义可选区域		√	
定义可编辑可选区域		√	
定义重复区域	√		
如何创建基于模板的网页			√
删除页面中所使用的模板		√	
更新模板及基于模板的网页		√	
如何新建库项目			√
使用库项目			√
编辑库项目		√	
更新库项目		√	

本章主要为大家介绍的就是 Dreamweaver 中框架、模板和库的使用及其操作方法。通过本章的学习，是不是已经熟练掌握了这些知识呢？接下来我们将要学习的是 AP Div 的绘制和使用，以及将制作好的网页进行上传，Dreamweaver 的学习快到尾声了，再加把劲吧！

完善技术

——AP Div 和网站的上传

不知不觉就到了本书的最后一章了，在前面我们已经向大家全面介绍了 Dreamweaver 中一些主要的功能和怎样运用各种方法来设计制作网站页面。本章，我们将要为大家介绍的是 AP Div 的绘制和将制作好的网站页面进行上传。

通过本章的学习，就可以将自己辛勤设计和制作的网页上传到网上让大家欣赏了。

学习目的:	掌握在网页中绘制 AP Div 和网站的上传
知识点:	绘制 AP Div、W3C 验证、设置服务器
学习时间:	3 小时

GAME START
Online RPG Game

ORKA NEWS 首页　INTRODUCTION 新闻活动　GAMEGUIDE 游戏商城　RESOURCES 会员区　COMMUNITY 游戏社区　BBS 论坛

MEMBER LOGIN

登录

密码　新用户注册

GAMEGUIDE
游戏先锋

◆ 游戏新闻　+MORE

- 通知《ORKA》内测版本资料揭秘　12-01-01
- 更新《ORKA》望周浮雕——鹿马游龙戏金水　12-01-01
- 更新 "神州行送超值大礼" 活动延期公告　11-12-28
- 通知【公告】金翎奖短信投票发奖说明　11-12-25
- 更新《ORKA》17173口号征集活动完美落幕　11-12-25

◆ 游戏活动　+MORE

- 更新 "神州行送超值大礼" 活动延期公告　12-01-01
- 更新《ORKA》望周浮雕——鹿马游龙戏金水　12-01-01

只有将完成的页面上传到服务器上，能够在浏览器中正常访问了，我们的工作才算完成

　　当网络随着时代的发展而全面进入虚拟世界时，就意味着网站的必不可少了，而作为设计制作网站的人们，除了要知道怎样在 Dreamweaver 中设计制作出精美的网站页面，还要熟悉将设计制作好的网站页面上传到网上的具体步骤，只有这样，设计制作的网页才会发挥出它的作用。

精美的网页设计作品

AP Div 在页面中的作用

AP Div 在某些网页中经常用到，其不但可以让创作者有更大的发挥空间，大大提升了创作者的工作效率，而且能够制作出很多种页面效果非常丰富的网页，给网站页面增添了许多精彩的内容。

为什么在网站上传前检查链接

一般来说，任何一个网站在上传之前都要检查链接，特别是一些大型的站点，测试系统程序、检查其功能能否正常实现更是尤为关键的工作，接下来就是前台界面的测试了，检查是否有文字与图片丢失，链接是否成功等。

网站上传的简略步骤

在对网站进行上传之前，首先需要对该网站的站点进行测试，测试没有问题后，再对站点的远程服务器信息进行设置。在这里用户可以选择将整个站点上传到服务器上还是只将部分内容上传到服务器上，选择完成后，单击"上传"按钮即可。

第22个小时：了解AP Div

在早期的 Dreamweaver 版本中将 AP Div 称做层，其概念与图像处理软件中层的概念基本类似，它们有一个共同点，都存在一个 Z 轴的概念，即垂直于显示器平面方向。

▲7.1 插入 AP Div

创建 AP Div 有很多种方法，插入、拖放、绘制等，在 Dreamweaver 中的"AP 元素"面板中还可以对创建好的 AP Div 进行编辑、修改、设置属性等操作。

1. 使用菜单命令插入 AP Div

执行"插入>布局对象>AP Div（A）"命令，即可在页面中插入 AP Div，如图 7-1 所示。执行"窗口>AP 元素"命令，打开"AP 元素"面板，可以看到页面中的 AP Div，如图 7-2 所示。

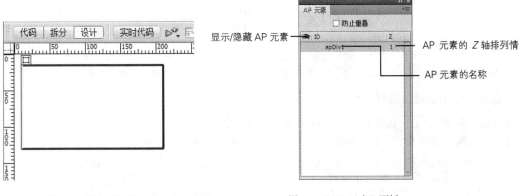

图 7-1 插入 AP Div　　　　　　　图 7-2 "AP 元素"面板

2. 使用按钮绘制 AP Div

单击"插入"面板上"布局"选项卡中的"绘制 AP Div"按钮，如图 7-3 所示。当鼠标光标变成十字光标时，按住鼠标左键进行拖动后释放鼠标即可绘制任意大小的 AP Div，如图 7-4 所示。

图 7-3 "布局"选项卡

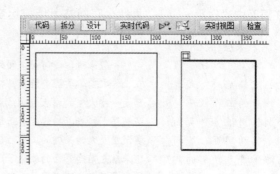

图 7-4 绘制 AP Div

3. 绘制嵌套 AP Div

将光标放置在 AP Div2 中，执行"插入>布局对象>AP Div"命令，即可将 AP Div3 插入到 AP Div2 中，如图 7-5 所示。打开"AP 元素"面板，可以看到 AP Div3 以嵌套的方式在面板中显示，如图 7-6 所示。

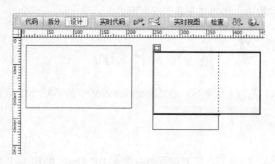

图 7-5 插入 AP Div　　　　　　图 7-6 "AP 元素"面板

▲7.2 选择 AP Div

在页面中插入 AP Div 之后，如果想对 AP Div 的属性进行设置或修改，应先选中需要设置或修改的 AP Div，在 Dreamweaver 中，有两种方法来选择 AP Div，下面将为大家进行详细介绍。

1. 在页面中单击进行选择

将鼠标移至 AP Div 边框上，当鼠标光标变为 状后，单击鼠标选择 AP Div，如图 7-7 所示。选中后，AP Div 的左上角有一个小方框，在 AP Div 边框上会出现 8 个拖放手柄，如图 7-8 所示。

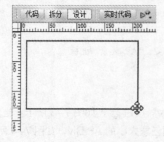

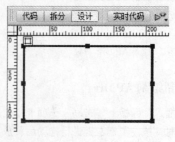

图 7-7 鼠标光标变成 状　　　　　　图 7-8 选择 AP Div

在选择 AP Div 的同时按住 Shift 键，一次可以选中多个连续的 AP Div。

2. 使用"AP 元素"面板进行选择

打开"AP 元素"面板，在面板上单击需要选择的 AP Div 的名称，如图 7-9 所示，即可在页面中选中该 AP Div，如图 7-10 所示。

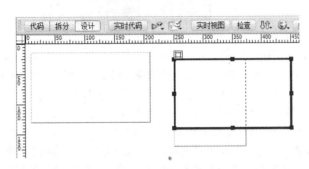

图 7-9 "AP 元素"面板　　　　　　　　　　图 7-10 选中该 AP Div

▲7.3 设置 AP Div 属性

使用 AP Div 对页面进行布局时，通过"属性"面板能够准确对其进行设置和定位。选中一个 AP Div，在"属性"面板中将显示该 AP Div 的相关属性设置选项，如图 7-11 所示。

图 7-11 AP Div 的"属性"面板

> CSS-P 元素：该文本框是用来设置该 AP Div 的名称。在页面中插入 AP Div 时，Dreamweaver 会自动依次命名为 AP Div1、AP Div2 等。

> 左和上：该文本框是用来设置该 AP Div 的左边界和上边界距浏览器的左边框和上边框的距离。可输入数值，单位是像素。

> 宽和高：该文本框用来设置该 AP Div 的宽度和高度。可输入数值，单位是像素。

> Z轴：该文本框用来设置该 AP Div 的 Z 轴，当多个 AP Div 重叠时，Z 轴值大的 AP Div 显示在最上面，覆盖或者部分覆盖 Z 轴值小的 AP Div。可输入数值，且可以是负值。

> 可见性：通过其下拉列表中的选项可以设置 AP Div 的可视属性。

> 背景图像：该文本框用来设置该 AP Div 的背景图像，可自行键入背景图像的路径，也可以单击该文本框后的"浏览文件"按钮🗁，在弹出的"选择图像源文件"对话框中选择用以设置背景的图像。

> 背景颜色：该文本框用来设置 AP Div 的背景颜色，可自行键入颜色值对背景颜色进行设置，也可以单击颜色框打开拾色器进行设置，如图 7-12 所示。

> 溢出：通过其下拉列表中的选项可以设置当该 AP Div 的内容超出该 AP Div 的指定大小时，对该 AP Div 内容的显示方法，在该选项菜单中包含了 4 个选项，如图 7-13 所示。

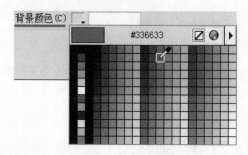

图 7-12 "背景颜色"拾色器　　　　图 7-13 "溢出"选项下拉菜单

visible：当该 AP Div 中的内容超出指定大小时，AP Div 的边界会自动扩展直至可以容纳这些内容。

hidden：当该 AP Div 中的内容超出指定大小时，将隐藏超出部分的内容。

scroll：浏览器将在该 AP Div 上添加滚动条。

auto：当该 AP Div 中的内容超出指定大小时，浏览器将在该 AP Div 上添加滚动条。

➤ 剪辑：该文本框用来设置该 AP Div 的可见区域，AP Div 经过"剪辑"后，只有指定的矩形区域才是可见的，其后有"左"、"右"、"上"和"下"4 个文本框。

左：该文本框用来设置这个可见区域的左边界距该 AP Div 左边界的距离。

右：该文本框用来设置这个可见区域的右边界距该 AP Div 左边界的距离。

上：该文本框用来设置这个可见区域的上边界距该 AP Div 上边界的距离。

下：该文本框用来设置这个可见区域的下边界距该 AP Div 上边界的距离。

使用 AP Div 排版.swf

7-1.html

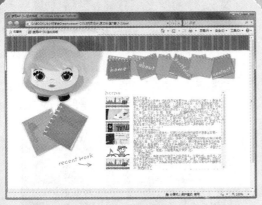

使用 AP Div 溢出排版.swf

7-2.html

改变 AP Div 属性.swf

7-3.html

自我检测

　　在前面一段时间中，我们已经学习了如何在网页中插入 AP Div、选择 AP Div，设置 AP Div 属性，通过 AP Div 可以实现哪些网页效果呢？

　　接下来我们通过 3 个有关 AP Div 的小案例，一起来学习 AP Div 的使用方法和技巧。

自测52 使用 AP Div 排版

目前几乎所有用户使用的浏览器都是 IE 4.0 以上，也就是说对于使用 AP Div 排版的网页不存在兼容性方面的问题，可以放心地使用 AP Div 对网页进行布局和排版，下面就来向大家介绍怎样使用 AP Div 排版。

使用到的技术	绘制 AP Div
学习时间	10 分钟
视频地址	光盘\视频\第 7 章\使用 AP Div 排版.swf
源文件地址	光盘\源文件\第 7 章\7-1.html

01 执行"文件>打开"命令，打开页面"光盘\源文件\第 7 章\7-1.html"。

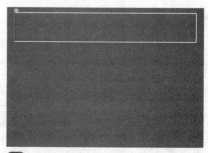

02 单击"插入"面板上"布局"选项卡中的"绘制 AP Div"按钮，在页面中绘制一个 AP Div。

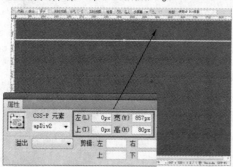

03 选中刚绘制的 AP Div，打开"属性"面板，对其相关属性进行设置。

04 将光标移至刚刚绘制的 AP Div 中，插入图像"光盘\源文件\第 7 章\images\7101.jpg"。

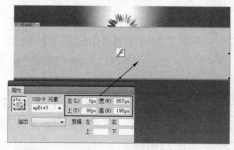

05 在刚绘制的 AP Div 下方再绘制一个 AP Div，对其相关属性进行设置，并插入相应的 Flash 动画。

06 使用相同的方法，完成其他几个 AP Div 的绘制。

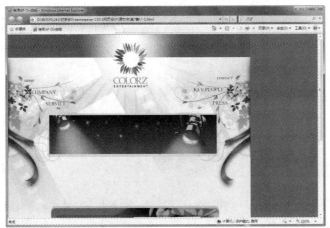

07 执行"文件>保存"命令，保存该页面，按快捷键 F12，即可在浏览器中预览使用 AP Div 排版的页面效果。

操作小贴士：

在 Dreamweaver 中设计制作网站页面，也可以使用 AP Div 对页面进行布局和定位，当一个页面中需要绘制多个 AP Div 时，非常省时的方法就是在绘制 AP Div 的同时按住 Ctrl 键，可以一次绘制出多个 AP Div，直到松开 Ctrl 键为止。

自测53 使用AP Div溢出排版

在 Dreamweaver 中，AP Div 溢出排版是指当 AP Div 中的内容超出 AP Div 指定的大小时，可以使用这种方法为其添加滚动条，从而让浏览者可以在浏览器中查看全部内容，接下来我们就向大家介绍一下 AP Div 溢出排版是怎样设置的。

使用到的技术	绘制 AP Div
学习时间	10 分钟
视频地址	光盘\视频\第 7 章\使用 AP Div 溢出排版.swf
源文件地址	光盘\源文件\第 7 章\7-2.html

7

01 执行"文件>打开"命令，打开页面
"光盘\源文件\第 7 章\7-2.html"。

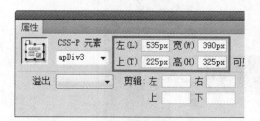

02 单击"插入"面板上"布局"选项卡中的
"绘制 AP Div"按钮，在页面中绘制一个 AP Div。

03 选中刚绘制的 AP Div，打开"属性"
面板，对其相关属性进行设置。

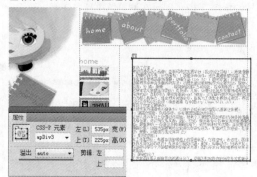

04 将光标移至刚刚绘制的 AP Div 中，输
入相应的文字。

05 选中该 AP Div，在"属性"面板上的
"溢出"下拉列表中选择 auto 选项。

06 执行"文件>保存"命令，保存该页
面，在浏览器中预览该页面，即可看到 AP Div
溢出排版的效果。

操作小贴士：

在 Dreamweaver 中执行"插入>布局对象>AP Div"命令时，会自动插入一个"宽"为
200px、"高"为115px 以及位置与编辑区坐标相同的 AP Div。如果想对 AP Div 的默认值进
行修改，执行"编辑>首选参数"命令，打开"首选参数"对话框，在该对话框左侧的"分
类"列表中选择"AP 元素"选项，在右侧进行设置即可。

自测54 改变AP Div属性

在 Dreamweaver 中，改变 AP Div 属性是指当某个鼠标事件发生之后，通过这个动作可以改变 AP
Div 的背景颜色等属性，以至于达到动态的页面效果，下面我们将向大家介绍在 Dreamweaver 中怎样
改变 AP Div 属性。

使用到的技术	绘制 AP Div、添加"改变属性"行为
学习时间	10 分钟
视频地址	光盘\视频\第 7 章\改变 AP Div 属性.swf
源文件地址	光盘\源文件\第 7 章\7-3.html

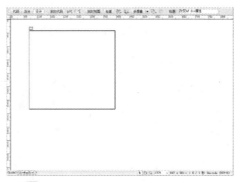

01 执行 "文件 > 新建" 命令，新建 HTML 文档，将其保存为 "光盘\源文件\第 7 章\7-3.html"。

02 单击 "插入" 面板上 "布局" 选项卡中的 "绘制 AP Div" 按钮，在页面中绘制一个 AP Div。

03 选中刚绘制的 AP Div，打开 "属性" 面板，对其相关属性进行设置。

04 将光标移至刚绘制的 AP Div 中，插入图像 "光盘\源文件\第 7 章\images\7301.jpg"。

05 选中刚插入的图像，在 "属性" 面板上对其相关属性进行设置。

06 保持图像的选中状态，单击 "标签检查器" 面板上的 "添加行为" 按钮。

07 在弹出的菜单中选择"改变属性"选项，弹出"改变属性"对话框，对相关属性进行设置。

08 单击"确定"按钮，在"行为"面板中将激活该行为的事件设置为 onMouseOver。

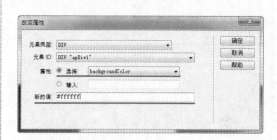

09 再次添加"改变属性"行为，在"改变属性"对话框中进行相应的设置。

10 单击"确定"按钮，在"行为"面板中将激活该行为的事件设置为 onMouseOut。

11 执行"文件>保存"命令，保存该页面，按快捷键 F12，即可在浏览器中预览该页面的效果。

操作小贴士：

在 Dreamweaver 中设计制作网站页面时，一般很少使用 AP Div 进行排版，使用 AP Div 排版的方法通常只适用于比较简单的页面，对于一些页面比较大且内容复杂的网站页面，不建议使用 AP Div 排版，最好使用传统的排版制作方法。

第23个小时：了解Spry构件

Spry 是一个 Dreamweaver CS5.5 中内置的 JavaScript 库，网页设计人员可以使用它来构建页面效果更加丰富的网站，下面让我们一起来了解 Spry 构件吧。

▲7.4 关于 Spry 构件

Spry 构件就是网页中的一个页面元素，通过使用 Spry 构件，可以轻松地实现更加丰富的网页交互效果，Spry 构件主要由以下几个部分组成：

➢ 构件结构，用来定义 Spry 构件结构组成的 HTML 代码块。

> 构件行为，用来控制 Spry 构件如何响应用户启动事件的 JavaScript 脚本。

> 构件样式，用来指定 Spry 构件外观的 CSS 样式。

在 Dreamweaver CS5.5 的"插入"面板中有一个 Spry 选项卡，在该选项卡中提供了多种 Spry 构件，在前面的章节中已经介绍了验证表单的相关 Spry 构件，本节主要介绍其他 5 种构件，分别是"Spry 菜单栏"、"Spry 选项卡式面板"、"Spry 折叠式"、"Spry 可折叠面板"和"Spry 工具提示"，如图 7-14 所示。

图 7-14 Spry 选项卡

在 Dreamweaver CS5.5 中插入 Spry 构件时，Dreamweaver CS5.5 会自动将相关的文件链接到页面中，以便 Spry 构件中包含该页面的功能和样式。Spry 框架中的每个构件都与唯一的 CSS 和 JavaScript 文件相关联。在 JavaScript 脚本文件中实现了构件的相关功能，而在 CSS 样式表文件中设置了构件的外观样式。

▲7.5 Spry 菜单栏

Spry 菜单栏构件是一组可导航的菜单按钮，用户将鼠标移至某个菜单按钮上时，将显示相应的子菜单。

执行"文件>新建"命令，新建一个空白的 HTML 页面，并将其保存为"光盘\源文件\第 7 章\75-1.html"。

将光标置于页面中需要插入 Spry 菜单栏的位置，单击"插入"面板上的 Spry 选项卡中的"Spry 菜单栏"按钮，如图 7-15 所示，弹出"Spry 菜单栏"对话框，如图 7-16 所示。

图 7-15 单击"Spry 菜单栏"按钮

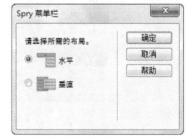

图 7-16 "Spry 菜单栏"对话框

在"Spry 菜单栏"对话框中可以选择需要插入的两种菜单栏构件，选中某一个选项，单击"确定"按钮，在页面中插入 Spry 菜单栏，如图 7-17 所示。

图 7-17 插入 Spry 菜单栏

在"属性"面板上的"主菜单项列表"框中选中"项目 1"选项，可以在"子菜单项列表"框中看到该菜单项下的子菜单项，如图 7-18 所示。在"子菜单项列表"框中选中需要删除的项目，单击其上方的"删除菜单项"按钮，可以删除选中的子菜单项，如图 7-19 所示。

图 7-18 显示子菜单项

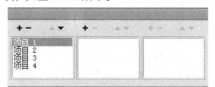

图 7-19 删除子菜单项

在"属性"面板上的"主菜单项列表"框中选中"项目 1"选项，在"文本"文本框中修改该菜单项的名称，如图 7-20 所示。使用相同的制作方法，修改其他菜单项的名称，如图 7-21 所示。

图 7-20 修改菜单项名称　　　　　　　　　　　图 7-21 修改菜单项名称

单击"主菜单项列表"框上的"添加菜单项"按钮 ➕，可以添加相应的主菜单项，如图 7-22 所示。在"主菜单项列表"框中选中某个主菜单项，在"子菜单列表"框中可以添加相应的子菜单项，如图 7-23 所示。

 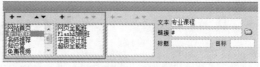

图 7-22 添加主菜单项　　　　　　　　　　　图 7-23 添加子菜单项

使用相同的制作方法，可以完成 Spry 菜单栏中各菜单项的设置，执行"文件>保存"命令，保存页面，在浏览器中预览页面，可以看到 Spry 菜单栏的效果，如图 7-24 所示。

图 7-24 预览 Spry 菜单效果

▲*7.6* Spry 选项卡式面板

Spry 选项卡式面板构件是一组面板，用来将内容放置在紧凑的空间中，浏览者可以通过单击面板选项卡来隐藏或显示放置在选项卡式面板中的内容。当浏览者单击不同的选项卡时，会打开构件相应的面板。

光标置于页面中需要插入 Spry 选项卡式面板的位置，单击"插入"面板上的"布局"选项卡中的"Spry 选项卡式面板"按钮 ，在页面中插入 Spry 选项卡式面板，如图 7-25 所示。

图 7-25 插入 Spry 选项卡式面板

执行"文件>保存"命令，保存页面，弹出"复制相关文件"对话框，在该对话框中列出了 Spry 选项卡式面板中所用到的 JavaScript 脚本文件和外部 CSS 样式表文件，单击"确定"按钮，在浏览器中预览页面，可以看到 Spry 选项卡式面板的效果，如图 7-26 所示。

图 7-26 预览 Spry 选项卡式面板效果

选中插入到页面中的 Spry 选项卡式面板，在"属性"面板上可以对 Spry 选项卡式面板的相关属性进行设置，如图 7-27 所示。

图 7-27 Spry 选项卡式面板的"属性"面板

▲7.7 Spry 折叠式构件

Spry 折叠式构件是一组可折叠的面板，同样可以将大量页面内容放置在一个紧凑的页面空间中。浏览者可以通过单击该面板上的选项卡来隐藏或显示放置在折叠式构件中的内容。当浏览者单击不同的选项卡时，折叠式构件的面板会相应展开或收缩。

光标置于页面中需要插入 Spry 选项卡式面板的位置，单击"插入"面板上的"布局"选项卡中的"Spry 折叠式"按钮 ，在页面中插入 Spry 折叠式构件，如图 7-28 所示。

图 7-28 插入 Spry 折叠式构件

执行"文件>保存"命令，保存页面，弹出"复制相关文件"对话框，在该对话框中列出了 Spry 折叠式构件中所用到的 JavaScript 脚本文件和外部 CSS 样式表文件，单击"确定"按钮，在浏览器中预览页面，可以看到 Spry 折叠式构件的效果，如图 7-29 所示。

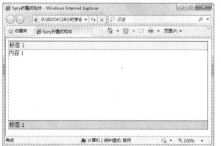

图 7-29 预览 Spry 折叠式构件的效果

选中插入到页面中的 Spry 折叠式构件，在"属性"面板上可以对 Spry 折叠式构件的相关属性进行
设置，如图 7–30 所示。

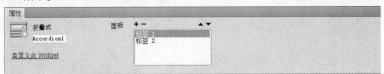

图 7-30　Spry 折叠式构件的"属性"面板

▲7.8　Spry 可折叠面板

Spry 可折叠面板构件是一个面板，使用可折叠面板可以将页面内容放置于一个紧凑的小空间中，
节省页面空间。用户只需要单击该构件的选项卡，就可以显示或隐藏该面板中的内容，非常方便。

将光标置于页面中需要插入 Spry 可折叠面板的位置，单击"插入"面板上的"布局"选项卡中的
"Spry 可折叠面板"按钮 ，在页面中插入 Spry 可折叠面板，如图 7–31 所示。

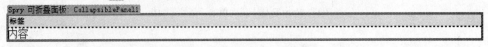

图 7-31　插入 Spry 可折叠面板

执行"文件>保存"命令，保存页面，弹出"复制相关文件"对话框，在该对话框中列出了 Spry
可折叠面板中所用到的 JavaScript 脚本文件和外部 CSS 样式表文件，单击"确定"按钮，在浏览器中
预览页面，可以看到 Spry 可折叠面板的效果，如图 7–32 所示。

图 7-32　在浏览器中预览 Spry 可折叠面板效果

选中插入到页面中的 Spry 可折叠面板，在"属性"面板上可以对 Spry 可折叠面板的相关属性进行
设置，如图 7–33 所示。

图 7-33　Spry 可折叠面板的"属性"面板

▲7.9　Spry 工具提示

当用户将鼠标指针移至网页中的某个特定元素上时，Spry 工具提示会显示该特定元素的其他信息

内容。用户移开鼠标指针时，其他内容会消失，从而使页面中的交互效果更加突出。

　　将光标置于页面中需要插入 Spry 工具提示的位置，单击"插入"面板上的 Spry 选项卡中的"Spry 工具提示"按钮，在页面中插入 Spry 工具提示，如图 7-34 所示。

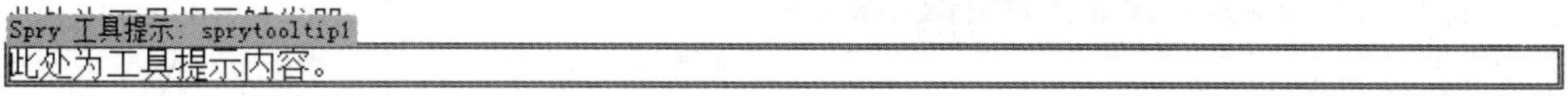

图 7-34　插入 Spry 工具提示

　　在网页中插入的 Spry 工具提示包含三个元素：工具提示器，该元素包含在用户激活工具提示时要显示的内容；激活工具提示的页面元素；构造函数脚本，它是实现 Spry 工具提示功能的 JavaScript 脚本。

　　选中刚刚插入的 Spry 工具提示，在"属性"面板上可以对 Spry 工具提示的相关属性进行设置，如图 7-35 所示。

图 7-35　Spry 工具提示的"属性"面板

 设置 AP Div 文本.swf

7-4.html

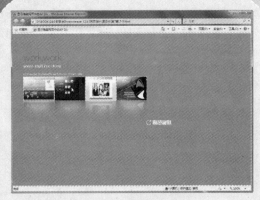

 显示隐藏网页中的 AP Div.swf

7-5.html

 实现网页中 AP 元素的拖动.swf

7-6.html

 实现网页中 AP 元素的拖动.swf

7-7.html

自我
检测

　　学习了有关 Spry 框架的相关知识，是不是对 Spry 架构已经有所了解了呢？许多网页中常见的效果都可以通过 Spry 架构来实现，但是需要读者能够对 CSS 样式以及代码熟练掌握。

　　接下来我们通过 4 个案例的制作，共同学习通过 AP Div 所实现的各种网页特效，以及 AP Div 中网页制作过程中的作用。

自测55 设置AP Div文本

在 Dreamweaver 中，通过添加"设置容器的文本"行为可以设置 AP Div 文本，该行为可以将 AP Div 中的文本以动态的效果显示，还可以转变 AP Div 的显示，接下来我们就来向大家介绍怎样设置 AP Div 文本。

使用到的技术	绘制 AP Div、添加"设置容器的文本"行为
学习时间	10 分钟
视频地址	光盘\视频\第 7 章\设置 AP Div 文本.swf
源文件地址	光盘\源文件\第 7 章\7-4.html

01 执行"文件>打开"命令，打开页面"光盘\源文件\第 7 章\7-4.html"。

02 单击"插入"面板上"布局"选项卡中的"绘制 AP Div"按钮，在页面中绘制一个 AP Div。

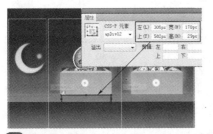

03 选中刚绘制的 AP Div，打开"属性"面板，对其相关属性进行设置。

04 选择 AP Div9 中的图像，打开"标签检查器"面板，单击"添加行为"按钮，在弹出的菜单中选择"设置文本>设置容器的文本"选项。

05 弹出"设置容器的文本"对话框，并对该对话框进行相应的设置。

06 单击"确定"按钮，在"行为"面板中将激活该行为的事件设置为 onMouseOver。

07 再次添加"设置容器的文本"行为，在弹出的对话框中进行相应的设置。

08 单击"确定"按钮，在"行为"面板中将激活该行为的事件设置为 onMouseOut。

09 使用相同的方法，对 AP Div10、AP Div11 中的图像进行相同的设置。执行"文件>保存"命令，保存该页面，按快捷键 F12，在浏览器中预览该页面的效果。

操作小贴士：

在"添加行为"的下拉菜单中选择"设置文本>设置容器的文本"选项，在弹出的"设置容器的文本"对话框中，"容器"选项的下拉菜单中应该选择显示文本内容的 AP Div 名称，"新建 HTML"文本框中输入的是鼠标事件发生时，在 AP Div 中显示的文本内容。

自测56　显示隐藏网页中的 AP Div

在 Dreamweaver 中，显示和隐藏 AP Div 的行为是指根据鼠标的事件来决定显示或者隐藏页面中的 AP Div，在网页中一般用来给予用户一些提示信息，接下来我们将向大家介绍的就是显示、隐藏网页中 AP Div 的方法。

使用到的技术	绘制 AP Div、添加"显示—隐藏元素"行为
学习时间	10 分钟
视频地址	光盘\视频\第 7 章\显示隐藏网页中的 AP Div.swf
源文件地址	光盘\源文件\第 7 章\7-5.html

01 执行"文件>打开"命令，打开页面"光盘\源文件\第 7 章\7-5.html"。

02 单击"插入"面板上"布局"选项卡中的"绘制 AP Div"按钮，在页面中绘制一个 AP Div。

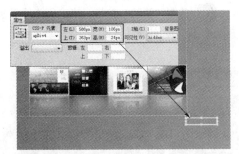

03 选中刚绘制的 AP Div，打开"属性"面板，对其相关属性进行设置。

04 将光标移至刚绘制的 AP Div 中，插入图像"光盘\源文件\第 7 章\images\7506.gif"。

05 在"AP 元素"面板中单击 apDiv1 名称前的眼睛图标，将 apDiv1 的属性设置为隐藏。

06 选中相应的图像，单击"标签检查器"面板中的"添加行为"按钮，在弹出的菜单中选择"显示-隐藏元素"选项。

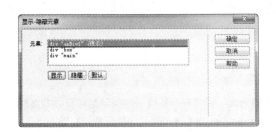

7

07 弹出"显示–隐藏元素"对话框，在"元素"选项中选择 div "apDiv1"，单击"显示"按钮。

08 单击"确定"按钮，在"行为"面板中将激活该行为的事件设置为 onMouseOver。

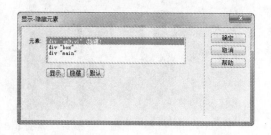

09 再次添加"显示–隐藏元素"行为，在"元素"选项中选择 div "apDiv1"，单击"隐藏"按钮。

10 单击"确定"按钮，在"行为"面板中将激活该行为的事件设置为 onMouseOut。

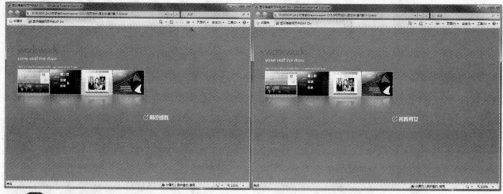

11 使用相同的方法，对其他三张图像进行相应的设置。执行"文件>保存"命令，保存该页面，按快捷键 F12，在浏览器中预览该页面的效果。

操作小贴士：

在 Dreamweaver 中，当两个或多个 AP Div 相交时，其有重叠和嵌套两种关系。重叠时，两个或多个 AP Div 各自独立存在，任何一个 AP Div 改变时不会影响另一个 AP Div；而嵌套时，子 AP Div 会随着父 AP Div 的变化而改变，但父 AP Div 却不会随着子 AP Div 的变化而改变。

自测57 实现网页中AP元素的拖动

AP 元素的拖动是指在网页中使用鼠标拖动对象的行为，经常在一些电子商务网站和在线游戏的网站上可以见到，接下来我们将向大家介绍怎样在 Dreamweaver 中实现网页中 AP 元素的拖动。

使用到的技术	绘制 AP Div、添加"拖动 AP 元素"行为
学习时间	10 分钟
视频地址	光盘\视频\第 7 章\实现网页中 AP 元素的拖动.swf
源文件地址	光盘\源文件\第 7 章\7-6.html

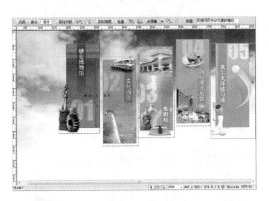

01 执行"文件>打开"命令，打开页面"光盘\源文件\第 7 章\7-6.html"。

02 打开"AP 元素"面板，可以看到该页面中各个 AP Div 的名称。

03 打开"标签检查器"面板，单击"添加行为"按钮 **+**，在弹出的菜单中选择"拖动 AP 元素"选项。

04 弹出"拖动 AP 元素"对话框，对相关选项进行设置，单击"确定"按钮。

05 在"行为"面板中将激活该行为的事件设置为 onMouseDown。

06 使用相同的方法，将页面中的 AP Div2、AP Div3、AP Div4、AP Div5 进行相同的设置。

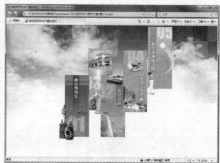

07 执行 "文件>保存" 命令，保存该页面，按快捷键 F12，在浏览器中预览该页面的效果。

操作小贴士：

在 "拖动 AP 元素" 对话框中的 "移动" 下拉菜单中有两个选项，分别是 "不限制" 和 "限制"。"不限制" 选项适合拼板游戏和拖放游戏使用，"限制" 选项适合滑块控制或者可移动的布景使用。

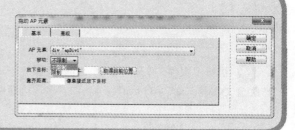

自测58　制作个人网站页面

在 Dreamweaver 中，制作网站页面的方法有很多种，包括表格、Div 标签等，接下来我们将为大家介绍的是在 Dreamweaver 中结合插入 Div 标签和绘制 AP Div 两种方法制作个人网站页面。

使用到的技术	插入 Div 标签、绘制 AP Div
学习时间	30 分钟
视频地址	光盘\视频\第 7 章\制作个人网站页面.swf
源文件地址	光盘\源文件\第 7 章\7-7.html

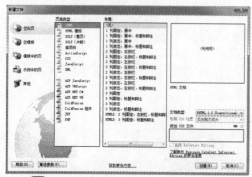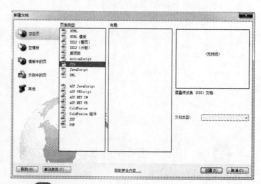

01 执行 "文件>新建" 命令，新建一个 HTML 页面，将其保存为 "光盘\源文件\第 7 章\7-7.html"。

02 使用相同的方法，新建一个外部 CSS 样式表文件，将其保存为 "光盘\源文件\第 7 章\style\7-7.css"。

```
*{
    margin:0px;
    padding:0px;
    border:0px;
}
body{
    font-family:"宋体";
    font-size:12px;
    color:#8f8e89;
    line-height:20px;
    background-image:url(../images/7701.jpg);
    background-repeat:repeat;
}
```

03 单击"CSS 样式"面板上的"附加样式表"按钮 ，在弹出的"链接外部样式表"对话框中进行相应的设置。

04 单击"确定"按钮，切换到 7-7.css 文件中，创建名为*的通配符 CSS 规则和名为 body 的标签 CSS 规则。

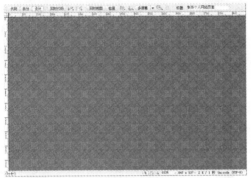

```
#box{
    width:870px;
    height:905px;
    background-image:url(../images/7702.jpg);
    background-repeat:no-repeat;
    background-position:left top;
    padding-left:130px;
}
```

05 返回到 7-7.html 页面中，可以看到页面的背景效果。

06 在页面中插入名为 box 的 Div，切换到 7-7.css 文件中，创建名为#box 的 CSS 规则。

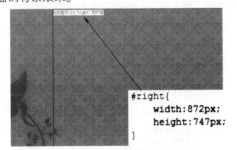

```
#right{
    width:872px;
    height:747px;
}
```

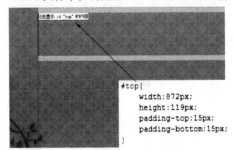

```
#top{
    width:872px;
    height:119px;
    padding-top:15px;
    padding-bottom:15px;
}
```

07 将光标移至名为 box 的 Div 中，删除多余文字，在该 Div 中插入名为 right 的 Div，切换到 7-7.css 文件中，创建名为#right 的 CSS 规则。

08 将光标移至名为 right 的 Div 中，删除多余文字，在该 Div 中插入名为 top 的 Div，切换到 7-7.css 文件中，创建名为#top 的 CSS 规则。

```
#main{
    width:833px;
    height:568px;
    background-image:url(../images/7704.gif);
    background-repeat:no-repeat;
    margin-top:10px;
    padding-top:20px;
    padding-left:20px;
    padding-right:20px;
}
```

09 将光标移至名为 top 的 Div 中，删除多余文字，插入图像"光盘\源文件\第 7 章\images\7703.gif"。

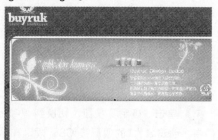

11 将光标移至名为 main 的 Div 中，删除多余文字，插入图像"光盘\源文件\第 7 章\images\7705.gif"。

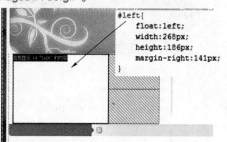

13 将光标移至名为 content 的 Div 中，删除多余文字，在该 Div 中插入名为 left 的 Div，切换到 7-7.css 文件中，创建名为#left 的 CSS 规则。

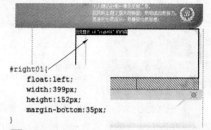

15 在名为 left 的 Div 之后插入名为 right01 的 Div，切换到 7-7.css 文件中，创建名为#right01 的 CSS 规则。

10 在名为 top 的 Div 后插入名为 main 的 Div，切换到 7-7.css 文件中，创建名为#main 的 CSS 规则。

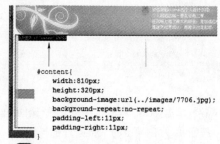

```
#content{
    width:810px;
    height:320px;
    background-image:url(../images/7706.jpg);
    background-repeat:no-repeat;
    padding-left:11px;
    padding-right:11px;
```

12 将光标移至刚插入的图像后，插入名为 content 的 Div，切换到 7-7.css 文件中，创建名为#content 的 CSS 规则。

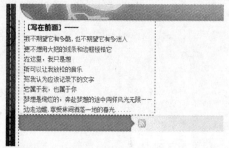

14 将光标移至名为 left 的 Div 中，删除多于文字，插入相应的图像并输入文字。

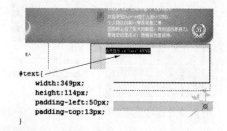

16 将光标移至名为 right01 的 Div 中，删除多余文字，插入名为 text 的 Div，切换到 7-7.css 文件中，创建名为#text 的 CSS 规则。

17 将光标移至名为 text 的 Div 中，删除多余文字，插入相应的图像并输入文字。

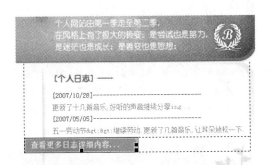

18 切换到 7-7.css 文件中，创建名为 #text img 和名为.font 的 CSS 规则，返回到 7-7.html 页面中，为相应的文字应用该样式。

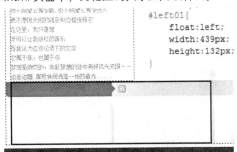

19 将光标移至名为 right01 的 Div 中，插入图像"光盘\源文件\第 7 章\images\7709.gif"。

20 在名为 right01 的 Div 之后插入名为 left01 的 Div，切换到 7-7.css 文件中，创建名为#left01 的 CSS 规则。

21 将光标移至名为 left01 的 Div 中，删除多余文字，插入相应的图像。

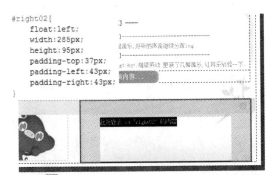

22 切换到 7-7.css 文件中，创建名为 #left01 img 的 CSS 规则，返回到 7-7.html 页面中，可以看到图像效果。

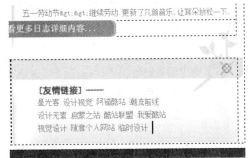

23 在名为 left01 的 Div 之后创建名为 right02 的 Div，切换到 7-7.css 文件中，创建名为#right02 的 CSS 规则。

24 将光标移至名为 right02 的 Div 中，删除多余文字，插入相应的图像并输入文字。

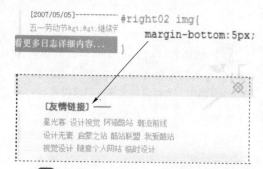

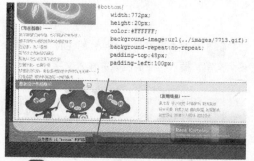

25 切换到 7-7.css 文件中，创建名为 #right02 img 的 CSS 规则，返回到 7-7.html 页面中，可以看到页面效果。

26 在名为 main 的 Div 之后插入名为 bottom 的 Div，切换到 7-7.css 文件中，创建名为#bottom 的 CSS 规则。

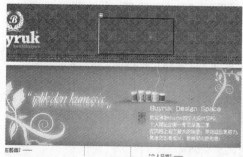

27 将光标移至名为 bottom 的 Div 中，删除多余文字，输入相应的文字。

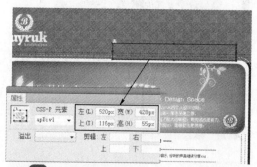

28 单击"插入"面板上"布局"选项卡中的"绘制 AP Div"按钮，在页面中绘制一个 AP Div。

29 选中刚绘制的 AP Div，打开"属性"面板，对相关属性进行设置。

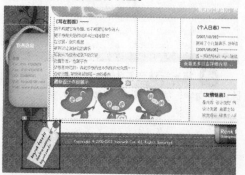

30 将光标移至该 AP Div 中，依次插入相应的图像。

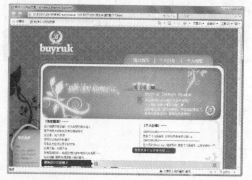

31 使用相同的方法，完成其他 AP Div 的绘制，并在"属性"面板上对其进行相应的设置。

32 完成该个人网站页面的制作，执行"文件>保存"命令，保存该页面，在浏览器中预览该页面的效果。

操作小贴士：

执行"窗口>AP 元素"命令，打开"AP 元素"面板，勾选"防止重叠"复选框，这样的话，在页面中绘制 AP Div 时，就不会出现嵌套和重叠的情况了。

第24个小时：测试和上传网站

当一个网站的页面制作完成后，需要在 Dreamweaver 中对其进行测试，测试不同的浏览器是否能够浏览该网站页面、不同的屏幕分辨率是否能够显示该网站、站点中有没有断开链接的内容等，测试完成没有问题后，就可以通过 Dreamweaver 对站点进行上传。

▲7.10 检查链接

Dreamweaver 中允许用户检查页面和站点的链接，检查网站中是否有断开链接的内容是站点测试的一个重要环节。

执行"文件>打开"命令，打开需要检查链接的页面，执行"窗口>结果>链接检查器"命令，打开"链接检查器"面板，如图 7-36 所示。

图 7-36 "链接检查器"面板

单击"链接检查器"面板左上方的绿色三角按钮 ▶，在弹出的菜单中可以选择检测不同的链接情况，如图 7-37 所示。选择"检查当前文件中的链接"选项，检查完成后，在"链接检查器"面板底部显示检查的结果，如图 7-38 所示。

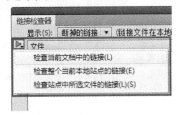

图 7-37 检查链接的下拉菜单

图 7-38 显示检查的结果

通过对该页面的链接进行检查可以发现，当前页面中并不存在断掉的链接时，如果检查到该页面中存在断掉的链接，将显示在当前面板中，用户可以直接对断开的链接进行修改。

▲7.11 检查浏览器兼容性

对于用户来说，不同的浏览器浏览同一个网站时，页面的显示效果可能会有所不同甚至会出现错误，针对这一情况，在设计制作网页的过程中，就要时刻注意网页的兼容性，Dreamweaver CS5.5 中就提供了网页检测的功能，可以检测出在不同浏览器中网页的显示情况。

执行"文件>打开"命令，打开需要检测浏览器兼容性的页面，执行"窗口>结果>浏览器兼容性"命令，打开"浏览器兼容性"面板，如图 7-39 所示。

图 7-39 "浏览器兼容性"面板

单击"浏览器兼容性"面板左上方的绿色三角按钮 ▶，弹出菜单如图 7-40 所示。在弹出的菜单中选择"检查浏览器兼容性"选项，Dreamweaver 就会自动对当前文件进行目标浏览器的检查，并显示出检查结果，如图 7-41 所示。

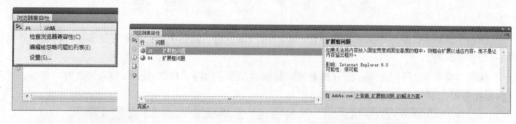

图 7-40 检查浏览器兼容性菜单   图 7-41 显示检查的结果

单击"浏览器兼容性"面板左上方的绿色三角按钮 ▶，在弹出的菜单中选择"设置"选项，如图 7-42 所示。弹出"目标浏览器"对话框，用来选择不同的浏览器版本，如图 7-43 所示。

图 7-42 选择"设置"选项   图 7-43 "目标浏览器"对话框

▲*7.12* 站点报告

　　为了方便网站设计制作者对网页的文件进行修改，Dreamweaver 提供了可以自动检测网站内部的
网页文件，并生成关于文件信息、HTML 代码信息报告的功能。

　　执行"文件>打开"命令，打开需要创建站点报告的站点中的
任意一个页面，执行"站点>报告"命令，弹出"报告"对话框，
如图 7–44 所示。

➢ 报告在：在该选项的下拉菜单中可以选择生成站点报告的范
围，在该选项的下拉菜单中包含了 4 个选项，如图 7–45 所示。

➢ 取出者：选中该复选框，单击"报告设置"按钮，在弹出的
"报告"对话框中可以设置取出者的名称，如图 7–46 所示。

图 7-44 "报告"对话框

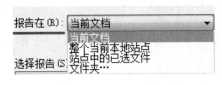

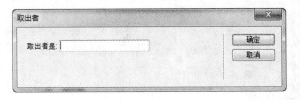

图 7-45 "报告在"下拉菜单　　　　　　　　图 7-46 "取出者"对话框

➢ 设计备注：选中该复选框，单击"报告设置"按钮，在弹出的"设计备注"对话框中将会列出
选定文档或站点的所有设计备注。

➢ 最近修改的项目：选中该复选框，单击"报告设置"按钮，在弹出的"最近修改的项目"对话
框中将会列出指定时间段内进行过修改的文件。

➢ 可合并嵌套字体标签：选择该复选框，将列出可以合并的嵌套字体标签，以便清理代码。

➢ 没有替换文本：如果选择该复选框，将列出所有没有替换文本的 img 标签。

➢ 多余的嵌套标签：如果选择该复选框，将详细列出应该清理的嵌套标签。

➢ 可移除的空标签：选中该复选框，将列出可以移除的空标签，以便清理 HTML 代码。

➢ 无标题文档：如果选择该复选框，将列出在选定参数中所有无标题的网页文档。

设置完成后，单击"运行"按钮，即可生成站点报告，弹出"站点报告"面板，如图 7–47 所示。

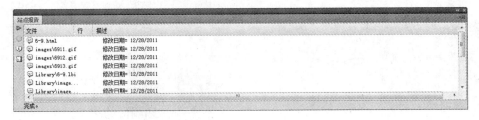

图 7-47 "站点报告"面板

制作游戏网站页面.swf

7-8.html

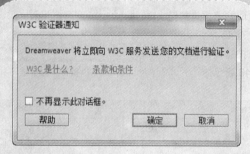

验证 W3C.swf

无

连接到远程服务器.swf

无

上传网站.swf

无

自我检测

在前面一段时间中学习了有关网站测试的相关操作,包括检查链接、检查浏览器兼容性和创建站点报告等,我们是不是已经掌握了这些网站测试的操作了呢!

接下来我们就共同完成一个游戏网站页面的制作,并对该页面进行W3C 规范检查、连接到远程服务器并上传该网页。

自测59 制作游戏网站页面

本实例设计制作一个游戏网站页面，运用游戏场景作为网页背景，并在网页中运用 Flash 动画，充分渲染出游戏的特点，给浏览者留下深刻的印象，达到宣传和推广游戏的效果，接下来让我们一起动手制作游戏网站页面吧！

使用到的技术	Div+CSS 布局、插入 Flash 动画
学习时间	25 分钟
视频地址	光盘\视频\第 7 章\制作游戏网站页面.swf
源文件地址	光盘\源文件\第 7 章\7-8.html

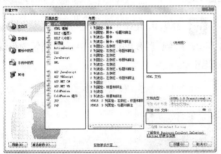

01 执行"文件>新建"命令，新建一个 HTML 页面，将该页面保存为"光盘\源文件\第 7 章\7-8.html"。

02 新建 CSS 样式表文件，将其保存为"光盘\源文件\第 7 章\style\7-8.css"。返回 7-8.html 页面中，链接刚创建的外部 CSS 样式表文件。

```
* {
    margin: 0px;
    padding: 0px;
    border: 0px;
}
body {
    font-family: 宋体;
    font-size: 12px;
    color: #333;
    line-height: 20px;
    background-color: #C6C4B1;
    background-image: url(../images/7801.jpg);
    background-repeat: repeat-x;
}
```

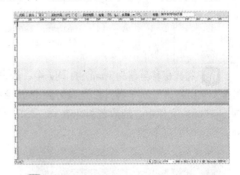

03 切换到 7-8.css 文件中，创建一个名为 *的通配符 CSS 规则，再创建一个名为 body 的标签 CSS 规则。

04 返回 7-8.html 页面中，可以看到页面的背景效果。

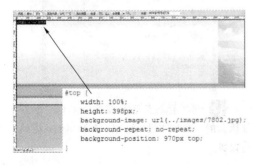

```
#top {
    width: 100%;
    height: 398px;
    background-image: url(../images/7802.jpg);
    background-repeat: no-repeat;
    background-position: 970px top;
}
```

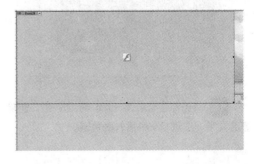

05 在页面中插入一个名为 top 的 Div，切换到 7-8.css 文件中，创建名为#top 的 CSS 规则。

07 选中刚插入的 Flash 动画，单击"属性"面板上的"播放"按钮，预览 Flash 动画效果。

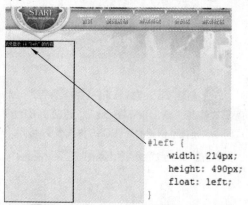

09 将光标移至名为 main 的 Div 中，删除多余文字，在该 Div 中插入名为 left 的 Div，换到 7-8.css 文件中，创建名为#left 的 CSS 规则。

11 将光标移至名为 login 的 Div 中，删除多余文字，在该 Div 中插入表单域。

06 将光标移至名为 top 的 Div 中，删除多余文字，插入 Flash 动画"光盘\源文件\第 7 章\images\topmenu.swf"。

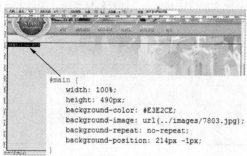

```
#main {
    width: 100%;
    height: 490px;
    background-color: #E3E2CE;
    background-image: url(../images/7803.jpg);
    background-repeat: no-repeat;
    background-position: 214px -1px;
}
```

08 在名为 top 的 Div 之后插入名为 main 的 Div，换到 7-8.css 文件中，创建名为#main 的 CSS 规则。

```
#login {
    width: 154px;
    height: 110px;
    background-image: url(../images/7804.jpg);
    background-repeat: no-repeat;
    padding: 51px 30px 0px 30px;
}
```

10 将光标移至名为 left 的 Div 中，删除多余文字，在该 Div 中插入名为 login 的 Div，换到 7-8.css 文件中，创建名为#login 的 CSS 规则。

12 将光标移至表单域中，单击"插入"面板上的"文本字段"按钮，对弹出的对话框进行设置。

13 单击"确定"按钮，插入文本字段。

14 将光标移至刚插入的文本字段后，单击"插入"面板上的"文本字段"按钮，对弹出的对话框进行设置。

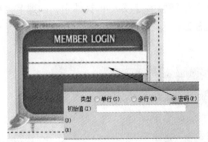

15 单击"确定"按钮，插入文本字段，选中该文本字段，在"属性"面板上设置其"类型"为"密码"。

16 切换到 7-8.css 文件中，创建名为 #uname,#upass 的 CSS 规则。

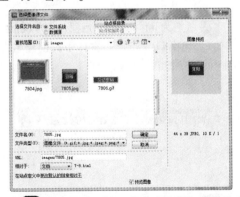

17 将光标移至第 1 个文本字段之前，单击"插入"面板上的"图像域"按钮，选择图像域。

18 单击"确定"按钮，在弹出的对话框中进行相应的设置。

19 单击"确定"按钮,插入图像域。

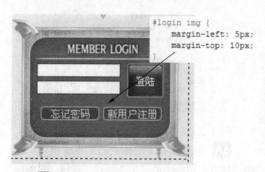

```
#login img {
    margin-left: 5px;
    margin-top: 10px;
}
```

20 切换到 7-8.css 文件中,创建名为 #button 的 CSS 规则。

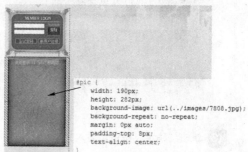

```
#pic {
    width: 190px;
    height: 282px;
    background-image: url(../images/7808.jpg);
    background-repeat: no-repeat;
    margin: 0px auto;
    padding-top: 8px;
    text-align: center;
}
```

21 将光标移至第 2 个文本字段后,按 Shift+Enter 组合键,插入一个换行符,插入相应的图像。切换到 7-8.css 文件中,创建名为 #login img 的 CSS 规则。

```
#pic img {
    margin-bottom: 4px;
}
```

22 在名为 login 的 Div 之后插入名为 pic 的 Div,切换到 7-8.css 文件中,创建名为#pic 的 CSS 规则。

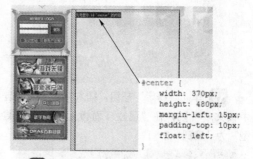

```
#center {
    width: 370px;
    height: 480px;
    margin-left: 15px;
    padding-top: 10px;
    float: left;
}
```

23 将光标移至名为 pic 的 Div 中,删除多余文字,插入相应的图像。切换到 7-8.css 文件中,创建名为#pic img 的 CSS 规则。

24 在名为 left 的 Div 之后插入名为 center 的 Div,切换到 7-8.css 文件中,创建名为 #center 的 CSS 规则。

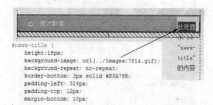

```
#news-title {
    height:18px;
    background-image: url(../images/7814.gif);
    background-repeat: no-repeat;
    border-bottom: 3px solid #B3A78B;
    padding-left: 326px;
    padding-top: 12px;
    margin-bottom: 10px;
}
```

"news-title"的内容

25 将光标移至名为 center 的 Div 中,删除多余文字,插入名为 news-title 的 Div,切换到 7-8.css 文件中,创建名为#news-title 的 CSS 规则。

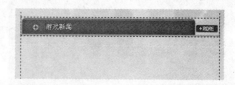

26 将光标移至名为 news-title 的 Div 中,删除多余文字,插入图像"光盘\源文件\第 7 章\images\7815.gif"。

此处显示 id "news" 的内容

```
#news {
    height: 105px;
    margin-bottom: 7px;
}
```

27 在名为 news-title 的 Div 之后插入名为 news 的 Div，切换到 7-8.css 文件中，创建名为#news 的 CSS 规则。

```
<div id="news">
    <dl>
        <dt><img src="images/7817.gif" width="35" height="13" />
《ORKA》内侧版本资料揭秘</dt><dd>12-01-01</dd>
        <dt><img src="images/7818.gif" width="35" height="13" />
《ORKA》望周浮雕——鹿马游龙戏金水</dt><dd>12-01-01</dd>
        <dt><img src="images/7818.gif" width="35" height="13" />"
神州行送超值大礼"活动延期公告</dt><dd>11-12-28</dd>
        <dt><img src="images/7817.gif" width="35" height="13" />【
公告】金翎奖短信投票发奖说明</dt><dd>11-12-25</dd>
        <dt><img src="images/7818.gif" width="35" height="13" />
《ORKA》17173口号征集活动完美落幕</dt><dd>11-12-25</dd>
    </dl>
</div>
```

28 将光标移至名为 news 的 Div 中，删除多余文字，输入相应的文字并插入图像。

```
#news dt {
    width: 290px;
    border-bottom: dashed 1px #333;
    background-image: url(../images/7819.gif);
    background-repeat: no-repeat;
    background-position: 5px center;
    padding-left: 15px;
    float: left;
}
#news dd {
    width: 65px;
    border-bottom: dashed 1px #333;
    text-align: center;
    float: left;
}
#news img {
    margin-top: 3px;
    margin-right: 10px;
    float: left;
}
```

29 转换到代码视图中，在名为 news 的 Div 中添加相应的代码。

30 切换到 7-8.css 文件中，创建名为#news dt、名为#news dd 和名为#news img 的 CSS 规则。

31 返回 7-8.html 页面中，可以看到该部分页面的效果。

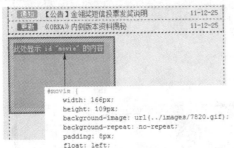

```
#movie {
    width: 166px;
    height: 109px;
    background-image: url(../images/7820.gif);
    background-repeat: no-repeat;
    padding: 8px;
    float: left;
}
```

32 使用相同的制作方法，可以完成相似部分页面内容的制作。

```
#movie-title {
    height: 20px;
    border-bottom: solid 1px #7A6E52;
    background-image: url(../images/7821.gif);
    background-repeat: no-repeat;
    padding-left: 122px;
    padding-top: 10px
}
```

33 在名为 event 的 Div 之后插入名为 movie 的 Div，切换到 7-8.css 文件中，创建名为#movie 的 CSS 规则。

34 将光标移至名为 movie 的 Div 中，删除多余文字，插入名为 movie-title 的 Div，切换到 7-8.css 文件中，创建名为#movie-title 的 CSS 规则。

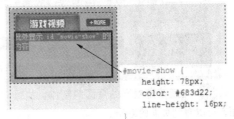

```
#movie-show {
    height: 78px;
    color: #683d22;
    line-height: 16px;
}
```

35 将光标多至名为 movie-title 的 Div
中，删除多余文字，插入图像"光盘\源文件\第
7 章\images\7815.gif"。

36 在名为 movie-title 的 Div 之后插入名
为 movie-show 的 Div，切换到 7-8.css 文件
中，创建名为#movie-show 的 CSS 规则。

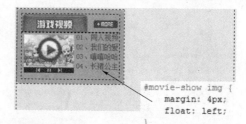

```
#movie-show img {
    margin: 4px;
    float: left;
}
```

37 将光标移至名为 movie-show 的 Div
中，删除多余文字，插入相应的图像并输入文字。

38 切换到 7-8.css 文件中，创建名为
#movie-show img 的 CSS 规则。

39 使用相同的制作方法，可以完成相似部
分页面内容的制作。

40 使用相同的制作方法，可以完成页面
版底信息部分内容的制作。

41 完成该游戏网站页面的制作，执行"文件>保存"命令，保存页面，在浏览器中预览页
面，可以看到页面的效果。

操作小贴士：

在 Dreamweaver 中制作任何网站之前，首先必须创建站点，这是制作网站页面的第一步，也是非常必要的一步，无论是一个网页制作的新手，还是一个专业的网页设计师，都必须为所制作的网站创建站点。

自测60 验证W3C

在 Dreamweaver CS5.5 中还新增了 W3C 验证的功能，通过使用该功能，可以验证当前页面或站点是不是符合 W3C 规范要求。接下来就让我们一起验证刚刚制作完成的页面是否符合 W3C 规范要求吧。

使用到的技术	W3C 验证
学习时间	5 分钟
视频地址	光盘\视频\第 7 章\验证 W3C.swf
源文件地址	无

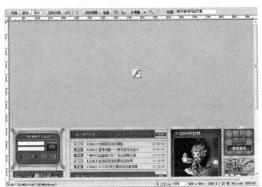

01 执行"文件>打开"命令，打开刚制作完成的页面"光盘\源文件\第 7 章\7-8.html"。

02 执行"窗口>结果>W3C 验证"命令，打开"W3C 验证"面板。

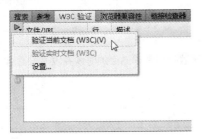

03 单击"W3C 验证"面板左上方的绿色三角按钮，弹出下拉菜单，选择"验证当前文档（W3C）"选项。

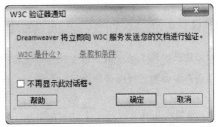

04 弹出"W3C 验证器通知"对话框。

05 单击"确定"按钮，即可向提交页面进行 W3C 验证，验证完成后，显示验证结果。

06 根据检验结果提示，我们可以将不符合 W3C 规范的部分进行修改。修改完成后，重新验证 W3C。

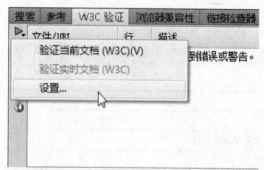 

07 通过 W3C 验证，可以看到当前页面完全符合 W3C 规范的要求。单击"W3C 验证"面板左上方的绿色三角按钮 ▶，在弹出的菜单中选择"设置"选项。

08 弹出"首选参数"对话框并选中"W3C 验证"选项，用来设置要验证的文件类型。

操作小贴士：

通常我们在网页制作过程中，最容易遗漏的就是为插入到网页中的每个图像设置相应的替换文本，W3C 规范中要求插入到网页中的每一个图像都要设置替换文本，所以读者需要养成插入到网页中的每个图像设置替换文本的习惯。

自测61 连接到远程服务器

在对网站进行上传之前，首先连接到远程服务器，如果我们在创建站点的时候并没有设置远程服务器，则还需要设置远程服务器信息，再连接到远程服务器。

使用到的技术	设置服务器、连接到远程服务器
学习时间	5 分钟
视频地址	光盘\视频\第 7 章\连接到远程服务器.swf
源文件地址	无

01 单击"文件"面板上的"展开以显示本地和远程站点"按钮，打开 Dreamweaver 的站点管理窗口。

02 执行"站点>管理站点"命令，弹出"管理站点"对话框。

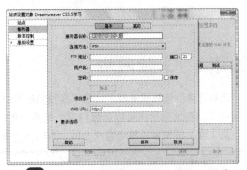

03 选中需要定义远程服务器的站点，单击"编辑"按钮，弹出"站点设置对象"对话框，选择"服务器"选项。

04 单击"添加新服务器"按钮，弹出服务器设置窗口。

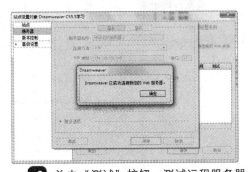

05 在服务器设置窗口中输入远程 FTP 地址，以及用户名和密码。

06 单击"测试"按钮，测试远程服务器是否连接成功，如果连接成功，会弹出提示对话框，远程服务器连接成功。

07 单击"确定"按钮，再单击"保存"按钮，保存远程服务器设置信息。

08 单击"保存"按钮，返回站点管理窗口，单击工具栏上的"连接到远端主机"按钮，弹出"后台文件活动"对话框，连接到远程服务器。

操作小贴士：

成功连接到远程服务器之后，在站点管理窗口的左侧窗口中将显示远程服务器目录。

如果在定义站点的远程服务器信息时，没有选中"保存"复选框，保存 FTP 密码，则当用户连接到远程服务器时，会弹出对话框，提示用户输入 FTP 密码，并且可以勾选"保存密码"复选框，以便下次连接时不用再次输入密码。

自测62　上传网站

已经连接到远程服务器了，接下来我们就可以通过 Dreamweaver 将制作好的网页上传到 Web 服务器中了。在这里用户可以选择将整个站点上传到服务器上或只将部分内容上传到服务器上。一般来讲，第 1 次上传需要将整个站点上传，然后在更新站点时，只需要上传被更新的文件即可。

使用到的技术	上传网站
学习时间	5 分钟
视频地址	光盘\视频\第 7 章\上传网站.swf
源文件地址	无

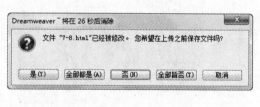

01 在站点管理窗口右侧的本地站点文件窗口中选中要上传的文件或文件夹，然后单击"上传"按钮，即可上传选中的文件或文件夹。

02 如果选中的文件经过编辑尚未保存，将会出现对话框提示用户是否保存文件，选择"是"或"否"后关闭对话框。

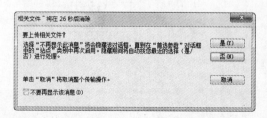

03 如果选中的文件中引用了其他位置的内容，会出现提示对话框，提示用户选择是否要将这些引用内容也上传。

04 单击"是"按钮，则同时上传那些引用的文件，然后 Dreamweaver 会将选中的文件或文件夹上传到远程服务器。

05 根据连接的速度不同，可能需要经过一段时间后才能完成上传，然后在远端站点中会出现刚刚上传的文件。

操作小贴士：

在将文件从本地计算机上传到服务器上时，Dreamweaver 会使本地站点和远端站点保持相同的结构，如果需要的目录在 Internet 服务器上不存在，则在传输文件之前，Dreamweaver 会自动创建它。

从远程服务器下载文件的方法与上传文件基本相同，连接远端服务器，选择需要下载的文件或文件夹，单击"获取文件"按钮，即可将远端服务器上的文件下载到本地计算机中。

自我评价

通过上面几个案例的制作，掌握 AP Div 的绘制、熟悉网站的上传方法相信已经难不倒大家了，那么现在就去向大家展示你的学习成果吧！

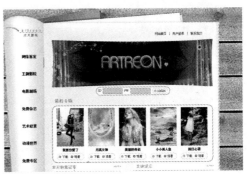

总结扩展

在上面的几个案例中主要介绍的是 AP Div 的绘制及其属性设置，还有网站上传的方法，在设计制作过程中主要使用了绘制 AP Div、W3C 验证等命令，具体要求如下表：

	了解	理解	精通
Div+CSS 布局			√
插入 Flash 动画			√
绘制 AP Div			√
W3C 验证		√	
添加"改变属性"行为			√
添加"拖动 AP 元素"行为		√	
添加"显示–隐藏"元素行为		√	

网站虽然存在于网络虚拟的空间中，但是随着网络的迅速发展，它已经融入到我们的日常生活中了，比如说网上购物、游戏、交友等，都需要一个精美、漂亮的网站页面来赢得别人的青睐，学习完本章的知识后，就结束了 Dreamweaver 整本书的学习了，但大家不能懈怠，俗话说熟能生巧，还是要勤加练习，巩固前面的知识，做到铭记于心，接下来将自己所学的知识发挥和展示出来，现在就去开始你的网站设计之旅吧！

啃苹果——就是要玩 iPad

刘正旭　编著

DIY 自拍
网上冲浪
移动存储
休闲阅读
办公应用
在线开店
购物梦想

ISBN 978-7-111-35857-2
定价：32.80 元

苹果的味道——iPad 商务应用每一天
袁烨　编著

商务办公，原来如此轻松
7：00~9：00——将碎片化为财富
9：00~10：00——从井井有条开始
10：00~11：00——网络化商务沟通
11：00~12：00——商务参考好帮手
13：00~14：00——商务文档的制作
14：00~15：00——商务会议中的 iPad
15：00~16：00——打造商务备忘录
16：00~17：00——云端商务

ISBN 978-7-111-36530-3
定价：59.80 元

机工出版社·计算机分社读者反馈卡

尊敬的读者：

感谢您选择我们出版的图书！我们愿以书为媒，与您交朋友，做朋友！

参与在线问卷调查，获得赠阅精品图书

凡是参加在线问卷调查或提交读者信息反馈表的读者，将成为我社书友会成员，将有机会参与每月举行的"书友试读赠阅"活动，获得赠阅精品图书！

读者在线调查：http://www.sojump.com/jq/1275943.aspx

读者信息反馈表（加黑为必填内容）

姓名：		性别：□ 男　□ 女	年龄：		学历：
工作单位：				职务：	
通信地址：				**邮政编码**：	
电话：	**E-mail**：			QQ/MSN：	
职业（可多选）：	□管理岗位 □政府官员 □学校教师 □学者 □在读学生 □开发人员 □自由职业				
所购书籍书名			**所购书籍 作者名**		
您感兴趣的图书类别（如： 图形图像类，软件开发类， 办公应用类）					

（此反馈表可以邮寄、传真方式，或将该表拍照以电子邮件方式反馈我们）。

联系方式

通信地址：北京市西城区百万庄大街 22 号　联系电话：010-88379750
　　　　　计算机分社　　　　　　　　　传　　真：010-88379736
邮政编码：100037　　　　　　　　　　电子邮件：cmp_itbook@163.com

请关注我社官方微博：http://weibo.com/cmpjsj

第一时间了解新书动态，获知书友会活动信息，与读者、作者、编辑们互动交流！